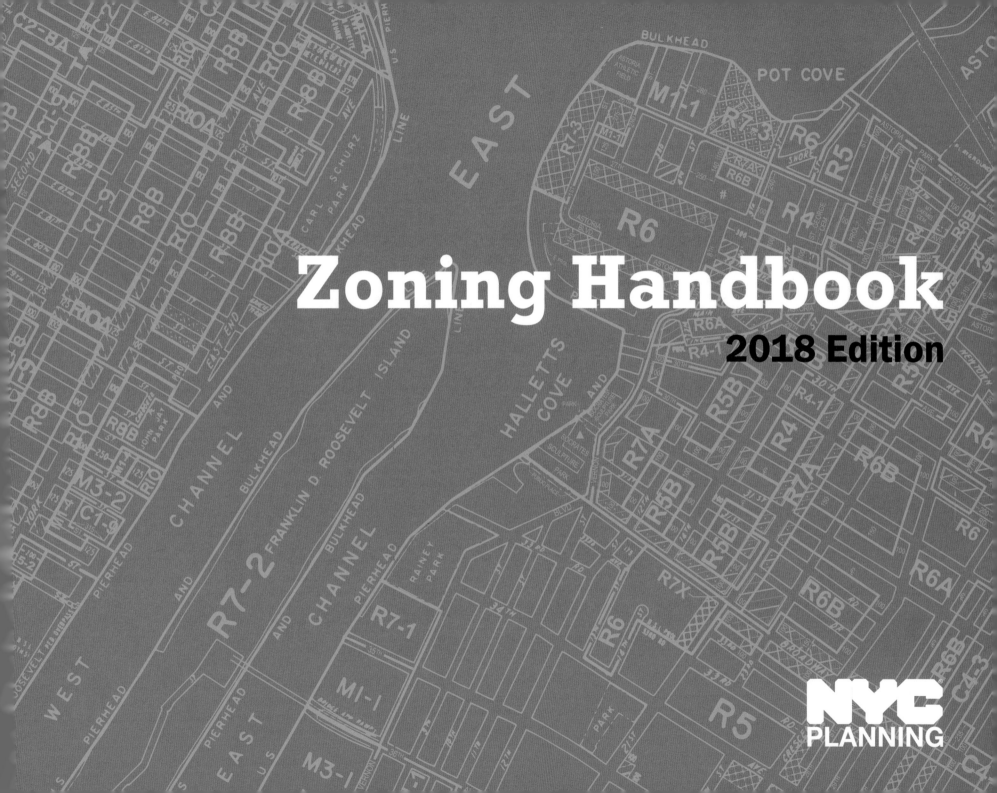

Zoning Handbook

2018 Edition

纽约市区划手册

2018 版

美国纽约市城市规划局　著

上海市城市规划设计研究院　译

上海科学技术出版社

纽约市区划手册
2018 版

纽约市市长
比尔·德布拉西奥（Bill de Blasio）

纽约市城市规划局局长
玛丽莎·拉戈（Marisa Lago）
纽约市百老汇大街 120 号 31 层
邮编：10271
www.nyc.gov/planning
2018 版

本《纽约市区划手册》① 简要概述了纽约市的区划规范和条例，但并不能作为《纽约市区划法规》②
中的实际规范的替代。《纽约市区划法规》本身已有印刷版，或者也可通过 www.nyc.gov/planning
进行查阅。纽约市特此声明，对本手册可能包含的错误不承担任何责任，且对于因使用本资料而
引致或与之有关的任何损失，概不负责。

---

① 译注：以下简称《区划手册》
② 译注：以下简称《区划法规》

译者序

纵观当今纽约、伦敦、东京等一流世界城市的发展，面对全球气候变化、政治格局重构、社会经济不稳定的多重挑战，在科技变革的浪潮下，无一不是从解决自身难题出发，聚焦以"人"为核心的城市愿景，突出发展的竞争力，强化政策的适应性，通过规划战略的调整和治理体系的变化，不断引领城市的可持续成长。

当前，中国城市已从增量扩张转向增量、存量并重的新发展阶段，着眼高质量发展成为当务之急。在新发展理念指导下，城市规划作为实施城市发展战略、引导城市更新的重要工具，对于推动高质量发展、创造高品质生活、实现高效能治理具有重要作用。回顾历史，我国控制性详细规划是在20世纪80年代学习借鉴美国区划基础上结合国情形成的规划技术与管理体系，在近四十年的实践中，有效指导了我国城市土地开发利用和项目建设。如今在我国全面深化改革开放，推进中国式现代化的新时期，深入解读新一版《纽约市区划手册》所体现出的新理念与新方法，对于促进城市面向未来的良性增长具有重要意义。

《纽约市区划手册》是纽约市城市规划局为向市民深入浅出地介绍区划法的概念、规范和公众参与方法而编著的，最早一版可以追溯到1961年，此后随着规划本身的不断演进，纽约市城市规划局持续对手册内容进行修编更新，并在2018年出版了最新一版。在这一版中，不仅以纽约城市的分区分类为总体框架，分析与阐释了整部区划法的内容、结构与内涵，还通过大量图表生动地阐释了纽约城市规划演变历程，以及近年来新出现的前沿规划动态，比如城市在增强功能混合、提升城市韧性、化解住房危机、支持健康生活等目标下，规划所采取的应对措施及实施路径，并介绍了大量城市典型地区和重点地区的规划方案与建设实践。尤为难能可贵的是，本书不仅介绍了区划本身的体例和规范，而且生动地分析了形成这些法规背后纽约市数百年来的城市规划理念与理想。在纽约，《纽约市区划手册》不仅是全市规划师、设计师、开发商常备的工具书，也是高校规划学院的教科书，同时还是社区工作者与市民都乐于阅读的图书。人们通过阅读本手册能够更好地了解这座城市，以及选择参与建设的方式。

翻译本手册源于2018年，时任纽约市城市规划局华裔总城市设计师涂平子先生（Patrick Too）访问上海参加"世界城市日"活动，在交流时推介了纽约市城市规划局同年付梓的最新版《纽约市区划手册》，其后我院与纽约市城市规划局联系希望能够翻译本书，2019年上半年得到时任纽约市城市规划局局长玛丽莎·拉戈女士（Marisa Lago）的支持，随即我院组织了拥有美国学习和工作背景的专业团队启动了翻译工作。2019至2023年尽管受全球新冠肺炎疫情影响，在纽约市城市规划局法律总顾问、局长、纽约市政府国际事务部部长的支持下，2023年2月双方正式签订了版权协议。中文版为力求内容、版式与相关说明能充分反映原著的意图，未做不必要的修改和编辑，仅以序言为同行做一个简要导读，对部分名词和计量单位作了注释。其间工作团队对中文版进行了八轮校核，力争在法律、规划等专业术语和逻辑表述上能准确到位并通俗易懂，已退休的纽约市规划局华裔前总城市设计师涂平子先生帮助做了审校。

本书是一本纽约市规划法律语境下的专业图书，整个翻译工作确实不易，凝聚了大家的辛勤努力。在确定翻译本书后，我院原副院长金忠民具体负责，院发展研究中心副主任卢柯、毕业于纽约市哥伦比亚大学的黄倩蓉、宾夕法尼亚大学的李梦芸、加州大学伯克利分校的曹伟宁，以及院发展研究中心的王周扬博士、同济大学实习生李想、李梓铭、张佳越同学等组成团队，大家反复讨论、精心译校、相互配合，最终得以将成果呈现给广大同行，希望大家能通过本书了解纽约市城市规划体系中的法律逻辑、规划内涵，把握纽约作为世界城市的最新动态和治理导向,有助于我们不断创新规划编制方法,优化管理体系,发挥法定规划在城市有机更新中的实践指导作用。

我们要感谢纽约市城市规划局授权我院翻译本书,并使用本书中全部图表和图片。感谢纽约规划局前局长玛丽莎·拉戈女士对我院的信任,感谢涂平子先生的慷慨指导和悉心帮助,弗兰克·鲁查拉(Frank Ruchala Jr.)以及多米尼克·安斯维尼(Dominick Answini)先生在促成版权协议上的持续努力。同时也要感谢上海市规划和自然资源局原局长徐毅松先生,他组织并推动了2018年上海"世界城市日"的规划系列活动,邀请了包括涂平子先生在内的国际专家分享了宝贵经验,并在本书的翻译过程中给予了指导。

我相信这是一个新的起点,通过深度解读世界城市的经验,有助于我们不断拓展视野、积极行动,为建设"人民城市"更好地贡献力量。

张 帆

上海市城市规划设计研究院院长

2024年5月

前　言

回顾纽约市区划的悠久历史，每每想到城市规划局（DCP）目前坐落在曼哈顿下城区、地标性建筑物恒生大楼，我便不禁莞尔。这座拔地而起的42层摩天大楼于1915年竣工，其建筑规模在当时前所未见。由于这座建筑物给城市空间带来的影响，居民、选任官员和民间团体均意识到是时候来管理城市的增长了，因此《1916年纽约市〈区划法规〉》应运而生。这一版《区划法规》是全美国第一部综合性区划条例，不仅为纽约制定了蓝图，而且将规划明确为政府的核心职能。

与这座城市一样，《区划法规》也并非一成不变。随着时间的推移，它成为一个重要的土地利用管理工具，继续帮助我们规划城市和其中的社区。随着汽车等新挑战的出现，区划条例也在不断更新来加以应对。如今，随着城市人口增长和老龄化、住房负担能力危机、气候变化和基础设施老化等一系列问题的困扰，区划条例也在适时调整，从而解决相应危机。强制包容性住房项目是最新的区划调整之一，它是美国影响最深远和最严格的包容性住房方案。此外还有防洪韧性区划——帮助城市在飓风桑迪之后重建；大中城东区的重新区划，在批准后仅仅一年的时间，就已经取得成果，确保了大中城东区在未来几十年间持续作为纽约世界级商务经济体的重要承载地。

要在一个不断发展的城市中解决所有这些问题，使区划变得非常复杂。因此，为了帮助公众理解这些规范条例，城市规划局于1961年开始出版《区划手册》，2018版的《区划手册》最新版本也延续了这一传统，不仅包括自上一版于2011年出版以来《区划法规》的修订，还增加了《区划法规》的演变历史、图纸、照片和技术细节，现在的这本手册能展示出一个更为全面的区划法。

区划本质上是一个按优先级制定秩序的系统，这个系统通过自身的不断修订，来反映不断变化的城市的需求和意识。同样重要的是，当公众积极参与时，区划才是最成功的。我们的目标是通过这本手册增加你对区划的了解，在我们塑造活力城市时，你能更理解并发挥出更大的作用。我们希望无论读者是社区居民、职员、企业主、社区倡导者、学生、规划师还是规划许可申请人，这本手册都会成为每个人一份宝贵的资源。
敬上。

Maril Lago

纽约市城市规划局局长
玛丽莎·拉戈

如何使用本手册

自1961年以来，本《区划手册》（Zoning Handbook）即作为《区划法规》（Zoning Resolution）的配套指南发行。本手册以图表、图纸和照片对相应的《区划法规》加以说明，并介绍其演变历史和基本原理，对于不熟悉区划规范，或熟悉但希望更深入了解该规范的不同层面读者亦可满足阅读需求。

本手册的前两章介绍了区划的背景信息、历史演变和案例分析，说明区划的一些基本概念，为后面章节做铺垫。对于那些不了解纽约市区划法的读者来说，这两个章节是一个很好的开始。第三章至第五章则更详细地介绍了城市中三种主要类型分区：住宅区、商业区和工业区的区划规范。

在这三种分区中，每一种分区均先概述总体规定，其后分别介绍各分区更为详细的信息。第六章和第七章介绍了城市中一些特殊区域的《区划法规》，这些地区的法规相比于一般地区的法规有所变化。第八章描述了修改《区划法规》所必需的公共程序。最后部分为分区规划中重要术语的名词解释表。

必须指出，本《区划手册》仅作为解释《区划法规》的参考指南，不应被视为《区划法规》本身。《区划法规》可在纽约市城市规划局的网站上找到，其包含了管理城市土地利用的官方规范。为了便于查找这些条例，本手册以下列形式明确了《区划法规》中的具体适用段落：ZR ##-###。

说明

1. 本书中存在的任何翻译错误与纽约市城市规划局无关，具体内容应以原文作为唯一官方依据。
2. 本书英文版可在纽约市城市规划局网站免费下载（www.nyc.gov/site/planning/zoning/zh-2016.page）。

目 录

本章概述了纽约《区划法规》的百年历史以及《区划法规》中的一些主要概念。

通过三个案例研究分析了区划规范在实践中的运作方式。这些案例分别解释了（1）区划如何规范新建建筑，（2）区划如何规范现有建筑的改造，以及（3）区划如何在必要时获得特殊批准。

本章阐述了适用于纽约市各类住宅区的《区划法规》——从斯塔顿岛的低密度郊区到曼哈顿密集的摩天大楼。

本章介绍了适用于商业区的《区划法规》，包括社区商业街道和康尼岛的游乐园。

本章介绍了适用于工业区的《区划法规》——从高密度大厂房到必不可少的基础设施，如发电厂等提供基本服务的场所。

本章说明了适用于大量城市特殊地区的补充《区划法规》，如机场周围或滨水区。

本章介绍了在特殊目的区的《区划法规》。目前，全市共有50多个特殊目的区的区划规范对其基础分区规范进行了修改。

本章介绍了修订《区划法规》或寻求其他自由裁量行动的公共程序。

本手册中主要分区术语均以粗体显示，本章汇编了这些术语的名词解释以便于参考。

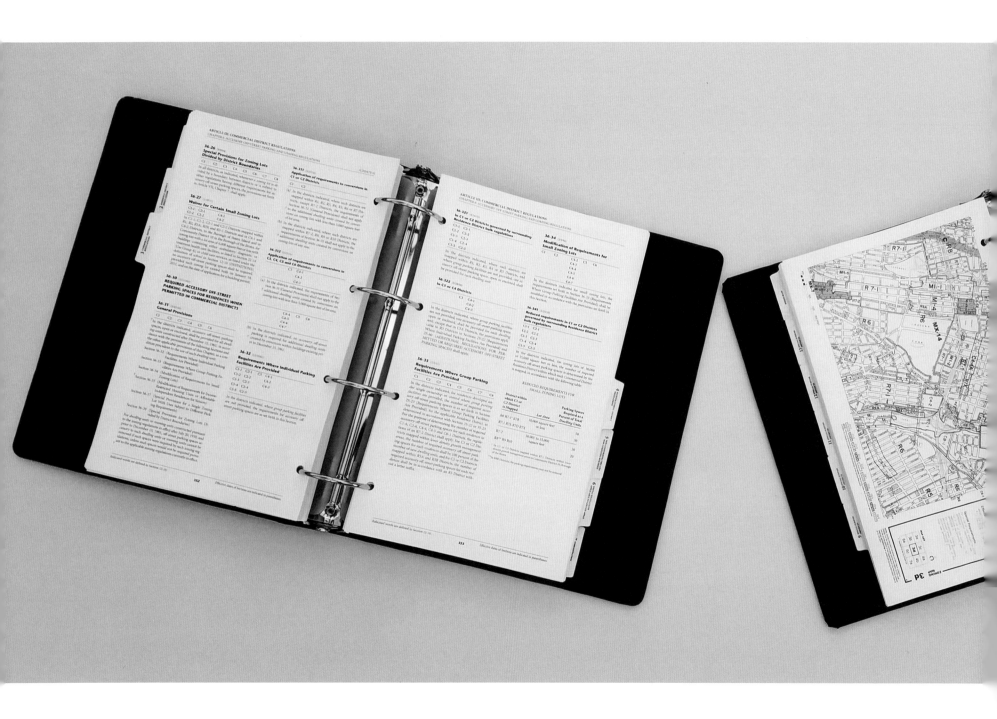

第一章　区划概述

区划通过明确在一个地块上所允许进行的开发要求，在社区和整个城市中建立一种有序的发展模式。它是依据州授权议会所颁布的一项关于如何使用土地的法规。纽约区划法的依据是《城市宪章》。区划本身并非一项规划，其往往是规划的成果之一。它是一种工具，指导并作用于一个个完善与周详的规划中。纽约市区划条例均包含在《区划法规》中。

根据纽约市《区划法规》，整个城市的土地被划分为多个区域，或称"分区"，《区划法规》根据每一个分区的相似性来制定规范。区划条例的制定是基于土地利用的相关因素，而非财产所有权或财务等其他因素。根据分区规划的制定机构，区划是对怎么使用土地的一套限制，而不是对产权人怎么使用产权的一套要求。

纽约市《区划法规》最初用于是明确某一地块可以用作什么**用途**，并对建筑物的形状或**体量**做出限制。今天，区划法以更广泛概念来管控用地的功能和体量，以对诸如街边停车、保障性住房、步行友好性、公共空间、可持续性以及气候变化弹性等问题作出引导。

纽约市现行的《区划法规》于1961年生效，取代了1916年的法规。自1961年以来，为适应城市发展中不断变化的需求和优先事项，法规历经多次修改。

区划历史

相对而言，区划出现的历史并不长，但却在塑造城市的过程中发挥着非常显著的作用。它对建筑物的大小、用途、位置和城市中不同社区的密度作出限制要求。与城市对土地行使预算、税收、收储、管理权一样，区划也是执行规划政策的一个重要工具。自1916年颁布了全美第一部综合性区划条例以来，纽约一直是区划领域的先驱。

1916年之前的改革呼吁

在纽约早期历史的大部分时间里，对于产权人能够在他们的土地上建造什么，几乎没有什么正式限制。19世纪后期，人口增长和技术变革开始改变这一现状。在这个时期，火灾等各类灾难的发生，催生了防火规范和早期建筑规范。城市经济的快速扩张和新移民的涌入造成了住房短缺，这为公寓住宅创造了市场，这些公寓住宅以最低的标准建造可实现的最大体量。而早在19世纪60年代和70年代，纽约人就开始担心因过度拥挤而引起的健康和安全问题，改革者们尤其关注下东区等人口密集地区的生活条件。为了解决相关问题，纽约州议会率先制定了住房标准，颁布了一系列针对住宅建筑健康和安全相关的限制条例，最终在1901年颁布了《住房法案》。

与此同时，纽约市正成为美国最重要的商务中心，大量兴建商用办公空间。随着钢结构施工技术和升级版电梯被发明，建筑高度也不再被技术所限制了，曼哈顿开始形成它独特的天际线。

1915年，随着曼哈顿下城恒生大楼（The Equitable Building）的建成，对于建筑高度和外形的协调控制需求显得愈发明确。恒生大楼无任何退界拔地而起538英尺[①]（约164米），在邻近建筑上投下了7英亩[②]（约2.8公顷）的阴影，引发了人们的焦虑，担心这样的建筑会在整个地区被不断复制。这件事情成为规划法规改革的催化剂。

不受管制的开发产生的其他一些负面影响，为人们敲响了警钟。随着工业的增长，仓库和工厂开始侵占"女士英里街区"（Lady's Mile）沿街的时尚店铺，引发了第五大道上百货公司的担忧。这一快速的变化也加剧了人们对开发可能带来的破坏性副作用的担忧。于是，改革者们开始紧急呼吁新的《区划法规》，来明确城市中的不同用途分区，以及对所有建筑物的高度及退界提出更加明确及有效的要求。

1916年版《区划法规》

1916年，第一份先驱性的《区划法规》应运而出。它由一份14页的文本和三套地图组成，明确了覆盖城市所有地区的分区范围、用途和建筑高度的管制要求。虽然这是一份相对简单的文件，其主要目的是限制土地过度利用，但也迈开了第一步——控制城市中所有建筑的大小和形状，消除住宅和商业区中不相容的用途。这催生了纽约市标志性的高耸纤细的塔楼，和被称为"婚礼蛋糕"的退台式建筑，这些建筑成了纽约市中央商务区的象征。再加上新版《住房法案》和1929年的《多户住宅法》等州立法的出台，城市很多地区出现三至六层住宅建筑。由于美国及国际上其他城市在发展中也面临着与纽约同样的问题，于是这项新法令成为全美乃至全球城市的典范。

1916年版《区划法规》指导了纽约20世纪20年代的建造热潮，这也是迄今为止纽约市扩张最快的时期。1916年以后，为了适应一些社区发展模式的变化，法规多处做了小小的改动，但其整体结构在几十年里都保持相对完整。20世纪30年代，**城市规划委员会（CPC）**和**城市规划局（DCP）**成立了，主要负责整个城市的规划工作，其中包括确保《区划法规》能符合城市当前和未来的发展需要。在20世纪40年代，他们对区划做了很多改变，首次解决了1916年版的法规未解决的问题，比如建筑标识、卡车装卸、低层花园公寓和快速增长的城市汽车使用等。

无法适应城市发展的1916年版《区划法规》

然而到20世纪中叶，1916年版法规的许多基本规划原则已经无法经受时代发展的考验。举例

---

① 1 英尺 = 0.304 8 米。
② 1 英亩 ≈ 0.404 7公顷。

左上方： 19世纪末下东区（Lower East Side）的街景。

上中： 1915年建成的恒生大楼（The Equitable Building）。

右上方： 1916年版《区划法规》下典型的"婚礼蛋糕"式建筑。

左中： 1958年建成的西格拉姆大厦（The Seagram Building）。

左下方： 1950年首次开放的昆士维尔（Queensview）合作公寓。

来说，如果这座城市在20世纪50年代达到了允许的最大密度，那么它可容纳大约5 500万人，远远超出了其实际容量。同时，新的理论引起了规划者和政府领导者的兴趣，那就是勒·柯布西耶的"公园中的塔楼（tower-in-the-park）"模式。随着规划师和公众都期望城市中拥有更多绿化，以开放空间围绕着高楼的模式，来取代现有的多样围合式街区，变得越来越流行。城市边缘那些远离地铁的剩余空地需要按照一定的密度进行开发，同时要满足新的、以汽车为主导的生活方式。到了20世纪50年代，1916年版的原始框架显然需要彻底地重新考量，并采用新的、更详细的《区划法规》。

这版新规划的编写者所持的总体愿景与纽约市的传统模式大相径庭，这反映出当时人们的观念，即纽约市正在变得陈旧，它需要追赶上美国其他城市那些流行的发展方式。总体而言，新规划将不同功能加以区分，以减少彼此之间的冲突；居民将更加便捷地驾车抵达办公楼、学校和商业区；中高密度住宅区将形成"公园中的塔楼"模式，建筑周边大片的开放空间可保证充足的采光和通风；城市边缘的低密度区将建设单/双户住宅，以及用于生产、办公和零售的单层建筑。在大多数情况下，新规划的许可开发密度将远低于之前的许可密度，这体现了分区管制应更紧密地反映城市规划的实际情况。即使是中城（Midtown）这样的高密度商业区，新建办公楼的许可密度也低于已建办公楼，以缓解街区的拥挤状况；但同时相比于"婚礼蛋糕"式建筑，新法规给了建筑设计更大的灵活性。在新的《区划法规》中，分区审批流程也变得更加简单、快捷，更容易为人们所理解。

1961 年版《区划法规》

应对新愿景，1961年版《区划法规》提出了若干分区概念，许多概念至今仍然适用。它创立了三种分区类型，即：住宅区、商业区和工业区。每一种分区都进一步划分为若干个子分区，每一子分区都有不同的**用途**、**体量**和**停车**规范。法规定义了数百种**用途**，规定了每种用途允许出现的**分区**类型。尤为重要的是，不同于1916年版《区划法规》工业区中允许建设任何用途建筑的规定，该法规限制了在工业区的住宅用途。1961年版《区划法规》为更好地控制建筑物的大小，在所有分区引入了**容积率**的概念，同时还提出了**奖励性分区**这一工具，对提供公共开放空间的开发项目，可以允许额外的建筑面积。1950年为新建住房制定的机动车停车要求，也全面纳入了这一版区划的所有分区中。经过漫长的研究和公众讨论，现行的《区划法规》于1961年12月15日颁布并生效。

自 1961 年以来的《区划法规》

尽管1961年版《区划法规》是基于当时领先的规划理论，且作为一种规划工具，比1916年版《区划法规》显著改进，但该法规在某些方面很快暴露出缺陷。它强调能提供采光和通风的开放空间，但这种建设模式中间的塔楼建筑时常会破坏周边的城市肌理，且因奖励性的分区条例而建设出的公共空间，常常使用率不高，也缺乏吸引力。虽然法规侧重于开放空间的塑造，但几乎未考虑到建筑物与人行道等相邻公共空间之间的关系。此外，即使1961年版《区划法规》旨在制定灵活

规范，以避免频繁修改，但还是忽略了城市的一些复杂性和变化性，而正是这些复杂性和变化性塑造了纽约这座城市。例如将工业用途和住宅用途分离的条款，无法适用于纽约市此前"不受限制"的混合用途社区，这些社区中既存住房和工业混合使用的情况；有限的分区类型，有时会导致新建筑物与周围环境不相符；另外这版法规侧重于让城市适应机动车的发展，并没有与城市中其他多样的交通方式建立和谐关系。

幸运的是，这版法规为未来的修订设置了灵活的机制，并且被证明卓有成效。虽然1961年版《区划法规》一直作为当今区划规范的基础，但该法规也经历了不断的演变。区划条例经过几百次大大小小的修改，扩充了它的内容和适用范围。其中一些修改纠正了原法规中的问题或疏忽，而另一些则应对了1961年版《区划法规》编写者没有预期到的新挑战。

随着时间的推移，区划不断地调整，更好地体现了智慧发展和可持续性原则，同时也应对了一系列丰富的目标，其丰富性就像城市的社区类型一样。在一个住房通常比较紧缺的城市，城市会在公共交通便捷、基础设施良好的区位提升密度，为不同收入水平的居民寻求新的住宅开发机会。与之相反，在远离公共交通和其他服务设施的地区，以及偏远又依赖汽车出行的低密度地区，区划也会相应限制其开发增长。

《区划法规》也变得更加注重"肌理"发展，确保新建筑既能融入城市社区的肌理，又能提升整体的步行体验。肌理区划规范已得到完善和发展，不仅与1961年以前的法规下所修建的建筑更

加适应,同时仍保持建筑创意的灵活性。

　　虽然区划并不规定建筑的具体设计,但这些规范越来越多地处理新开发项目与人行道、其他公共空间和周围建筑物之间的相互关系。这些规范通常被称为**街景**规范,它引入了新的管控要素,包括底层商业空间、行道树和停车位景观等,也增加了更严格的公共空间新规范。

　　自1961年以来,面对城市社区不同的情况,分区类型的数量也增加了一倍多。同时,还在全市引入了**特殊目的区**,这些区域在基本的分区规范上有所修改,以满足当地特定的规划目标。特殊目的区广泛应用在新规划的社区中,如皇后区的猎人角南区(Hunters Point South)、中城区(Midtown)等中央商务提升区域,及斯塔顿岛的环境保护敏感区等(见第七章)。除此之外,该法规纳入了一些适用于特定区域的特殊规范,来引导城市中位于不同分区但拥有类似特征的区域发展(见第六章)。这些特殊规范推进了城市规划目标的实现,比如确保城市滨水区的公共可达性,以及帮助飓风桑迪过后的灾后重建。

　　为了应对一些具体情况和趋势,很多新的分区规划工具被创造出来。《区划法规》也做了相关修改,用于帮助保护像纽约中央车站这样的标志性建筑,以及在规划新增住宅的区域推进住房的经济适用性及多样性。**奖励性分区**已不仅是用于鼓励公共开放空间,为了实现新的政策目标,它被应用于更多的范畴,包括改善地铁站、推广节能建筑、让服务水平低下的社区居民吃到健康食物等。

　　《区划法规》是城市发展的蓝图。它力求前后一致,提供可预测性和公平性,能灵活应对技术进步,应对不断变化的社区和土地利用模式,以及新兴的规划和设计理念,从而帮助纽约成为世界上最伟大的城市之一。城市发展不断面临新的挑战和机遇,而这项法规也将继续改变和发展,塑造城市特色,确保所有纽约人拥有更美好的未来。城市在不断发展,区划亦如是。

左上方: 1961年版《区划法规》**高度系数规范**(height factor regulation)下的填充式建筑。

右上方: 1987年设立的优质住房项目下的新建建筑。

左下方: 1989年设立的低密度肌理区。

右下方: 西切尔西特别区(Special West Chelsea District),自1961年以来设立的特殊目的区代表之一。

分区原理

区划分区

按照《区划法规》，纽约市在地图上被分为三个基本分区，即：住宅区（R）、商业区（C）和工业区（M）。三个基本分区又细分为多个子分区，分别以不同字母数字后缀组合加以区分。总体而言，每一分区（R、C、M）后的数字越大，代表土地利用密度或强度越高。

- **住宅区**以多元的住宅类型为特点，包含了从R1区的独栋独户式住宅，到R10区摩天大楼式住宅等。
- **商业区**以商业活动为特点，包含了从C1区的社区零售服务，C4区的拥有百货商店和电影院的区域商业中心，到C8区的加油站和汽修等具有潜在危害的活动区等。一些C1和C2区在区划地图上以填充图案显示，指的是商业叠加区，这类商业区通常分布在提供社区零售和服务的住宅区商业街。
- **工业区**以一系列工业和商业活动为特点，包含了从M1区的轻工业区到M3区的重工业区。

分区首字母和数字的组合通常附有数字后缀，表示不同的许可用途、体量或停车要求。比如：M1区 包 含M1-1、M1-2、M1-3、M1-4、M1-5及M1-6区。一般而言，后缀数字越小表示开发规模越小，同时停车要求越高；后缀数字越大表示建筑体量越大，同时停车要求越低，这类区域通常在中心地区，或公共交通便利地区。

部分住宅区或商业区名称中包括A、B、D或X字母后缀（或R3和R4区的-1后缀），代表了一种特定的区划情形，要求这些区域中新建筑的形式和尺度，需要与该区的主要建筑类型或未来所需的特定建筑类型相匹配。这种以字母后缀结尾的分区称为**肌理区**，非字母后缀结尾的分区则为**非肌理区**。

这些分区覆盖了城市中大量不同特点的社区，包括了皇后区牙买加庄园（Jamaica Estates）的低矮住宅，曼哈顿中城（Midtown）和下城（Lower Manhattan）高层建筑的动态韵律，科尼岛（Coney Island）的狂欢气氛，以及新城溪（Newtown Creek）沿岸的工业轰鸣。

这些分区不仅体现了现状，也体现了对未来的预期，同时还可以作为实现具体规划目标的工具。在某些情况下，区划是为了一个社区的崭新未来而编制的特定规划，与公共投资以及当地的公共交通、当地服务状况相匹配。在某些情况下，区划不仅反映了某一特定地区现有建成环境，同时也确保未来开发与现状肌理相协调。同一种分区类型，所处位置不同，其规划目标也有所不同，比如：对某个社区来说可能是增长区，对另一社区可能是保护区。

区划文本和区划地图

《区划法规》由两部分组成。其一为区划地图，展示了整个城市的分区划定；其二为区划文本，对这些分区作出了详细规定。城市规划局负责《区划法规》的起草和宣传工作，同时协助**城市规划委员会（CPC）**的工作。城市规划委员会负责城市的增长、提升和未来开发有序进行。城市规划委员会和纽约市政府负责审议区划文本和地图的修编，公众和其他民选官员也可通过《城市宪章》规定的程序审查这些修编。该程序将在第八章进一步说明。

要确定某地块的分区类型，可参阅分区索引图来选择合适的区划地图（可在城市规划局网站查阅，或在印刷版本查阅，索引图位于小区划地图之前）。整个城市被细分为35个区划地图，这些地图被进一步划分为126个独立的"a"、"b"、"c"和"d"图。

此外，也可登录www.nyc.gov/zola，在线查阅城市规划局的交互式区划地图与土地利用申请（ZoLa）。市民可以在这里输入地址或自治市、街区和地块编号（BBL），ZoLa将自动显示它是什么分区。但《区划法规》中的区划地图才是官方版本。

这两种来源都会明确基本分区的类型，以及该分区是否位于**特殊目的区**内。如若在特殊目的区内，则会根据特殊目的区的规划要求，对基本分区的规范加以修改。

市民需要查看区划文本，来了解一个分区所适用的特定规范。目前，该文本一共有十四个篇章，前七篇为通用规范，通常称为"基本规范"，后七篇为特殊目的区规范。

　　大部分基本规范都在分区类别下，阐述各类分区相应的条目。如，第二篇为居住区，第三篇为商业区，第四篇为工业区。其余的基本规范适用范围更广，包括定义、行政程序，也包括在更大范围内取代基本规范的特殊规范，以及在现行分区规划之前建造的建筑物或用途的管理规定。

- 第一篇：总则
- 第二篇：住宅区规范
- 第三篇：商业区规范
- 第四篇：工业区规范
- 第五篇：不相符用途和不相符建筑物
- 第六篇：适用于特定地区的特殊规范
- 第七篇：行政管理

　　每一篇中，又细分为章和节。每"章"则分成：**用途**规范，确定一个地块上允许的活动类型；**体量**规范，管控开发建筑物的大小和形状；**停车**规范，规定停车位的最大和最小数量；**街景**规范，管理地块与相邻公共街道之间的关系。

　　每"节"内容中详尽阐述了每类规范的具体内容。章节符号的前两位数字表示"篇"数和"章"数，后面两三个数字表示"节"数。例如：Section 33-122，则表示第三篇第三章第122节。大多数区划文本章节结构基本相同，以条例创建时间或最后修订时间（具体而言，为纽约市政府通过的时间）开始，之后依次为：节数、节标题以及本节规范适用的分区一览表。正文部分紧随其后，阐述具体的分区规范。斜体字表示术语定义，可以在

区划地图概况

灰色部分表示特殊目的区

实线表示分区边界

字母后缀一般表示肌理区

填充图案表示商业叠加区

无字母后缀一般表示非肌理区

点线表示近期重新分区的区域

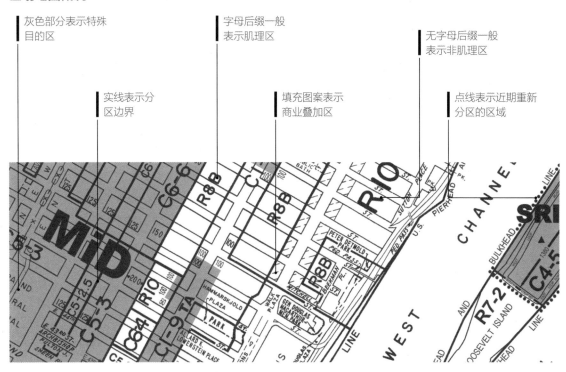

区划文本概况

该数字表示第三篇，第五章，第311节

表示本节规范适用的分区类型

表示条例通过时间或最后修订时间

斜体字表示特定术语，通常可见于ZR12-10

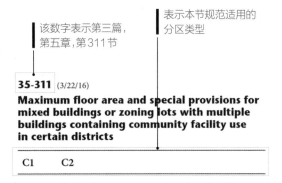

35-311 (3/22/16)

Maximum floor area and special provisions for mixed buildings or zoning lots with multiple buildings containing community facility use in certain districts

C1	C2

†In C1 and C2 Districts mapped within R6 Districts, without a letter suffix, and in R7-1 Districts, the provi-

35-312 (10/17/07)

Existing public amenities for which floor area bonuses have been received

(a) Elimination or reduction in size of non-bonused open area on a *zoning lot* containing a bonused amenity

In all districts, any existing open area for which a *floor area* bonus has not been utilized that occupies the same *zoning lot* as an existing *publicly accessible*

第12-10节或该章节的补充定义部分找到。(网络版《区划法规》中的术语定义前用"#"表示）

特殊规范

特殊目的区会修改或补充基本用途、体量、停车或街景规范。制定这类分区是因为一些特定情况和规划目标无法通过基本的规范实现（见第七章）。在分区地图上，特殊目的区均以灰色底色标示。在《区划法规》中，第八篇至第十四篇中的每一章都阐述了不同特殊目的区的具体规范。

除了特殊目的区外，某些特征独特的地区需要特殊的分区规范，例如：沿海岸线的**滨水区**和城市机场周边的地区。特殊分区规范还通过各种特殊奖励、许可或要求等手段来推进规划目标。奖励性措施包括：通过提供**公共广场**、特定保障性住房或**生鲜食品店**来交换额外的建筑面积。许可包括：允许餐馆提供**路边咖啡馆**、促进旧楼改造等；与此同时，对**低密度增长管理区**作出相应规范来限制增长，以及对（E）指定区提出缓解环境问题的措施。适用这些特殊规范的区域，其相应的基本用途、体量、停车或街景规定已作修改或补充。这部分规定通常不会显示在分区地图上，但对其适用性的描述，可参见第一篇或第六篇相关章节，或该法规的其他章节（见第六章）。

所有特殊目的区的边界及适用特殊规范的地区，也可登录www.nyc.gov/zola通过ZoLa查看。

区划不管控哪些

州政府赋予市政当局制定分区规划的权利，同时又根据美国和各州宪法，以及适用的判例法制定这一立法。由于地方政府作为更高级别政府、判例法和法规的隶属机构，当分区规划提案与当局相关约束条件产生冲突时，政府必须延缓提案实行。

1913年，纽约州通过立法，授权各市政府制定区划的权利。该法规限定了地方区划条例可以管控的内容。在土地利用的讨论中出现的许多问题，并没有被授权通过区划来解决，例如：工资、劳动法规或无补偿征用私人财产等。

由联邦政府管控并用于联邦目的的地块不必遵循地方《区划法规》，州政府有权根据一些特殊的目的，来推翻地方区划。例如：纽约大都会运输署（MTA）可凭其交通目的，覆盖其所属地块上的分区规范。还有一些其他州或联邦的法律优先于市政当局区划管控的例子，例如纽约市不能监管酒类服务机构的营业时间，因为这类机构由国家酒类管理局监管。

区划主要适用于被划分为分区地块的土地，不适用于公共**街道**（通常包括道路和人行道）、**公共公园**、河流或码头范围线外的开放水域。例如：纽约市交通局管理城市街道；纽约市公园和娱乐局管理城市公园；美国陆军工程兵部队和海岸巡防队管理通航水道；纽约大都会运输署管理公共交通系统的建设和运营；纽约与新泽西港口事务管理局负责管理纽约与新泽西之间的港口、机场以及公路、铁路和公交设施；美国交通部负责管理洲际铁路。不过，虽然区划并不管控公共土地或基础设施，但与其紧密协同。在绘制不同的分区

时，通常会考虑公园的邻近程度以及公共交通的便利性。

《区划法规》努力在**建筑**之间建立一种和谐的关系，但它并不规定施工技术、建筑风格或者特定的设计材料（除了对一些零售街道的底层有相关要求外）。虽然《区划法规》促进对土地最理想的使用以及建筑建设，并以此来保护土地价值（进而保障纽约市税收），但它并不管理建筑使用者的健康或安全，以及与建筑施工质量相关的公共安全。城市有其他法律来管理建筑建造规范和住宅维护规范，以确保与建筑建造有关的健康和安全。此外，虽然众多《区划法规》与开发有关，但区划规范并不会发起或要求建设。

最后，区划并非是唯一影响地块的土地利用法规。地标保护委员会负责划定历史地标建筑和历史街区，以更好地保护其历史价值。美国联邦航空管理局管控机场航线附近建筑物的高度。环境保护署和纽约州环境保护局管理一系列环境法规。建筑物必须还要满足建筑规范、消防规范、排水规范和其他地方法规。而某些商业也必须获得像纽约市消费者事务局，或纽约市健康与心理卫生局这类机构颁发的许可。

一般来说，建筑必须满足每一项法规要求。即使区划法允许某些行为，业主也无权违反其他市、州或联邦法律的约束。一般来说，如果其他城市法律与区划冲突，则应采用更严格的规定。

新开发和现有建筑

《区划法规》几乎适用于城市中每一块私有土

地, 适用方式取决于是要修建一座新**建筑**, 还是将现有建筑扩张、重建或转换成其他用途, 又或者是将该地块作开放用途。

对于新建筑的修建——按区划的说法, 称其为**开发**——《区划法规》最为全面地执行其管控内容。在施工时, 建筑师或工程师的许可申请必须确保建筑符合所有该地块上《区划法规》。这些法规包括建筑内部的**用途**, 建筑物本身的大小、形态或**体量**, 需要或允许提供的停车位数量, 以及可能需要的若干**街景**措施。每一项条例均由该建筑物所处的分区决定。

《区划法规》同样适用于现有建筑。随时间推移, 当建筑原有的功能和布局变得陈旧时, 业主往往会对其进行改造, 而不是将其拆除。他们可以改变地块用途, 有时, 新用途是在同一分区内允许的 (例如: 把仓库变成办公室, 即从某一商业用途变为另一商业用途); 有时, 是从一个分区到另一个分区类型的**转换** (例如: 从工业区变成住宅区); 有时, 要将某一用途扩张至另一个空间, 或者对已有建筑物进行**扩建**。在上述每一种情况下, 改建或新建筑必须符合《区划法规》。

一些现有建筑是在《区划法规》出台之前建造的, 而另一些建筑是根据当时有效的《区划法规》合法建造的, 但后来这些法规发生了变化。那么这些现有建筑或用途, 则根据其体量和用途不相符的程度, 划分为**不相符**建筑物或**不相符**用途。

考虑到如果一旦法规改变, 就要求业主砍掉建筑的一部分, 或停止建筑物内的某些活动的话,

其他机构和土地利用法规

区划是多种土地利用法规的其中一种。其他许多机构都有相关法规, 以在不同层面管控纽约市的建成环境。

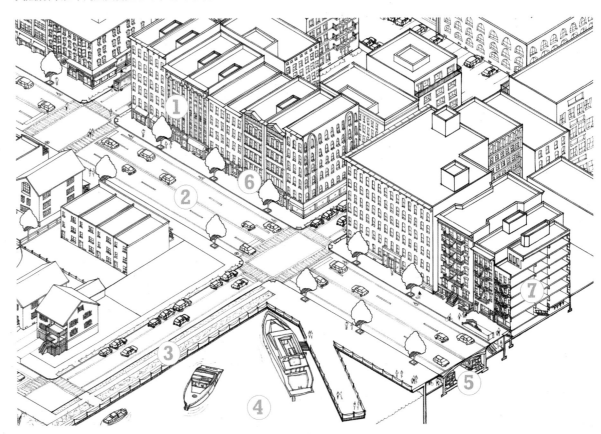

1. 地标保护委员会 (LPC) 管控地标建筑和历史街区。
2. 纽约市交通局 (DOT) 管控街道。
3. 纽约市公园和娱乐局 (DPR) 管控城市公园。
4. 美国陆军工程兵部队和海岸巡防队管控通航水道。
5. 纽约大都会运输署 (MTA) 管控公共交通系统的建设。
6. 纽约州酒类管理署管控酒吧营业时间。
7. 纽约市建筑局 (DOB) 管控楼宇的建造及改建工程。

扩张项目与扩建项目

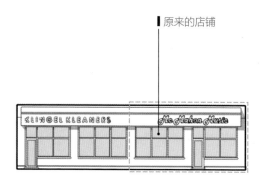

原来的店铺

扩张是指扩大现有用途所占用的现有建筑面积。

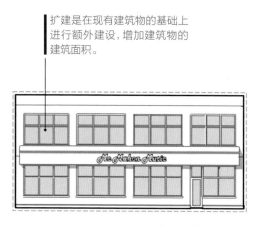

扩建是在现有建筑物的基础上进行额外建设，增加建筑物的建筑面积。

这种惩罚方式过于极端。因此，只要不相符建筑或用途在数量上和程度上不再增加，《区划法规》一般会根据"豁免原则"允许这些建筑继续存在，不受新规定限制。随着时间的推移，如果用途发生变化，或建筑物进行翻新，一般会要求建筑的修缮及用途符合现行分区规范。《区划法规》更注重于消除不相符用途，而非纠正不相符建筑物，这是因为改变建筑用途通常比改变其外部形态更容易。

最后，区划法的管控内容超越了建筑及其用途的范围，它亦适用于没有建筑物的地块。像是开放用途地块或在建筑外部的部分，亦受其所在分区的法规管制。

分区地块概述

在分区术语中，一块私有土地被归类为**分区地块**。几乎所有的《区划法规》都是围绕着这个单元来制定的。

虽然一个分区地块和一个**纳税地块**通常是一致的（地块边界一样），但分区地块也可以由一个街区内的两个或多个纳税地块组成。例如：一排同时建造的联排别墅的分区地块可能会由几个单独的纳税地块组成。同样，在一个分区地块上的多户住宅可能包含多个公寓单元，每个单元构成一个单独的纳税地块。一个分区地块可细分为两个或更多分区地块，而同一街区上相邻的两个或更多分区地块可合并，但前提是所有最终产生的分区地块仍符合《区划法规》。

分区地块分成三大基本类型：

- **街角地块**是指在两条或以上街道交汇点100英尺（约30米）以内的任何分区地块
- **直通地块**是指任何含两条大致平行的街道的分区地块，且不是街角地块
- **内部地块**是既不属于街角地块也不属于直通地块的其他分区地块

在大型地块中，可能不同部分适用不同的地块类型。例如：在两条街的交口，大型地块的前100英尺为街角地块，而其余部分则为内部地块部分或直通地块，具体情况根据地块形状确定。将大型地块分为不同类型非常重要，因为各部分的体量规定往往是不同的。

此外，每个分区地块由三种不同的**分区地块线**围合，包括前、侧和后地块线，这类地块线通常与土地产权线相同。出于分区管控的目的，这些地块线需强化与相邻的人行道和道路路面的关系。**前地块线**沿着街道（通常沿着人行道），也称为**街道线**。每条**侧地块线**与前地块线相交，通常垂直于前地块线。**后地块线**通常与前地块线平行，且不与前地块线相交。基于这些定义，并非每个分区地块都包括这三类地块线。举例来说，街角地块和直通地块通常只包括侧地块线和前地块线。

最后，分区地块所在的**街区**被**街道**、铁路、公园或**码头范围线**围合。街道的宽度会影响其毗邻分区地块的体量规范，因为较窄的街道对保持采光和通风的敏感度较高。就分区管控的目的而言，将75英尺（约23米）或以上的街道作为**宽街道**，将75英尺以下的街道作为**窄街道**。

地块和街道类型

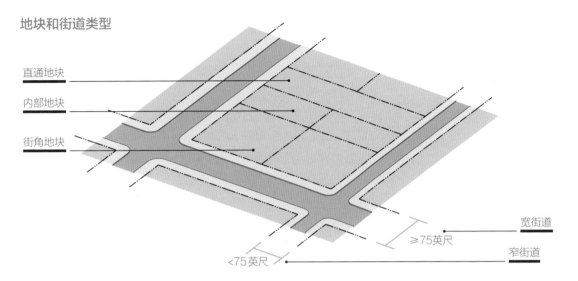

直通地块

内部地块

街角地块

宽街道

≥75英尺

<75英尺

窄街道

分区地块分成三大基本类型。街角地块是指在两条或以上街道交汇点100英尺以内的任何分区地块。直通地块是指任何含两条平行街道的分区地块,且不是街角地块。内部地块是既不属于街角地块也不属于直通地块的其他分区地块。

就分区管控的目的而言,将75英尺及以上的街道作为宽街道,将75英尺以内的街道作为窄街道。

地块线

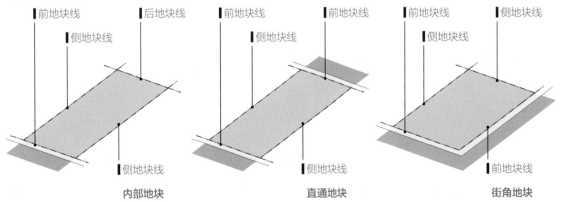

前地块线

后地块线

侧地块线

侧地块线

内部地块

前地块线

前地块线

侧地块线

侧地块线

直通地块

前地块线

侧地块线

侧地块线

前地块线

街角地块

前地块线沿着街道;侧地块线与前地块线相交,通常垂直于前地块线;后地块线通常与前地块线平行,不能与前地块线相交。并非每个分区地块都包括这三类地块线。

许可用途

《区划法规》在任一地块上，都建立了一套许可用途规范，旨在与整个地区的其他用途相兼容。用途与用途之间有时因环境原因互不兼容，例如发电厂或其他重工业用途对住宅区的影响，或者其产生的交通量等对周边商业环境的影响等。为了避免冲突，并且促进各种用途之间的良性关系，区划对地块用途（无论是在建筑物中还是在土地本身）作出了限制，例如让购物和服务设施靠近住宅区布局。

用途组合

《区划法规》将所有用途分为四大类：住宅用途、社区设施用途、商业用途和工业用途。比如公寓楼就属于**住宅用途**；医院或学校是**社区设施用途**；办公楼或购物中心属于**商业用途**；混凝土工厂属于**工业用途**。如果一幢含住宅的楼处于商业区，它同时包括底层餐厅这类商业用途，或者小型诊所这样的社区设施用途，这一建筑就为**混合功能建筑**。

《区划法规》将各类用途进一步划分为18个用途组合，以分别适用于这四大类用途：

- **住宅用途**——用途组合1和2
- **社区设施用途**——用途组合3和4
- **商业用途**——用途组合5至16
- **工业用途**——用途组合17和18

一般而言，用途组合数字越大，表明其商业和工业的特质就越强。用途组合1仅限于独户独栋住宅，而用途组合18则包括重工业活动，比如那些会涉及有害物质或有大量污染物的活动。

所有分区都允许某些用途组合，而非仅限于其分区名称。住宅区除住宅外，还准许社区设施用途。大多数商业区也准许住宅和社区设施用途。工业区准许多种商业用途和一些社区设施用途。

如果用途与分区目的相冲突，那就会禁止或限制这类用途。住宅区不允许商业和工业用途组合。工业区也不允许住宅用途组合。《区划法规》中第二篇、第三篇以及第四篇的第二章分别陈述了用途规范。为方便查看，在该法规附录A的列表中作了简要概述。

补充用途规定

除了允许的用途类型外，《区划法规》还制定了适用于商业和工业区的补充用途规定。

补充条例规定：除非有用途规定的特别允许，商业区和工业区用途应处于在建筑内（ZR 32-41，42-41）。在工业区，露天物料堆放场所应设置遮盖设施（ZR 42-42）。

对商业用途的楼层限制，适用于大多数商业区。商业区的混合建筑中，商业用途应位于所有住宅用途的下方。另外，在低密度的C1、C2或C3区，商业用途的楼层数量有一定的限制（ZR 32-421）。

最后，在某些分区，为了保持该区域的街景环境，首层用途通常会受到相关限制。具体规范将在街景部分进行详细描述。

不相符用途

城市中的许多社区自第一次开发以来，已历经多次区划变更。《区划法规》也针对社区发展中的既有用途提供了若干对策。如果某用途建立在区划更改前，但当前区划不再准许这类用途的话，它就被列为**不相符用途**。

这类不相符用途比比皆是：某些工业区中的住宅区建于较早时期，那时土地利用不受限制。一些住宅区里有些街头商店或其他商业用途，它们都建于1961年以前。按照《区划法规》第五篇第二章的规定，不相符用途可以不受新规定限制继续保留，或者也可以更改，但通常仅限于维持、减少或消除不相符程度的情况下更改用途。比如：某一住宅区的街头商店可以改建成另一种当地商店，或者小型诊所这类住宅区允许的用途，但不可改成汽修服务店，因为汽修服务店属于半工业用途，会更加不相符。

一般说来，如果一个不相符的用途已停止，且所占用空间空置两年以上，那么该用途不相符状态将失效，只可以依据现行规范的许可用途进行更新。

许可用途组合

	住宅类用途		社区设施类用途		零售和商业类用途											一般服务用途	工业类用途	
	1	2	3	4	5	6	7	8	9	10	11	12	13	14	15	16	17	18
住 宅 区																		
R1 R2	●		●	●														
R3—R10	●	●	●	●														
商 业 区																		
C1	●	●	●	●	●	●												
C2	●	●	●	●		●	●	●	●					●				
C3	●	●	●	●	●	●	●		●					●				
C4	●	●	●	●	●	●		●	●	●		●						
C5	●	●	●	●	●	●			●		●							
C6	●	●	●	●	●	●	●	●	●									
C7												●	●	●	●			
C8				●		●	●	●	●	●	●	●	●	●				
工 业 区																		
M1				●		●	●	●	●							●	●	
M2						●	●	●	●							●	●	
M3						●	●	●	●	●	●	●	●	●		●	●	●

用途组合1——独户独栋住宅（ZR 22-11）

用途组合2——所有其他类型住宅（ZR 22-12）

用途组合3——满足教育需求的社区设施，如学校、图书馆或博物馆，以及其他提供住宿的基本服务设施，如养老院和特殊需求人群的居住设施（ZR 22-13）

用途组合4——提供娱乐、宗教或健康服务的社区设施，如礼拜场所、医院或诊所，以及其他无须住宿的基本服务设施（ZR 22-14）

用途组合5——酒店（ZR 32-14）

用途组合6——满足当地购物需求的零售和服务设施，如食品和小型服装店、美容院、干洗店，以及办公室（ZR 32-15）

用途组合7——家庭维修服务，如服务周边居民区的水暖管道和电路维修店（ZR 32-16）

用途组合8——娱乐场所设施，如影院和小型保龄球馆；服务设施，如：电器维修店，以及汽车租赁和公共停车设施（ZR 32-17）

用途组合9——商业和其他服务设施，如打印店或餐饮店（ZR 32-18）

用途组合10——为更大区域服务的大型零售设施，如百货公司和家用电器商店（ZR 32-19）

用途组合11——定制生产活动，如珠宝或服装定制（ZR 32-20）

用途组合12——人流量大的大型娱乐设施，如竞技场和室内溜冰场（ZR 32-21）

用途组合13——低覆盖率或露天娱乐设施用地，如高尔夫球练习场和儿童小型游乐园、露营地（ZR 32-22）

用途组合14——适用于滨水娱乐区的划船和相关活动设施（ZR 32-23）

用途组合15——大型商业娱乐场所，包括典型的游乐园景点，如摩天轮和过山车（ZR 32-24）

用途组合16——汽车和半工业用途，如汽修店、加油站、木工定制和焊接车间（ZR 32-25）

用途组合17——通常能符合高性能标准的轻工业用途，如家用电器制造或承包商货场（ZR 42-14）

用途组合18——重工业用途，如水泥厂、肉类和鱼类加工厂、废品清理场（ZR 42-15）

许可体量

建筑物的大小和形态由**体量**规范来进行管控。它们规定了某一地块上的可开发量、需要提供的开放空间面积、建筑高度限制及与地块线之间的距离等。在某些情况下，体量规范还包括其他控制，比如：住宅建筑中**住宅单元的密度**（或者公寓单元的数量）管控。

体量规范通常会根据建筑物的用途而变化。例如：在商业区，建筑物可能只作**商业用途**，或**社区设施用途**，或只作**住宅用途**，也可能作混合用途，根据不同的情况，其体量规范也有所不同。针对混合用途建筑，住宅体量规范适用于建筑的住宅用途部分，商业或社区设施体量规范则适用于商业或社区设施用途部分（ZR 24-16、35-10）。在商业**叠加区**，被叠加的住宅区规范适用于该区的住宅建筑（ZR 35-22）。在其他商业区，建立了**对应住宅区**来明确相适用的住宅区规范（ZR 35-23）。例如：R9区是C6-3区的对应住宅区，所以R9区的住宅体量规范适用于该区混合建筑的住宅部分。

住宅区体量规范在《区划法规》的第二篇第三章和第四章，商业区在第三篇第三、四、五章，工业区在第四篇第三章。一篇中若包含多个体量规范章节，是对建筑不同用途部分有着不同的规定。每一章又细分为几节，规定了**建筑面积、庭院、高度以及退界**。

容积率

容积率（FAR）是控制建筑物大小的核心

体量规范之一，它决定了一个分区地块上能排布的建筑面积。每个分区内的每一种用途都有容积率规定，以容积率乘以地块面积，就是这类用途允许的最大建筑面积。例如：对一个10 000平方英尺[①]（约930平方米）的地块，若允许用途的最大容积率为1.0，那么该地块的建筑面积不得超过10 000平方英尺，即最大建筑面积 = 1.0 × 10 000。结合塑造形态的其他体量规范，建筑面积可按不同的方式配置。

在某一分区内，用途不同，最大容积率也有所不同。在混合建筑中，分区地块的最大容积率以其用途中最大的容积率为准。比如：某R4住宅区同时为C2-1商业叠加区，其最大商业容积率为1.0，最大社区设施容积率为2.0，最大住宅容积率为0.9。如果该建筑中同时出现这三种用途，其最大容积率并非为3.9（三种容积率相加），在这种情况下，最大容积率应为2.0，同时每一用途仍应遵从各自容积率要求，也就是说，在这种情况下，住宅容积率不得超过0.9，商业容积率不得超过1.0。

建筑的某些部分面积不计入容积率管控，所以通常，建筑总面积会超过容积率要求的建筑面积。例如：如果某一商业大厦的分区地块为20 000平方英尺（约1 860平方米），容积率为15，那么即使分区规范要求建筑面积不超过300 000平方英尺（20 000 × 15），但其实际的建筑总面积可能超过350 000平方英尺。额外的

空间包括地下室、电梯或者屋顶设备用房、机械间以及装卸货泊位或停车位等。《区划法规》中对建筑面积的定义明确了建筑物中哪些部分需要计入建筑面积（ZR 12-10）而哪些不需要。这些建筑面积的计算方法根据分区和建筑类型而有所不同。建筑面积的计算容积率规范，是为了满足建筑功能所需的空间，有时也是为了实现具体政策目标。例如：为了鼓励节能设计，部分厚外墙可不计入建筑面积中。

开放空间

《区划法规》通常要求分区地块的一部分保持向天空开敞，其管控形式可以为**庭院、中庭**规范，或**地块覆盖率、开放空间率**。所需开放空间的数量和类型因**分区类型**、建筑功能和开发强度而异。一般来说，与**商业**或**工业**用途相比，即使**密度**或强度相当的情况下，**住宅用途**在庭院和开放空间的面积上有着更高的要求。为了维持一定的社区风貌，低密度住宅区比高密度住宅区通常需要更多的开放空间。

在分区术语中，**庭院**指的是一块沿着地块线的、被要求划定的开放空间，建筑物禁止建设在这一特定空间内。三种地块线对应了三种庭院，这三种庭院也是从这三种地块线算起的：**前院**紧靠前地块线；**后院**紧挨着后地块线；**侧院**沿着侧地块线，夹在前后院之间。低密度住宅区通常需要

容积率

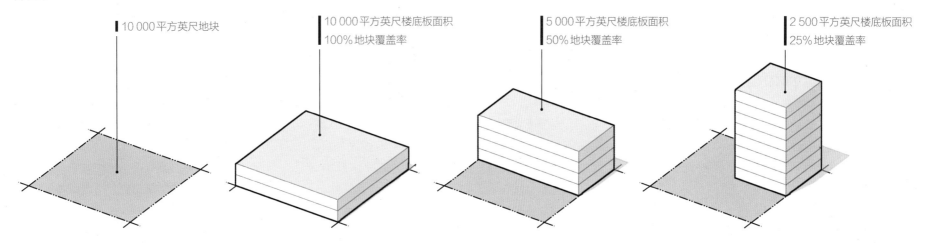

10 000平方英尺地块

10 000平方英尺楼底板面积
100%地块覆盖率

5 000平方英尺楼底板面积
50%地块覆盖率

2 500平方英尺楼底板面积
25%地块覆盖率

分区内的每一种用途都有容积率（FAR）规定。容积率 × 地块面积＝最大建筑面积。例如：若10 000平方英尺的地块最大容积率为2.0,那么该地块的建筑面积不得超过20 000平方英尺。结合塑造形态的其他体量规定,建筑面积可按不同的方式配置。

地块和庭院类型

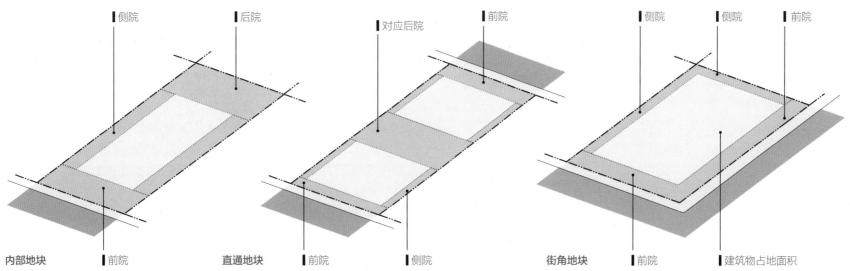

侧院　后院

对应后院　前院

侧院　侧院　前院

内部地块　前院

直通地块　前院　侧院

街角地块　前院　建筑物占地面积

三种基本庭院类型：前院、侧院和后院,一般毗邻三种不同类型的地块线。直通地块因为没有后地块线,通常需要一个对应后院,而非后院。

全部三种庭院，而高密度住宅区、商业区和工业区通常仅需后院即可，或者无须有庭院。由于**内部地块**是唯一带有后院线的地块类型，因此只有它需要后院。**直通地块**通常需要一个后院的替代物，称为**对应后院**（相当于两个背靠背后院的深度），而**街角地块**，因其只有侧地块线和前地块线，因此只需在必要时设置侧院或前院。庭院有时设在地面，有时在更高层设立。从这个意义上说，分区的"后院"概念可能不同于通常所说的"后花园"。

除了对庭院的规定，对于住宅楼和某些**社区设施**建筑来说，地块上开放空间总面积可能也会有管控要求。根据建筑类型和分区类型，以最大**地块覆盖率**或最小**开放空间面积**的形式控制。地块覆盖率条例规定了建筑物在分区地块上所占的最大百分比，而开放空间条例规定了必须提供的最小开放空间面积，其中开放空间的计算方法或者是分区地块的百分比，又或者是相对于建筑面积的**开放空间率**（ZR 23-10、24-11）。

为了保证必要的采光和通风，按照法律规定，多户住宅建筑必须设有**窗户**，这些窗户朝向街道、庭院或**中庭**，提供采光和通风（以及紧急出口）。如果开放空间不是以庭院的形式存在（经常发生在街角地块），那么任何背向街道的住宅单元都必须设外中庭或内中庭。和庭院一样，中庭也有最小尺寸和形状要求（ZR 23-80）。

高度和退界

明确了地块所需的开放空间面积后，依据地块的分区类别及用途，还需遵循高度及退界规范要求。高度及退界规范决定了在地块允许建设的最大**建筑面积**下，建筑物的最大体量，或者称之为：**建筑可建造范围**（Building Envelope）。许多高度和退界规范还和建筑物是在**窄街道**还是在**宽街道**上有关，以确保街道上的阳光和空气不被建筑物遮挡。

大多数非肌理区的高度和退界规范都允许多样的建筑物体量形态，以**天空暴露面**（sky exposure plane）法规加以管控。这一法规中，从**地块线**上方的某个高度开始，再往上，建筑物必须在一个虚构的斜面之下建设。因为天空暴露面的坡度从街道向内侧上升，所以建筑物离街道退界得越多，建筑就可以建得越高。天空暴露面的坡度，以及它起始高度，由分区类型和相邻街道的宽窄决定（ZR 23-64、24-52、33-43）。一般来说，随着分区密度的增加，天空暴露面从街道上方开始的高度就越高；平面坡度在宽街道上比窄街道上更陡。在密度最高的非肌理区，摩天大楼勾勒出城市的天际线，这时塔楼可穿过天空暴露面（ZR 23-65、24-54、33-45）。

在**肌理区**，高度和退界规范最主要是为了确保建筑形态的一致性，并限制整体建筑高度。在低密度肌理区，住宅楼受制于高度和退界的限制，建筑风格都模仿老社区典型的斜屋顶住宅类型（ZR 23-63）。在中高密度地区，为了与1961年以前的建筑保持或建立一致性，有两种最大高度限制：一是最大**裙房高度**，超过这个高度，就需要后退一定尺度；二是最大整体高度（ZR 23-66、35-65）。退界、裙房高度和整体高度，都取决于建筑物是位于窄街道还是宽街道上。

高度规范从某一水平面或"基准面"开始算起。大多数肌理区以**基准面**作为高度计算的起点，对于非肌理区，则遵循天空暴露面，这一规范以地块线或**路缘石标高**为起始点。沿海洪灾区，作为一项安全措施，基准面上升到**防洪建设高度**。

其他住宅规范

为了保障居住环境的质量，包含住宅**用途**的建筑物需要遵守额外的**体量规范**。为了防止过度拥挤，**密度**条例规定了位于分区地块上**住宅套数**的最大数量（ZR 23-20）。同时规范也明确规定了最小地块宽度及地块面积（ZR 23-30），来确保地块尺寸合理，特别是在密度较低的地区。最后，明确了在住宅单元中，规范规定的窗户与分区地块的侧地块线或后地块线之间的最小距离，以及与地块上的任何其他建筑物之间的最小距离（ZR 23-70、23-80）。

不相符建筑物

建筑物一般有很长的使用寿命。在许多社区，绝大多数建筑物建于1961年版《区划法规》出台之前，更不用说近期的分区调整了。老建筑通常不符合分区现行体量规范的要求，这也是很常见的。超过现有规范规定的高度、容积率要求，以及占据了规定院落的建筑，均属不相符建筑物。

《区划法规》阐释了这种不相符现象的管理原则。第五篇第四章明确规定了这类建筑物不受现行区划法规约束——只要这些建筑物的不相符程度不再增加，那么现有建筑物就可继续保留。

建筑可建造范围基本类型

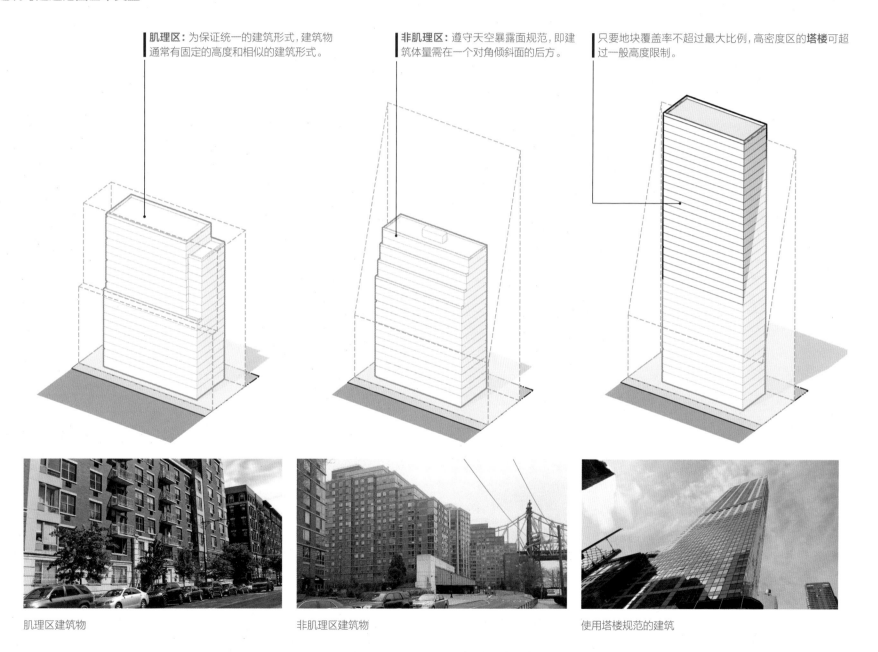

肌理区： 为保证统一的建筑形式，建筑物通常有固定的高度和相似的建筑形式。

非肌理区： 遵守天空暴露面规范，即建筑体量需在一个对角倾斜面的后方。

只要地块覆盖率不超过最大比例，高密度区的**塔楼**可超过一般高度限制。

肌理区建筑物

非肌理区建筑物

使用塔楼规范的建筑

停车位和装卸货泊位

1916年版《区划法规》最初并没有包含任何停车许可或需求的相关规定，但随着时间的推移，逐渐增加了停车规范。最初，这些法规包括了管理车辆停放和装卸货泊位的相关规定，以方便**商业、工业或社区设施**功能区里货物的出入运输。随着时间的推移，增加了路外停车规范，规定了停车位的位置，还包括自行车停车和相关街景规范。为了更好践行城市智慧增长和住房可负担的理念，在某些情况下，停车位减少了，或者不设停车位。具体规范将在街景部分进行详细描述。

车辆停放

停车规范明确规定了路外停车最少和最多的车位数量。最少路外停车位数量主要是为了支持一类特殊用途，即：**配建停车位**。一些分区也会允许配置公共停车库和公共停车场，它们不服务于某一具体用途，而是为了满足不同停车要求及使用者的需要。

住宅建筑停车要求通常以住宅单元的百分比来设置。举例来说，如果一栋100个住宅单元的建筑有50%的停车位配置要求，就是要配建50个停车位。在**曼哈顿核心区**和长岛市（Long Island City）部分地区等公共交通便利的地区，停车车位数不作强制性要求，且限定了最大停车位数量。综合而言，距离市中心越近、密度越高的地区，配建停车的数量越少。停车规范体现的逻辑是，在市中心和交通便利的位置居住和工作的人，

相比在皇后区东部的人来说，拥有或使用汽车的概率更低。

非住宅用途的配建停车规范也考虑到与中央商务区的邻近性，但同时也依据了不同商业、社区设施和工业用途所需求的停车比率。比如在布朗克斯区，一家远离公共交通的百货商店对私家停车位的需求会比同一区域的仓库更大，因此停车规范主要是为了相应地满足不同的停车需求。

各类商业用途根据其用途的特点，分为9类**停车要求类别**（PRC）（ZR 36-21）。商业、社区设施和工业用途的每一特定用途或每一停车要求类别都有固定的停车率规定，所以某一特定用途的配建停车位数量是（该用途）停车率乘上（该用途）建筑面积。比如：在一个停车率为1：400的分区内，一个10 000平方英尺的零售区域的配建停车位数量为25个（即：10 000乘以1/400）。分区不同，停车率不同，分区名称后缀（以及商业用途的停车要求类别）反映了停车要求的高低。例如：某个C1-1叠加区的停车要求远高于C1-4区。

包含多种用途的建筑，每一种用途的停车要求都不同。所需停车位的总数是先单独确定每种用途的停车数量，然后将各个数量相加得来的。

《区划法规》规定，针对某些小型分区地块或者所需停车位数量较少的分区，可减少停车位数量或者不设停车位。这个要求也应视不同的分区而定，一些低密度分区不允许减免停车位，而随着密度的增加，允许减免的停车位数量也就越多。此外，在一些公共交通便利的地区，如**公交可达**区，还有其他方式可以减少停车要求。

自行车停放和装卸货泊位

除了车辆停放，《区划法规》也包含自行车停放和装卸货泊位要求。

多户住宅楼需要为一半的住宅套数提供安全封闭的自行车停车位。商业和社区设施用途要求为员工提供自行车停车位，其数量根据其建筑面积的比例来计算（ZR 36-711）。小型建筑物可不设自行车停车位。

《区划法规》还要求许多商业和工业用途提供路边装卸货泊位，以方便运送或分销货物的卡车停放。所需泊位数视用途、分区及设施大小而定（ZR 36-60、44-50）。

街景

自1961年以来,受简·雅各布斯以及其他城市规划者的影响,纽约市的规划师们更加认识到建筑与人行道等公共区域相互联系的重要性,《区划法规》也逐渐反映了这一理念。

充满活力的商业廊道往往是社区的生命之源,在纽约市,大楼的首层经常会"拥抱"人行道,这样,路人可以随时看到展示零售商品的大型透明橱窗,也方便他们进店选购。另一方面,住宅街道在一定程度上可以隔离城市的噪声、人流和交通,这是靠各种设施配置和空间特征来实现的,例如街区内连续种植的行道树、建筑立面与人行道留有统一的间隔距离,以建筑透明度来增加视觉趣味。对于这两种情况,**街景**,或者说街道的设计质量很关键,它们能为行人和建筑居民提供愉悦的环境。

街景规范在《区划法规》中并没有在专门的章节作描述,而是穿插在用途、体量和停车规范的相关章节中。

首层用途规范

在一些商业区,首层用途规范对沿着人行道的用途加以管控,要求以社区级零售和服务功能为主。

建筑物首层立面必须达到一定透明度要求,通常以商店橱窗的形式呈现,从而吸引行人注意力。总体而言,这些规范避免了沿街首层出现大面积的空白墙、住宅建筑大堂或公寓单元,这些可能会破

街景规范

一系列的街景限制和要求规范,确保了新建筑更加契合社区的特点。

1. 首层用途规范会明确某些特定用途,以及橱窗的最低透明度。

2. 优质首层规范允许建筑通过增加建筑首层高度,而获批更高的建筑高度。

3. 街墙规范建立了建筑立面和人行道之间的关系。

4. 透明度的相关规范增加了外墙的视觉趣味性。

5. 指示牌规范将人们的注意力吸引到沿街店铺上。

6. 种植规范包括行道树种植以及建筑物前的绿化种植。

7. 停车位规范要求停车位不得位于建筑物前方,并且通过其他用途,在离人行道一段距离的地方设屏障或缓冲空间。

指示牌类型

附属指示牌将人们的注意点吸引到所在分区地块上的某种商业、职业、商品、服务或娱乐设施上。

广告牌将人们的注意点吸引到其他分区地块上的某种商业、职业、商品、服务或娱乐设施上。

发光指示牌使用人造光或来自人造光源的反射光。

坏依赖行人活动的商业走廊的连续性。首层规范有时候根据特定的分区情况而定，但通常情况下，它会出现在某一**特殊目的区**（见第七章）、某些分区的特殊规范（见第六章），或者某些**优质住房建筑**的**优质首层**的补充要求中（ZR 23-662、35-652）。

街墙规范

许多肌理区规定了建筑物的**街墙**相对于人行道或相邻建筑物的位置。有时候，街墙规范要求新建筑必须与现有建筑的边"平齐"，有时候，则规定了建筑物与街道保持的远近距离。一般而言，住宅规范要求建筑离街道足够近，从而建立一种包围感，但又不能太近，以免破坏建筑居住者的隐私感。商业规范要求建筑物尽可能靠近街道，这样首层的零售和服务用途就能创造更加有活力的行人体验。总而言之，这些街墙位置规范有助于建立或保持街道界面一致性。

造型规范进一步补充了街墙位置规范：允许建筑物墙壁的一些部分向外突出或后内凹进，从而契合旧建筑不同的立面。其他体量规范会规定**老虎窗和阳台**这一类的建筑要素的尺寸大小。

指示牌

当业主或租户想要在某个地块上安装指示牌，无论是在建筑上还是标志杆上，都受《区划法规》的管控。就区划目的而言，指示牌是一项用途规范，所有**指示牌**分为**附属指示牌**或**广告牌**。附属指示牌指该指示牌是用于宣传位于该分区地块上的商业、产品或服务，除此之外则是广告牌。在

每个分区内，《区划法规》都规定了指示牌的类型、各自的呈现形式（包括是否允许发光或者闪光照明形式），以及它们在地块上的大小和位置。一般而言，住宅区仅允许小部分的附属指示牌，商业区和工业区的规定则较为宽松。广告招牌仅限于工业区和一些商业区。像纽约的时报广场和科尼岛等某些区域有着特殊的指示牌规范，这些都是为了提高城市特色。

种植规范

大多数分区都要求种植行道树，并划定种植区域。在所有分区中，对于大多数新开发项目和重大扩建项目而言，种植树木必须按照相同的间隔种植在分区地块前的人行道上。另外，对于住宅建筑，建筑前的开放空间也应种植草或其他植被。

停车设计要求

为了减少路外停车位对行人和街道停车者的干扰，《区划法规》制定了与停车相关的规范。路缘开口规范规定了大型停车设施车道和入口的宽度、开口频率和位置。停车位置规范要求任何停车位应与街道隔离开来，而隔离和缓冲规范对停车库和停车场相关的废气、灯光和噪声的隔离作出了相关规定。在有首层用途要求的区域，一般要求路外停车位不能从街道上看到，因此这类停车位通常包围在或"包裹"在首层用途中。商业和社区设施用途的某些停车场附属设施的**生态湿地**要求也有着同样的美学目的，同时通过管理雨水径流来发挥环境功能。

其他分区基本原理

法律规定 VS 自由量裁行为

一般而言，在现有的区划条例允许的范围内开发、扩建或以其他方式改变建筑物时，可按合规程序向纽约市建筑局申请建筑许可证进行施工。但是如果涉及对相关区划条例的修改，无论是以《区划法规》的特别许可形式，还是修改法规适用条例本身，这都需要政府规划机构按照公共审查程序对所提案要求的优点作出判断。因此，更改基本区划规范或授予其他许可的申请程序过程称为**自由裁量行为**。

特别许可证

有时，《区划法规》允许规划机构酌情对法律规定的用途、体量或停车规范进行预先修改，以便公众、规划专家团队以及（在某些情况下）民选官员能够考虑该提案的优点。决定某项土地利用提案是否合理，需要在提案通过之前对项目的具体特点或场地肌理进行评估审查。最常见的审查程序是**城市规划委员会（CPC）**或**准则与申诉委员会（BSA）颁发的特别许可证**。

根据《城市宪章》，每一个城市的公共审查程序都稍有不同。《区划法规》明确规定了可用于修改基本《区划法规》的特别许可证，以及其允许修改的范围、授予许可需要满足的标准或"调查结果"，以及有权批准或拒绝申请的机构。涉及更重大规划决策的特别许可证通常由城市规划委员会

颁发，其审查过程比准则与申诉委员会特别许可证的审查程序更长。准则与申诉委员会特别许可证通常针对更有限的土地利用提案。当城市规划委员会或准则与申诉委员会授予特别许可证时，即表示授予某项特定开发项目申请所要求的特定分区豁免或更改的权利。但是发放许可证的机构有时会在其证书中列入相关条件和保障措施，以确保由此产生的项目不会给周边地区带来不利影响。

由于这些自由裁量行为都是针对特定地点的，申请人通常是私有业主或开发商。

区划修编

为适应城市和社区的不断发展变化和确保规划事项的优先级，区划条例始终在不断更新。在某些情况下虽然某个开发项目在规划目标上和《区划法规》一致，但是却不被现行的区划法允许。如果在目前的区划法下没有特别许可证可以使项目得以进行，开发团队可自行申请修编《区划法规》。修编主要包括对文本和地图的修编，区划地图修编和区划文本修编有不同的程序。

区划地图修编需要改变某个地区的分区，无论是相对较小的地块还是整个社区。比如：更改地铁站附近街区的分区来建造更多住房。分区的划定必须考虑土地利用规划，包括地块的位置或形状，以及在其所属地区合适的开发项目等。仅基于所有权，但缺乏任何土地利用论证的区划边

界则为"点状区划"，这是不被允许的。

区划文本修编可引入新规范或修改现有规范。比如：建立**新鲜食品商店**这类项目，提供建筑面积奖励机制，以在服务水平低下的社区建设销售新鲜健康食品的杂货店。区划文本修编也可创造新的特别许可证类型，允许通过自由量裁审查流程增加新的规范。

有时候，当新增的**特殊目的区**写入区划文本中并在区划地图上标明时，或当区划地图发生变化且强制性包容住房计划适用于重新划分的区域时，需要同时修改文本和地图。

根据《城市宪章》第201条，任何纳税人、社区委员会、自治区委员会、区行政长官、市长或市政府的土地利用委员会（如果获得委员会三分之二的成员批准）都可以申请区划修编。但是，对于特定区域的更改，需要征得业主的同意。最常见的《区划法规》修编申请人是城市规划局、其他公共机构和私人业主。2017年，一共通过了39项区划地图修编案和47项区划文本修编案。其中一些只影响了小部分区域，而另一些则修改了整个城市的区划规范。

变更许可

从法律上讲，如果业主因地块不规则等因素，导致执行《区划法规》时遇到实际困难或不必要的麻烦，《区划法规》必须给予一定放宽。在这些情况下，申请人可凭**变更许可**向准则与申诉委员

会寻求规范放宽。

虽然区划条例力求囊括普遍情况，但也无法考虑到各种不规范的场地情况，例如：交叉的路网、铁路基础设施、地下溪流或大型岩石露头等问题。如果《区划法规》没有为被这些影响的业主提供规范放宽，则这项条例能会受到宪法挑战。但是，任何人不得捏造不相符条件以获得变更许可，即：业主不得故意细分地块使开发项目难以进行，从而以变更许可为借口申请规范放宽。

城市规划局和建筑局

根据《城市宪章》的规定，纽约市城市规划局与城市规划委员会共同监督区划变更内容的编制和整理工作，纽约市建筑局（DOB）则负责管理和执行《区划法规》。出于实际工作需求，建筑局负责《区划法规》和《施工规范》的审查和实施工作。在这一过程中，该局负责解释《区划法规》如何适用于特定土地。在少数情况下，由准则与申诉委员会负责解释。

一旦开发团队准备施工，建筑师或工程师应向纽约市建筑局备案，申请施工执照，建筑局工作人员将审核该申请，确保其符合《区划法规》的相关规定，以及《施工规范》、《防火规章》和《节能规范》等相关规定。《施工规范》为建筑居住者的健康、安全和福利制定了建筑设计、建造、改造和维护的标准，包括：施工规范、燃料和燃气规范、机械规范和管道规范等。只要建筑局确认该施工方案符合相关适用法规，即可签发施工执照，开发商就可以开始施工。

施工完毕后，业主可以向纽约市建筑局处取得使用证书，注明楼宇每一层楼的用途。只有当每层楼的施工任务均完成后，方可获得最终的使用证书。当用途、出入口或使用类型变更时，使用证书也应做相应修改。

其他条例

分割地块

有时分区边界会将一个**分区地块**划分到不同的分区里。这类地块被称为**分割地块**。根据分区地块的划分方式，分割地块通常分为两类。

如果分区边界将一个先前存在的分区地块划分为两个不相等的部分，其中一个面积小于另一个，则可以适用"25 英尺规范"，该规范明确：在整个地块适用比例较大的分区地块的规范（ZR 77-11）。

其他情况，地块部分被划到哪个分区，就适用哪个分区的相应规范（ZR 77-02、77-03），但有一些改动。例如：有特殊的容积率（FAR）规范允许出现"混合容积率"（或称：加权平均数），以及跨边界后建筑面积可适当再分配（ZR 77-22）。若一个分区地块，其中 60% 位于 R7X 区，40% 位于 R6A 区，那么将把各区的容积率乘以每个地块的百分比，就得到最终的混合容积率。也就是说，这整个分区地块的混合容积率=4.2[（60%×5.0）+（40%×3.0）=3.0+1.2]。每部分地块上的最大允许建筑面积根据该区的容积率或者混合容积率，以较大者为准。这也就是说：

R6A 部分可以吸收一点 R7X 部分的容积率，但反之则不然。

分区地块合并与开发权转让

当实际的建筑面积小于允许的建筑面积时，也不可简单地剥夺业主剩余的开发权。为了体现地块的产权性质，但也不鼓励拆除这些未建到允许开发量上限建筑，这些未使用的开发权可能会用于另一项**开发**或**扩建**项目。

针对还未使用的开发权，一般的做法是**分区地块合并**。意思是说：将两个及以上相邻的分区地块合并成一个新的、更大的分区地块。地块合并非常普遍，只要新地块满足分区地块的既定要求（ZR 12-10），比如说相邻纳税地块之间有 10 英尺的连续边界，就允许合并。为了将地块合并合法化，各纳税地块的业主将签订一份《分区地块发展协议》（ZLDA），该协议将分别记录各地块的详细信息。合并后的地块应作为一个单独的分区地块，遵守《区划法规》的所有规定。

分区地块合并与"开发权转让"有所不同，后者是为了实现特定的规划目标，将未使用的开发权从某一分区地块通过特殊的机制转让至另一分区地块。一般而言，任一场地的转让数量都有一定的限制。

最常见的转让类型包括将未使用的开发权从一个历史地标建筑，即"转出场地"，转移至一个"转入场地"，后者是一个与历史地标建筑非常接近的单独的分区地块，可以位于路边、街对面或交叉路口。只要获得城市规划委员会的特别许可证,在大多数地区(ZR 74-79),这种转移类型都是允许的,详情见第六章。某些**特殊目的区**,例如:中城特殊区、西切尔西特殊区、曼哈顿下城特殊区、羊头湾(Sheephead Bay)特殊区等,将利用特殊的开发权转让机制实现更广泛的政策目标。在中城特殊区,某些次分区有不同的规定,扩大了转移建筑面积的合格接收地点的范围。例如:剧院次分区允许将时报广场附近特定剧院的开发权,转让到该次分区内的其他地块(ZR 81-744)。在西切尔西特殊区,允许"高线公园转让廊道"内,即紧邻高线公园或位于高线公园下方的地块,转让自身的开发权,以提高高架线公园的景观性(ZR 98-30)。

分区地块合并

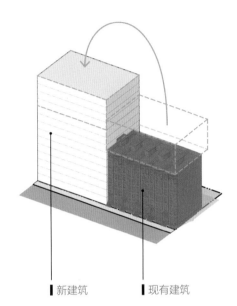

▮新建筑　▮现有建筑

分区地块合并是将两个及以上相邻的地块合并成一个新的地块。只要合并后的地块符合所有体量规范,可将某一地块未使用的开发权依规转移至另一地块。

开发权转让

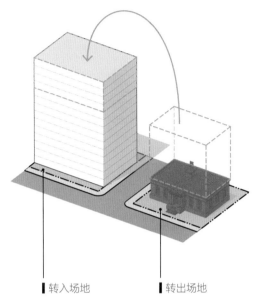

▮转入场地　▮转出场地

开发权转让(TDR)是为了实现特定的规划目标,将未使用的开发权从某一地块通过特殊的机制转让至另一地块。

25英尺规范

如果分区边界将地块分成不同部分,较小部分全部位于分区边界的25英尺以内,则可适用25英尺规范,这一规范允许将较大部分的用途规范或体量规范应用于整个分区地块。

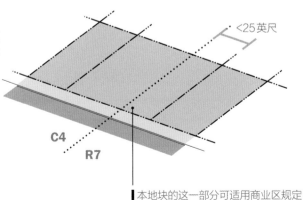

<25英尺

C4
R7

▮本地块的这一部分可适用商业区规定

将所有规范结合

《区划法规》通过用途、体量、停车和街景等规范，共同明确每一地块所允许的开发及建设形式。

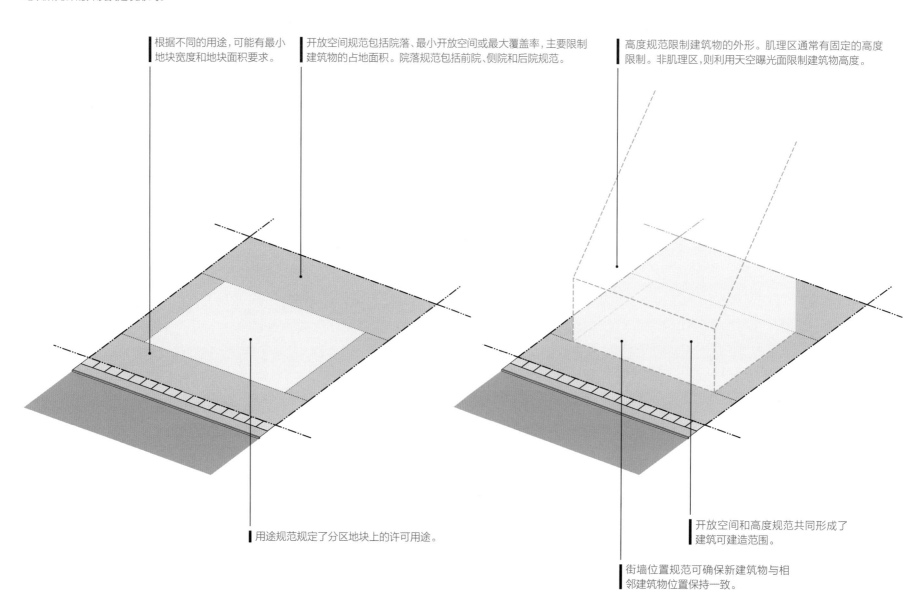

根据不同的用途，可能有最小地块宽度和地块面积要求。

开放空间规范包括院落、最小开放空间或最大覆盖率，主要限制建筑物的占地面积。院落规范包括前院、侧院和后院规范。

高度规范限制建筑物的外形。肌理区通常有固定的高度限制。非肌理区，则利用天空曝光面限制建筑物高度。

用途规范规定了分区地块上的许可用途。

开放空间和高度规范共同形成了建筑可建造范围。

街墙位置规范可确保新建筑物与相邻建筑物位置保持一致。

允许的最大建筑面积决定了在可建造范围内建筑物可建设的最大体量。

其他街景规范明确了最低行道树种植要求、前院种植规范及其他要求，以提升公共空间。

面向特定地界线的房屋单元，规范规定的窗户之间有最小距离要求。

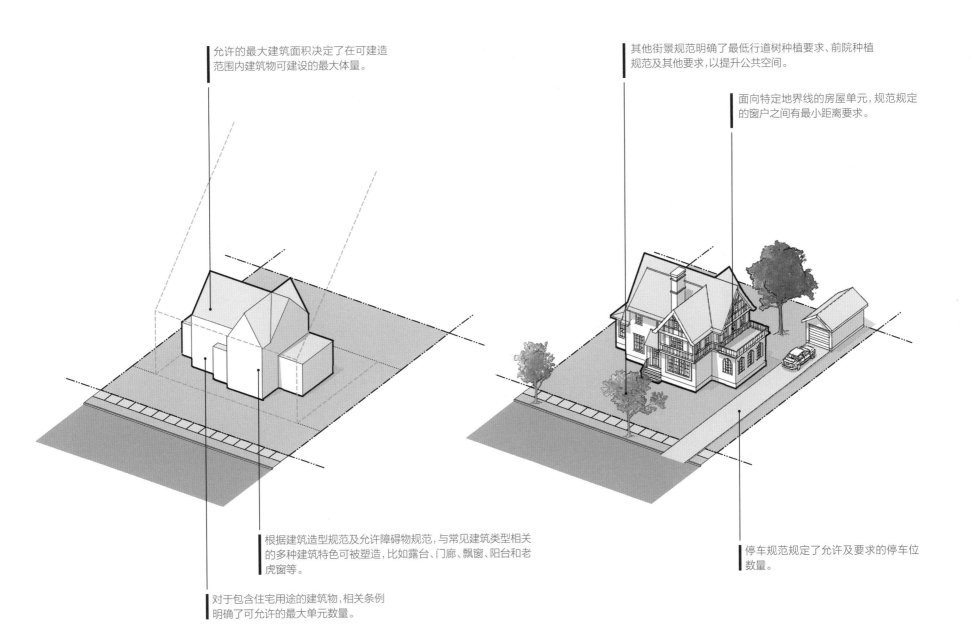

根据建筑造型规范及允许障碍物规范，与常见建筑类型相关的多种建筑特色可被塑造，比如露台、门廊、飘窗、阳台和老虎窗等。

停车规范规定了允许及要求的停车位数量。

对于包含住宅用途的建筑物，相关条例明确了可允许的最大单元数量。

第二章 区划应用

为了帮助读者更好地理解《区划法规》中的用途、体量、停车及街景等规范条例，本章引入三个虚构的案例分析，全方位说明这些条例是如何发挥作用的。虽然每一个分区提案都不尽相同，但以下案例具备足够的典型性，说明了《区划法规》是如何发挥作用的：

- 第一则案例分析是最典型的《区划法规》应用：在没有任何特殊许可的情况下，按照适用的区划规范修建新建筑物。在分区术语中，这称为**合规开发**项目。
- 第二则案例分析说明了《区划法规》如何应用于已建建筑。它探讨了如果现有建筑是在现行《区划法规》之前建造的，并且不符合现行分区规范，这样的建筑应该如何改造、扩张和扩建。在分区法中，这是不受新法约束建筑的**改造**和**扩建**规范。
- 最后一则案例分析探讨了另一种情况，业主希望突破基本《区划法规》的限制。在这种情况下，需要寻求并通过公共审查程序得到**自由量裁行为**——**特别许可证**、区划文本或区划地图修编、**变更许可**等相关的批准文件。

当然，由于地块、业主和区划规范各不相同，因此这三则案例并不能涵盖所有的分区问题。这本手册主要是作为一个快速参考资料，帮助回答常见的分区问题，权威和完整的信息可登录www.nyc.gov/zoning查询，或在纽约市城市规划局的书店购买纸质版。更多的分区和规划信息可登录城市规划局官方网站www.nyc.gov/planning查阅。该网站还包括每个社区的人口和社会经济数据、由规划局牵头的全市规划和研究信息，以及历史信息储存库，如城市规划委员会（CPC）之前的所有行动报告，包括区划文本和区划地图修编以及城市规划委员会特别许可证等。城市规划局还提供了一个分区帮助平台以向公众提供协助，可电话咨询：(212)720-3291或咨询zoningdesk@planning.nyc.gov。

案例分析一：合规建筑物的开发

卡洛斯一辈子都住在同一个街区。他认识周围所有邻居，商店里的所有店员，甚至大多数经过他家门前的狗。卡洛斯是其所在街区协会的主席，他非常自豪，因为他对街区的一切了如指掌。

因此，当他注意到他公寓对面停车场周围的施工围栏时，立刻激起了他的兴趣。他在想："这里会修建什么样的建筑呢？公寓楼？购物中心？还是办公大楼？"他想知道这座新建筑需要遵守哪些规范。

所以他决定参加下一次的社区委员会会议，问问成员们如何才能找到更多关于这栋新建筑的信息。他从成员那里得知，在获得施工许可证时，所有的新建筑物必须符合相关《区划法规》，可以在纽约市建筑局官网上查询施工许可证的相关备案信息，这些信息中包括了建筑物的大小和用途规定。他们还告诉他，这栋建筑物是新的**合规建筑物**，这是因为他们社区委员会在公共审查过程中，没有收到过该场地申请**自由量裁行为**的通知。为了更好地了解将要修建的建筑类型，卡洛斯得知，可以先从了解新建筑的相关区划规范开始。

由于是新修建筑，所以根据《区划法规》，卡洛斯公寓对面的建筑物被归为**开发项目**。卡洛斯从该法规中了解到更多关于这类"合规开发项目"的区划条例适用范围。

开发场地

卡洛斯对他家对面的建筑很好奇。他想了解更多关于分区法将如何管理这一新开发项目的信息。

分区地块类型

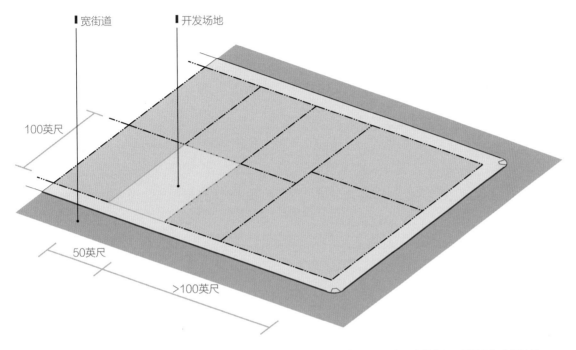

宽街道

开发场地

100英尺

50英尺

>100英尺

这一开发地块长50英尺,宽100英尺,面积为5 000平方英尺,距街角100多英尺,只有一个临街面,所以它为内部地块。

分区类型

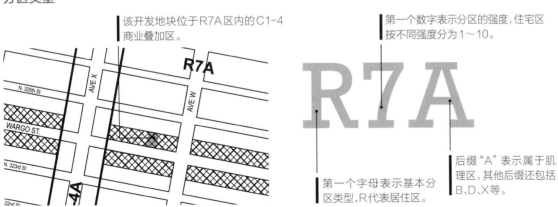

该开发地块位于R7A区内的C1-4商业叠加区。

第一个数字表示分区的强度,住宅区按不同强度分为1～10。

R7A

第一个字母表示基本分区类型,R代表居住区。

后缀"A"表示属于肌理区,其他后缀还包括B、D、X等。

分区类型、街道类型和分区地块类型

卡洛斯首先需要弄清楚一些基本情况,包括建筑所属哪个分区,是位于宽街道还是窄街道,以及分区地块的类型等。

卡洛斯从**区划地图**上了解到该建筑位于R7A区内。"R"指住宅区;数字"7"指分区的相对强度(等级从1～10),后缀"A"代表**肌理区**。所以,卡洛斯现在知道R7A区为中密度肌理住宅区。地图上还能看到这个街区沿街面上的交叉图斑,这表明该建筑位于**商业叠加区**内,即:C1-4区。他并没有在地图上看到建筑有灰色阴影,因此该建筑不属于**特殊目的区**。此外,该建筑也不位于滨水、机场或任何其他适用特别区划规范的地区,因此,该建筑将适用R7A地区内C1-4区的标准区划规范。商业叠加区内的建筑首先是位于商业区内,所以卡洛斯需要参考《区划法规》第三篇来确定新建筑的适用规范。

由于开发地块位于街区中间,前面只有一条街道,所以它是一个内部地块。该建筑的相邻街道有80英尺宽,所以位于宽街道上(窄街道指宽度小于75英尺的街道)。分区地块长50英尺,宽100英尺,因此此地块面积为5 000平方英尺。在应用不同规范时,这些信息会非常有用。

许可用途

卡洛斯已经收集到包括分区类型等基本信息，所以他现在可以从用途规定开始，来了解这个地块适用的区划规范。

卡洛斯认为商业叠加区的意思是所有位于该区内的建筑都可作商业用途，但是他不知道哪些用途类型是允许的。他在想："他们会建百货商店？加油站？办公室？还是熟食店？"因为叠加区在住宅区内，所以他认为作住房是允许的，但是他不知道所允许的**社区设施用途**类型。

为此，他查看了《区划法规》第三篇第二章中商业区的用途规定，确定R7A区内C1-4叠加区允许的用途组合。他发现该区许可用途组合1和2中的**住宅用途**，用途组合3和4中的社区设施用途以及用途组合6（ZR 32-00）中的商业用途。这大大减少了卡洛斯的疑问：该开发项目既不可能是百货商店也不可能是加油站，这是因为C1区不许可用途组合10和16中的用途出现。

卡洛斯还是很好奇什么样的商业用途可以出现在**叠加区**内。所以，他决定详细查看用途组合6中所有允许的用途（ZR 32-15）。他发现用途组合6允许大量面向社区的零售和服务机构，包括：餐饮服务机构、面包店、熟食店、服装店、花店和宠物店。他注意到这个组合也允许办公用途。

接下来，卡洛斯将确认是否有任何补充的用途限制要求适用于该建筑。在R7A区内的C1-4区，**混合建筑**的任意商业用途仅限于首层，若在非住宅建筑内，则限制在两层（ZR 32-421）。卡洛斯明白了这些规范在很大程度上反映了他所在街区的特点：大多数建筑首层为零售，上层为公寓。

许可用途组合

		住宅用途		社区设施用途		零售和商业用途											一般用途	工业用途	
		1	2	3	4	5	6	7	8	9	10	11	12	13	14	15	16	17	18
	住宅区																		
	R1 和 R2	●		●	●														
R7A → R3–R10		●	●	●	●														
	商业区																		
C1-4 → C1		●	●	●	●	●	●												
C2		●	●	●	●	●	●	●	●	●					●				

C1 区商业用途示例

面包店——用途组合 6A

理发店——用途组合 6A

邮局——用途组合 6A

酒吧——用途组合 6A 或 6C

餐馆——用途组合 6A 或 6C

银行——用途组合 6C

玩具店——用途组合 6C

冰激凌店——用途组合 6C

消防站——用途组合 6D

许可体量

在得知街对面建筑的许可用途后的几天时间，卡洛斯的预感就得到了证实：开发商在街对面的建筑围栏上贴了一张临时横幅，上面写着"全新首层零售租赁公寓——敬请期待"。施工队开始挖地打地基。

随着施工的开始，卡洛斯对建筑物的外形又产生了一些新的问题。"建筑物有多高呢？是像街区其他建筑物一样从**地块线**往后退，还是紧靠街道呢？能容纳多少套新公寓呢？"

体量规范主要规定了建筑面积的大小，建筑的位置和高度。这些规范通常取决于分区和建筑的特定用途。商业区混合建筑（包含住宅用途及非住宅用途）的体量规范刊于《区划法规》第三篇第五章。这部分的内容让卡洛斯了解到，可以从第三篇第三章来确定该建筑物商业部分的体量规范，从第二篇第三章来确定住宅部分的体量规范，住宅部分受R7A区规范的约束。在少数情况下，这些规范会在第三篇第五章内容作相关修编。例如：为了塑造更好的商业环境，会对住宅街墙的规范做一定修编。

容积率

建筑物的**容积率（FAR）**是规范可建**建筑面积**的指标，是建筑面积与地块面积之比。用途和所处区域不同，其容积率也有所不同。

为了确定最大建筑面积，卡洛斯需要查询混合建筑物的最大容积率。任何用途均不得超过规定的最大容积率，而整栋建筑物也不得超过任何个别用途所容许的最大容积率。

在查看了各类容积率规定之后，卡洛斯了解到：在R7A区内的C1-4区，住宅用途的容积率为4.0（ZR 23-153），所以这个地块能够建造的最大住宅建筑面积是20 000平方英尺（即：5 000平方英尺×4）；商业用途的最大容积率为2.0（ZR 33-121），对这个地块而言也就是10 000平方英尺（5 000平方英尺×2）。但是他也记得C1-4区内混合建筑中商业用途仅限于首层。

开放空间

卡洛斯很想知道地块上必要的开放空间是如何影响建筑的大小和形状的。这些规范的目的都是确保建筑使用者和公共领域能接触到阳光和空气，但这些规范本身有多种类型。根据地区和建筑用途的不同，这些规范可能包括**庭院**、**中庭**、**地块覆盖率**或**开放空间率**等标准。

通过阅读各种开放空间规范，卡洛斯明白了4.0的容积率并不等同于四层楼，因为有了庭院和地块覆盖率要求，不会允许建筑覆盖到整个地块。他还了解到，与建筑面积规范一样，新建的院落规范会因建筑的特定部分是否包含住宅或商业用途而有所不同。

针对住宅用途部分，他了解到内部地块需沿**后地块线**提供一个最小深度为30英尺的**后院**（ZR 23-47），住宅部分最大地块覆盖率为

65%（ZR 23-153），也就是说住宅建筑占地面积只能为3 250平方英尺（即：5 000平方英尺×65%）。若商业用途部分不止一层（或者在23英尺建筑高度以上），那么后院的深度至少达到20英尺（ZR 33-26、33-23）。但由于零售用途将只占用一层，首层零售用途可能会占用整个地块，因此可以在第一层的上方设庭院。

高度和退界规定

由于开发地块位于肌理区，因此需符合优质住房计划的特殊高度管控规范。查看混合建筑规范后（ZR 35-60），卡洛斯确定了建筑的正立面墙（街墙）必须建到一定的裙房高度（40到65英尺）（ZR 35-652、23-662）。在街墙高度之上，需要退界10英尺的水平距离。退界深度由建筑物所在的街道类型决定，对于这栋建筑而言，适用**宽街道**规范（如果是**窄街道**的话需要退界15英尺）。退界深度确定之后，建筑物的整体高度只能达到80英尺或者8层（ZR 35-652、23-662 表1）。但针对带有高天花板的优质零售空间的建筑，也就是**优质首层**（该部分将在街景部分详述），虽然建筑物不可超过8层，但其最大裙房高度可达75英尺，建筑物高度最高可达85英尺（ZR 35-652、23-662 表2）。

其他住宅体量规范

作为对建筑居民的额外保护措施，住宅用途

还包含其他体量规范,这主要是为了防止过度拥挤,包括密度规定和最小地块面积规定等。

卡洛斯了解到:R7A区,无论带商业叠加区与否,其住宅建筑物的最小地块宽度均为18英尺,最小地块面积为1 700平方英尺(ZR 23-32)。该建筑地块宽度50英尺、面积5 000平方英尺,符合相关标准,因此卡洛斯现在要确定该开发项目可容纳的公寓数量,或者是允许的住宅套数密度。用允许住宅建筑面积(减去任何商业或社区设施面积)除以这类分区规定的**住宅套数系数**680,卡洛斯得知公寓数量最多22个单元,即:(20 000平方英尺−5 000平方英尺)÷680(ZR 23-22)。若有22个公寓单元,那么住宅单元的平均面积将在680平方英尺以内,这是因为住宅单元必须有一部分公摊面积,比如:公寓间的大厅、电梯、楼梯和走廊等。(后来,卡洛斯得知开发商仅修建20个单元,公寓的平均面积会大一些。)

适用体量规范

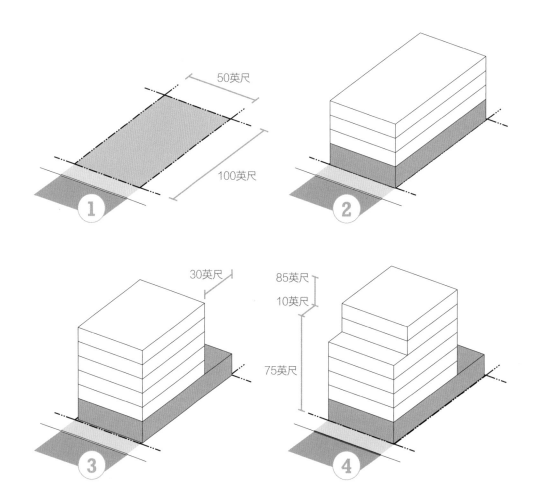

1. 开发地块是位于宽街道上的内部地块。地块宽50英尺,面积5 000平方英尺,达到了R7A区的最小地块宽度和面积要求。

2. 开发商会按照商业用途容积率1.0(图中蓝色部分)、住宅用途容积率3.0(图中白色部分)、总容积率4.0来建造该建筑。

3. 住宅部分后院深度30英尺;若商业部分限制在一楼,则不需要后院。

4. 如果是优质首层,那么最小裙房高度为40英尺,最大裙房高度为75英尺。在宽街道上,需退界10英尺,并且退界位置必须在最低和最高裙房高度之间。整体高度限制在85英尺,最高楼层为8层。

停车位和装卸货泊位

随着对街施工的不断进行，卡洛斯看到在施工项目前方设有五个封闭路内停车位，用于放置施工设备。卡洛斯的邻居鲍勃经常将车停在这里，他问卡洛斯，这个新开发项目是否会设**停车位**。卡洛斯不确定地铁等公共交通附近的停车位设置要求是否和其他地方一样，也不确定这里是否会设卸货口；由于这一带有越来越多的人骑自行车，他也想知道这里是否会设置自行车停放位。

卡洛斯发现《区划法规》规定了允许和所需的机动车路外停车位数量、所需的最少装卸货泊位数量，以及最新的区划修编还增加了所需自行车停车位数量的规范。停车规范分别刊于住宅区第二篇第五章，商业区第三篇第六章，以及工业区第四篇第四章。每一章内容结构相似，反映了一系列的相关要求。

车辆停放

看了第三篇第六章的规范，卡洛斯认为所需的停车位取决于建筑物的用途，以及住宅、商业或社区设施部件各自的停车位数量要求。

卡洛斯得知根据R7A区的规定，该开发项目的住宅部分需要为50%的住宅单元（ZR 36-33、25-23）提供停车位。由于开发商拟修建20个住宅单元，因此需要10个住宅停车位。假设该建筑物的零售部分是属于用途组合6，那么根据该用途组合的**停车要求类别B（PRC-B）**的规定，在C1-4区每1 000平方英尺的建筑面积需要提

供一个停车位（ZR 36-21），因此，5 000平方英尺的商店需要提供五个停车位。总的来说，街对面的新建筑物应该需要提供15个配建停车位（10个住宅停车位和5个商业停车位）。

然而，由于考虑到在空间相对较少的小型建筑中建造停车位的实际困难和成本，《区划法规》允许在一些分区减少和免除停车位设置要求。

由于卡洛斯对面的分区地块面积不到10 000平方英尺，因此住宅停车位的需求就可以从50%减少到30%（ZR 36-341），也就是从10个停车位减少至6个。此外，由于6个停车位要求低于R7A区的15个停车位设置的门槛，因此，住宅部分可以完全免除停车位要求（ZR 36-361）。同样，由于C1-4商业叠加区的停车要求非常低，并且由于最终的商业停车位需求低于40个的门槛，因此这个小型零售空间的停车位也无须设置（ZR 36-232）。由于该地块的两项拟议用途均不需要停车位，开发商可自行决定是否提供停车这一便利设施（但不能超过最大允许停车位数量）（ZR 36-12，36-13）。由于该开发项目离地铁站仅几步之遥，卡洛斯猜想业主应该不会设置停车位。

自行车停放和装卸货泊位

卡洛斯发现对街20个单元的新住宅需要设置10个自行车停车位（**用途组合2**中每两个住宅单元提供一个自行车位）（ZR 36-711）。虽然首层零售需要设置一个自行车停车位（在**用途组**

合6中，每10 000平方英尺的建筑面积需一个自行车位，计算结果在50%或以上的分数将四舍五入为一个车位），但如果由此产生的需求等于或小于3，那么商业或社区设施空间可不设自行车停车位（ZR 36-711）。只要每辆自行车的车位面积不超过15平方英尺（即总面积不超过165平方英尺），自行车停放区的建筑面积就可以不计入容积率所允许的最大建筑面积（ZR 36-75），而且也允许车辆停放。

在C1-4区的零售用途中，只有面积超过25 000平方英尺的空间才需要装卸货泊位（ZR 36-62）。由于卡洛斯对面的新零售店面积不超过5 000平方英尺，因此开发商无须提供装卸货泊位。

停车位计算

R7A区要求	本项目应用
基本要求： 50%的住宅单元需要停车位	20个住宅单元×50%=10个停车位
小地块减少要求： 30%的住宅单元需要停车位	20个住宅单元×30%=6个停车位
免除规范： 少于15个停车位要求的，可免除	6<15，停车位可免除
C1-4区的用途组合6，依据 PRC-B停车要求	**本项目应用**
基本要求： 每1 000平方英尺建筑面积需提供1个停车位	5 000平方英尺÷1 000=5个停车位
免除规范： 少于40个停车位要求的，可免除	5<40，停车位可免除

住宅停车

住宅停车位要求（ZR 36-33、25-23）

位于 C1 或 C2 区	停车位 （住宅单元数的百分比）
R1、R2、R3、R4、R5A	100
R5	85
R6	70
R5B、R5D	66
R7-1	60
R6A、R6B、R7-2、R7A、 R7B、R7D、R7X、R8B	50
R8、R9、R10	40

停车位减少规范（ZR 36-341、36-343）

位于 C1 或 C2 区	地块面积	停车位（住宅单 元数的百分比）
R6、R7-1、R7B		50
R7-1、R7A、R7D、 R7X	10 000平方英 尺及以下	30
R7-2、R8、R9、 R10		0
R7-2	10 001～ 15 000 平方英尺	30
R8、R9、R10		20

停车位免除规范（ZR 36-361）

位于 C1 或 C2 区	最大免除数量
R5D	1
R6、R7-1、R7B	5
R7-2、R7A、R7D、R7X、 R8、R9、R10	15

商业叠加区的商业停车位

商业停车位要求（ZR 36-21）

用途类型	区域	停车位
用途组合6、 8、9、10、 12中，适用 PRC-B停车 规范的用途	C1-1、C2-1	每150平方英尺1个
	C1-2、C2-2	每300平方英尺1个
	C1-3、C2-3	每400平方英尺1个
	C1-4、C2-4	每1 000平方英尺1个
	C1-5、C2-5	无要求

商业停车位免除规范（ZR 36-231、36-232）

位于 C1 或 C2 区的住宅区	最大免除数量
C1-1、C2-1	10
C1-2、C2-2	15
C1-3、C2-3	25
C1-4、C1-5、C2-4、C2-5	40

装卸货泊位

装卸货泊位要求（ZR 36-62）

使用类型	分区	建筑面积	所需泊位
用途组合6A、 6C、7B、8B、 9A、9B、10A、 12B、14A或 16A中的零售 或服务	C1、C2、 C3、C4、 C5、C6、 C7、C8	前25 000平 方英尺	无
		后15 000平方 英尺	1
		后60 000平方 英尺	1
		每增加150 000 平方英尺	1

特定商业叠加区的自行车位

自行车位要求（ZR 36-711）

分区		用途类型	所需自行车位
位于 R6-R10区 的 C1 或 C2 区	住宅区	用途组合1	无
		用途组合2	每两个住宅单元提供一个自行车位
	商业区	用途组合6B	每7 500平方英尺提供一个自行车位
		普通商铺	每10 000平方英尺提供一个自行车位
		用途组合8A、12A	每20 000平方英尺提供一个自行车位
		公共停车库	每10个停车位提供一个自行车位
		无指定用途组合	无

自行车位免除规范（ZR 36-711）

用途类型	车位免除
住宅用途	10个及以下的住宅单元
商业用途	3个及以下自行车位要求

街景

街对面，混凝土工人已经完工，工人们正在施工建筑立面。卡洛斯可以看到建筑物最终的样子。他的邻居们和他分享了他们的一些看法和担忧，包括建筑材料、建筑风格，还有建筑与人行道及街区其他建筑的具体连接方式。

大多数情况下，虽然《区划法规》不规范建筑风格或建筑材料（首层透明度要求除外），但还是制定了相关规范，确保新建筑与人行道保持互动性，提高可步行性。由于《区划法规》中没有单独的章节对**街景**进行描述，因此首层使用要求、**街墙**位置规范、**指示牌**规范、种植规范和停车位置规范等通常穿插在其他各类用途、体量和停车规范中。

首层用途规范

肌理区规范规定，卡洛斯对街的新建筑若要获得额外的5英尺建筑高度，必须提供**优质首层**。这意味着首层必须至少有13英尺高，且必须遵守额外的街景规范，这些规范取决于该地块是面向主临街面还是次临街面。由于C1-4叠加区覆盖了整个街区的沿街部分，因此该地块位于**主临街面**上。这要求首层临街30英尺进深以内的部分应用于商业或社区设施用途，仅划出有限空间专用于入口和住宅大厅。为了确保从街道上可以看到零售和服务区，底层50%的立面表面积必须保持透明（ZR 35-652，37-30）。

街墙规范

由于卡洛斯对面的地块位于有商业叠加区的分区内，他确定新建筑必须靠近人行道。具体来说，他读到在R7A区内的C1-4区，70%的街墙需要位于人行道8英尺之内（ZR 35-651）。他看出正立面会在街道的8英尺以内形成不同退界，这样上层楼面就可设面向街道的阳台和露台。

指示牌

商户入住首层后，如需设任何**指示牌**，均须遵守商业指示牌规定（ZR 32-60）。

商业叠加区内不得出现**广告牌**和其他任何类型的**闪光指示牌**。

在C1区，零售商的所有附属指示牌的总面积（以平方英尺计）不得超过地块沿街地段宽度乘以3，且不得超过150平方英尺（ZR 32-641、32-642），其中**发光指示牌**面积不得超过50平方英尺（ZR 32-643）。举例来说，这里可以允许设置一个50英尺宽、3英尺高的非发光指示牌，或一个30英尺宽、5英尺高的非发光指示牌。

该区商业指示牌的高度不得超过街面25英尺（ZR 32-655），但在这类混合建筑物中，可以位于二层楼高度的2英尺内（ZR 32-421）。如开发商日后欲将首层的零售划分为两个部分，那么每一部分将被视为一个独立的分区地块，来遵循指示牌相关规范（ZR 32-64）。

种植规范

看了这些规范，卡洛斯意识到，到大楼竣工前，开发商必须在人行道上种两排行道树，临街界面上每25英尺一棵（ZR 23-03、26-41）。由于这栋建筑首层用途是商业用途，因此无须在建筑前面种植其他植物。如果该建筑是纯住宅建筑，那么根据**优质住房**条例，将要求在街墙和人行道之间的任何开放空间都有植被覆盖。（ZR 28-23）。

停车设计要求

这个开发项目不需要提供任何停车位。但是如果需要提供停车位，根据优质首层规定，位于主临街面的分区地块上的所有停车位必须被其他用途包围，以防止从人行道上看到（ZR 35-652）。

适用街景规范

1. 至少70%的街墙必须位于距离街道红线8英尺以内。

2. 最多30%的街墙可凹进街道线内不超过8英尺。

3. 在25英尺的高度以下,最多可设150平方英尺的指示牌。

4. 若增加5英尺的建筑高度,则需提供一个优质首层,其零售用途至少要有13英尺高。

5. 临街面每25英尺需种植一棵树。

基 本 信 息	
分区类型	R7A区内的C1-4区
分区地块类型	内部地块
街道类型	宽街道

	章节	许可/要求		本项目应用
许 可 用 途				
用途	ZR 32-11	住宅用途	用途组合1和2	用途组合2
	ZR 32-12、32-13	社区设施用途	用途组合3和4	无
	ZR 32-15	商业用途	用途组合6	用途组合6A
补充用途规定	ZR 32-421	在混合用途建筑内，首层以上空间不允许用途组合6、7、8、9或14中的商业用途		首层作商业用途
许 可 体 量				
最小地块面积	ZR 23-32	住宅用途	地块宽度18英尺,地块面积1 700平方英尺	地块宽度50英尺,地块面积5 000平方英尺
容积率	ZR 23-153	住宅用途	4.0（20 000平方英尺的建筑面积）	3.0（15 000平方英尺建筑面积）
	ZR 33-121	商业用途	2.0（10 000平方英尺的建筑面积）	1.0（5 000平方英尺建筑面积）
开放空间	ZR 23-153	住宅地块覆盖率	最大65%	62%地块覆盖率
	ZR 23-47	住宅后院	30英尺深	30英尺深
	ZR 33-26、33-23	商业后院	距首层20英尺深	无
高度和退界	ZR 35-652、23-662	裙房高度	最小40英尺 最大75英尺（带优质首层）	55英尺
		上层退界	在宽街上为10英尺	10英尺
		整体高度	85英尺（带优质首层）	75英尺
套数密度	ZR 23-22	20 000平方英尺（规定住宅建筑面积）减去5 000平方英尺（商业建筑面积）后除以住宅单位系数680：15 000÷680=22个住宅单元		20个住宅单元
停车位和装卸货泊位				
小汽车停车位	ZR 36-341、36-361	住宅用途	住宅单元的30%（小面积地块），如车位少于15个，则可不设停车位：20×30%=6个停车位；6<15，故不设停车位	无
	ZR 36-21、36-232	商业用途	符合用途组合6中PRC-B停车要求的，每1 000平方英尺的建筑面积设一个停车位，如果少于40个，则不设：5 000÷1 000=5个停车位；5<40，故不设停车位	无
自行车停车位	ZR 36-711	住宅用途	每2个住宅单元设1个自行车停车位，若少于10个单元，则不设	10个自行车停车位
		商业用途	一般零售建筑面积每10 000平方尺设1个自行车停车位，如少于3个停车位可不设：5 000÷10 000=1个停车位；1<3，故不设停车位	无
装卸货泊位	ZR 36-62	在用途组合6A中，零售用途的前25 000平方英尺的建筑面积部分不需要装卸货泊位		无
街 景				
首层用途规定	ZR 35-652	如要使用优质首层的额外高度，位于主临街面的首层必须包括商业或社区设施用途，并至少有13英尺高		包含零售用途,15英尺高
	ZR 37-30	高于地面2至12英尺的商业临街必须至少保持50%的透明度		零售临街面保持55%的透明度
街墙规范	ZR 35-651	70%的街墙必须位于距街道红线8英尺以内		70%的街墙位于街道红线上
指示牌	ZR 32-642	临街面的三倍：3×50=150平方英尺		表面积=80平方英尺
种植	ZR 23-03、33-03	临街面每25英尺需种植一棵树。50÷25=2棵行道树		2棵行道树

卡洛斯细想他对区划的分析，意识到这个开发项目绝非个例；一直以来他认为理所当然的社区风貌与体验，其实都被《区划法规》规定和塑造着。

案例分析二：现有建筑的改造和扩建

在城市的另一个地方，已经退休五年的路易莎，重新点燃了她对街区和建筑历史的热情。她每个月在社区中会带领一次导览，去看一些她最喜欢的建筑。在她最近一次导览时，她注意到在一座三层阁楼建筑周围竖起了一道围栏，这座阁楼在附近被称为"克拉多克大楼"，因为在 20 世纪早期，它的租户是克拉多克公司，一家陀螺仪和航空仪器制造商。公司几年前搬出后，这栋大楼就一直作为电影制片厂的仓库，直到去年电影制片厂把这栋房子卖掉。从那以后，这栋大楼就空置了，路易莎担心，如果它空着很长时间，这座大楼可能愈发衰落。

看到这栋建筑将被重新利用，路易莎很受鼓舞，但她意识到，虽然她对周围的建筑了如指掌，但对旧建筑改造的法规却知之甚少。她知道新建筑物的适用区划条例，但不知道这些条例如何适用于较旧的建筑物，特别是那些在 1916 年《区划法规》实施之前的建筑。她在想："业主会如何利用这栋建筑物？他们会按照目前的规范做怎样的改变？"她希望看到这座建筑重新调整用途，而不是被拆掉，所以她决定尝试更多地了解相关区划条例。

现有建筑

路易莎看到这座"克拉多克大楼"将被重新利用，想了解这座既有建筑适用的《区划法规》。

分区地块类型

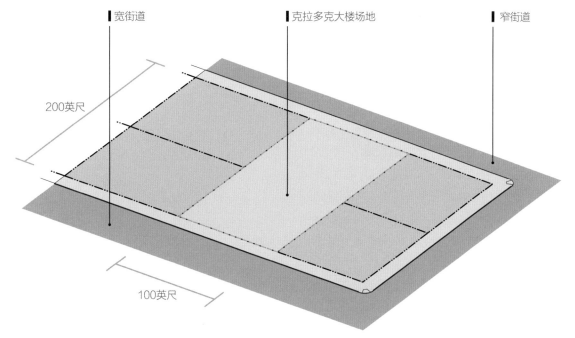

▌宽街道　　　▌克拉多克大楼场地　　　▌窄街道

200英尺

100英尺

克拉多克大楼的场地长100英尺，宽200英尺，占地面积20 000平方英尺，距街角100英尺，它有两面临街，因此为直通地块。

分区类型

▌该建筑物位于C4-4区。

▌第一个数字表示分区的强度，商业区按不同强度分为1～10。

▌第一个字母表示基本分区的类型，C代表商业区。

▌后缀表示相应的体量和停车规范。C4区又分为C4-1区到C4-7区。

分区类型、街道类型和分区地块类型

路易莎登录城市规划局网站，在ZoLa申请界面输入地块的地址，查到这样的信息：克拉多克大楼位于C4-4分区内，占地面积20 000平方英尺（长100英尺，宽200英尺）。查看《区划法规》第一篇第二章中相关术语后，她了解到因为这个地块位于一个街区的中间，因此为**直通地块**；地块有两个临街界面，在这个项目中，一边邻宽街道，一边邻窄街道。

因为这座建筑是在现行分区制实施很久之前建造的，所以建筑与现行区划法的差异程度，将决定新业主改造或未来扩建的程度。

许可用途

自克拉多克大楼修建以来，路易莎所在社区已发生巨大的变化。这个社区之前混有工业、仓储和住宅用途，而如今包含了C4-4区中**住宅**和办公的混合**用途**。虽然这个分区允许一系列住宅、社区设施、零售、办公和娱乐用途，但是克拉多克大楼最近被用作仓库，而这在用途组合16以及C4-4区是不允许的（ZR 32-25），因此这栋建筑物被列为**不相符用途**。由于该建筑是在分区制实行之前修建的，只要连续空置时间不超过两年，该建筑就可不受现行法规的约束，可以一直作为仓库使用。如果空置时间超过两年，那么它就只能采用合规用途（ZR 52-61），即在C4-4区用途组合1、2、3、4、5、6、8、9、10及12中所准许的用途（ZR 32-10）。

通过查看《区划法规》第五篇第二章中不相符用途相关条例，路易莎了解到仓库用途可以通过这次改建成为类似用途或更符合要求的用途（用途组合7B、7C、7D、11A、11B、14、16或17），也可以是C4-4区的许可用途，如：办公空间（用途组合6）（ZR 52-35）。但该建筑不可改建为用途组合18中包含集中工业活动的用途，因为这样就超出了C4-4区的用途范围。如果建筑业主通过这次改造，在建筑内建立了一个合规用途，那么即使该建筑物的用途在先前不受新法规约束，日后也不能将其重新作为不相符用途。

因此路易莎知道了克拉多克大楼的业主可以将其重新用作仓库、改变用途、或将其转换为其他用途，比如办公或公寓。

许可用途组合

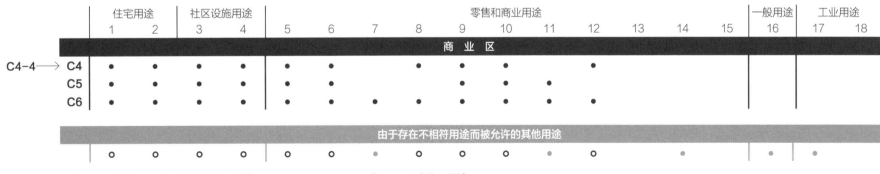

C4 区商业用途示例

办公楼——用途组合 6B

电影院——用途组合 8A

汽车停车场——用途组合 8C

职业学校——用途组合 9A

汽车展厅——用途组合 9A

百货商店——用途组合 10A

大型家具店——用途组合 10A

保龄球馆——用途组合 12A

桌球房——用途组合 12A

许可体量

为了评估克拉多克大楼的潜在用途变更，路易莎还需要从**体量**角度考虑业主改变其用途的选择，甚至是扩建的可能性。她需要了解，与现行的分区规范比较，目前整栋建筑物的**建筑面积**是否超过现行所允许的特定用途的最大建筑面积？根据现行规定，该**分区地块**所提供的**庭院**及开放空间是否足够？现有建筑物的高度是否超过目前 C4-4 区所允许的高度？如果这些问题中任意一个答案是肯定的，那么克拉多克大楼就是一个**不相符建筑物**。

容积率

业主可能会聘用一名建筑师来测量建筑的总面积，并减去设备空间等所有非计容面积。路易莎看过这栋建筑之前的平面图，粗略估计它的容积率为 2.4。她将这份平面图与《区划法规》第三篇第三至五章中 C4-4 区所允许的容积率进行了比较。C4-4 区内商业用途的容积率为 3～4，比如：办公楼（ZR 33-12）；住宅用途的容积率为 3.44～4.0（R7-2 是 C4-4 区的住宅对应分区），根据建筑是使用**高度系数规范**还是**优质住房计划法规**（ZR 35-23、23-15）来确定具体。由于克拉多克大楼目前的容积率比这两种用途的容积率小，因此业主扩建的可能性很大。

开放空间

路易莎接下来要评估为了适应新的用途，建筑物的空间环境需要进行怎样的改变（就像业主的建筑师所做的那样）。鉴于这座大楼占据了整个地块，她查询了高密度商业区的开放空间条例。她得悉，虽然 C4-4 区的商业用途并无**最大地块覆盖率、后院**或**对应后院**要求（ZR 33-28），但在 R7-2 区的住宅用途规范中：高度系数规范有最小开放空间规定，优质住房计划法规有最大地块覆盖率规定。这两套住宅法规还要求在直通地块上提供一个 60 英尺深的对应后院（ZR 23-53），而这需要切除建筑物的一部分，这个举措的代价太大了。

然而路易莎发现如果将一个不相符用途转换成合规用途，则无须遵循现行适用的体量（停车）规范（ZR 52-31）。这一宽松的规范旨在鼓励将不相符用途转换为合规用途，并无须承担空间改造的高昂成本。虽然这一规范理论上允许克拉多克大楼的住宅改造，但从这一栋大楼的形式来看，这种可能性不大，因为这样的话建筑物无窗户的中心部分就会变得无法使用，要不然的话，住宅套间内就会十分黑暗，室内空间环境并不理想。因此，路易莎猜想这栋大楼最有可能改建成办公用途。

高度和退界规定

由于克拉多克大楼有大量空置的建筑面积，只要扩建部分符合所有现行《区划法规》，建筑师就可以在建筑顶部进行扩建。因为现有建筑有三层楼，45 英尺高，而 C4-4 区商业建筑的天空暴露面由从街道上方四层楼或 60 英尺高（以较低者为准）开始进行体量控制（ZR 33-43），所以以整栋大楼低于天空暴露面的起始位置，高度和退界都没有**不相符**之处。建筑物的扩建部分需要完全在天空暴露面内。由于该建筑位于宽窄街道之间，天空暴露面在分区地块的每一侧各有不同的角度和不同的退界（ZR 33-43）。路易莎估计，受天空暴露面管控下的空间足以容纳两层的扩建，来使用剩余的 1.0 容积率。

适用的体量规范

1. 克拉多克大楼位于宽街道和窄街道之间的直通地块上。该地块长 100 英尺, 宽 200 英尺, 地块面积为 20 000 平方英尺。

2. 现有建筑的容积率为 2.4, 开发商扩建后容积率增加 1.0 (蓝色部分), 因此商业用途的容积率一共为 3.4。

3. C4-4 区直通地块的非住宅用途部分无须有对应后院。

4. 天空暴露面从 60 英尺或 4 层以上开始, 两者以较低的高度为准。宽窄街道上的平面倾斜角度不同, 初始退界也不同。

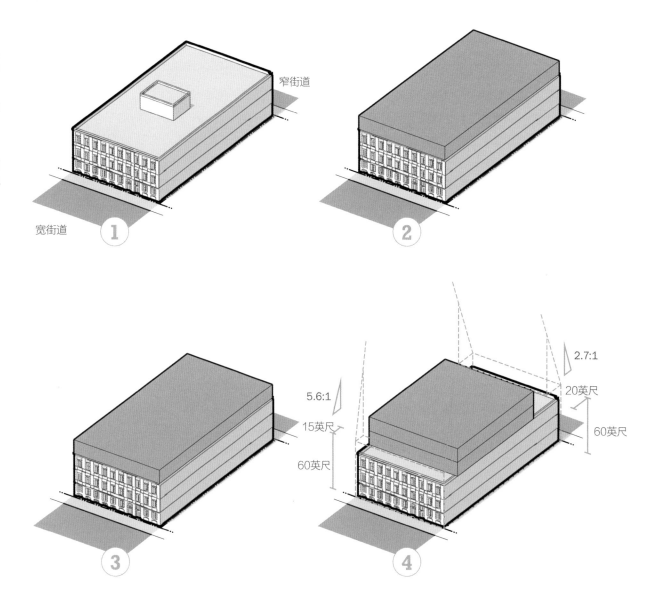

停车位和装卸货泊位

在路易莎第一次注意到建筑围栏后的两个星期，她又带领了一次社区导览，路过了克拉多克大楼。这一次，她看到了克拉多克大楼工地张贴的施工许可证，她想她的预感确实是正确的——业主们正计划将现有的仓库空间改造成一座办公楼。从项目的一张效果图可以看出，他们还计划在顶部扩建一个两层的小玻璃建筑。

路易莎已经了解到区划的用途和体量是如何适用于现有建筑和扩建项目的。她想了解停车规范等其他规范将如何适用到现有建筑和扩建项目。

车辆停放

虽然开发项目和扩建项目通常会有停车要求，但改建、用途变更通常不会产生停车要求。涉及修建新住宅单元的改建有时确实需要设置停车位，但对C4-4区，1961年前（ZR 36-312）的建筑则无须设置；如果改建是将不相符用途变成合规用途，也不需要设停车位（ZR 52-31）。这些规范的制定基于的原则是，建筑物可以再利用，但在现有建筑物上增加停车位往往是不切实际的。

扩建项目的停车位需求通常是根据建筑物内新的商业、社区设施或工业建筑面积，或新建住宅单元的数量来确定的。克拉多克大楼业主新修商业办公空间的容积率为1.0，相当于2万平方英尺。根据《区划法规》第三篇第六章的商业停车

规范，路易莎了解到在具有**停车要求类别**[PRC-B1]的C4-4区，办公用途的停车率是每1 000平方英尺面积提供一个停车位（ZR 36-21），因此将产生20个停车位的需求。

然而，这个区域最多可免除40个停车位（ZR 36-23）。C4-4区通常分布在公共交通便利的区域级商业区，由于分布着多条5分钟步行可达的地铁和公交车线路，而且很难在大楼里设置停车位，路易莎认为业主会利用这项免除政策。

自行车停放和装卸货泊位

最后，路易莎查看了第三篇第六章，以确定该扩建项目是否需要提供自行车停放或装卸货泊位。开发项目和大规模扩建项目（建筑面积增加50%或更多）需要自行车停车位，而较小的扩建、改建项目或用途变更不需要自行车停车位，这是因为现有建筑很难有空间满足这一要求（ZR 36-70）。由于扩建项目的面积不到现有建筑面积的50%，克拉多克大楼的业主不需要提供自行车停车位。

用途变更、改造或扩建部分（不仅包括开发项目）会产生装卸货泊位需求。在C4-4区，10万平方英尺以下的办公空间不需要装卸货泊位，超出的20万平方英尺需要一个装卸货泊位（ZR 36-62）。由于办公用途的总面积仅为68 000平方英尺，业主不需要提供任何装卸货泊位。

停车位和装卸货泊位计算

C4-4区的用途组合6，依据PRC-B停车要求	本项目应用
基本要求： 每增加1 000平方英尺的建筑面积，需要1个停车位	20 000平方英尺÷1 000=20个停车位
免除规范： 少于40个停车位要求的，可免除	20<40，停车位可免除

C4-4区办公用途停车需求	本项目应用
基本要求： 前10万平方英尺无须提供装卸货泊位，超出的20万平方英尺办公面积提供1个装卸货泊位	68 000平方英尺<100 000平方英尺，因此不提供装卸货泊位

C4—C6非肌理区商业停车位

所需商业停车位（ZR 36-21）

用 途 类 型	分 区	停 车 位
用途组合6、7、8、9、10、11、13、14或16中符合PRC-B1停车要求的用途	C4-5、C4-6、C4-7、C5、C6	无
	C4-1	每150平方英尺1个
	C4-2	每300平方英尺1个
	C4-3	每400平方英尺1个
	C4-4	每1 000平方英尺1个

免除所需商业停车位（ZR 36-361、36-232）

分 区	可免除停车位数量
C4-1	10
C4-2	15
C4-3	25
C4-4、C4-7、C5、C6	40

C4—C6非肌理区装卸货泊位

所需装卸货泊位（ZR 36-62）

用途类型	分 区	建 筑 面 积	所 需 泊 位
酒店 办公楼 法院大楼	C4-1、C4-2、C4-3	前25 000平方英尺	无
		后75 000平方英尺	1
		后200 000平方英尺	1
		每增加300 000平方英尺	1
	C4-4、C4-5、C4-6、C4-7、C5、C6	前100 000平方英尺	无
		后200 000平方英尺	1
		每增加300 000平方英尺	1

街景

距上次导览几个月后，路易莎又再一次游览到了克拉多克大楼，并继续观察其进展情况。随着项目快要完工，路易莎想知道《区划法规》中的街景规范是如何与改建、用途变更和扩建项目相互作用的。

由于现有建筑物在进行改造时可能存在诸多挑战和限制，因此适用于改建、用途变更和扩建项目的街景规范较少。

首层用途规范

由于克拉多克大楼不在任何**特殊目的区**内，也不在有补充用途要求的分区内（如 C4-5D 区），路易莎发现，不存在适用的首层用途要求。即使大楼位于一个带首层用途规范的特殊目的区，例如商业改善特殊区，其中很多规范也只适用于首层开发和扩建项目。这种有限的适用性是为了在建设工程的范围和分区规范的相关性之间建立合理的重叠。例如：当整个工程范围仅限于建筑上部几层楼的小面积扩建时，在一楼强加额外改建的要求可能不切实际。

街墙规范

非肌理区内的商业建筑没有街墙位置规范。克拉多克大楼位于一个肌理区内，那里的街墙经常需要靠近人行道，即使是这样，街墙规定仍然不适用于改建或改变用途项目，并且对扩建项目的适用性也有限。这是因为，移动现有建筑的街墙通常不太实际也不可行（ZR 35-61）。对于受街墙法规约束的建筑，可以将其不相符街墙纵向扩建一层或者 15 英尺高（ZR 35-655）。

指示牌

路易莎预计，一旦改建，克拉多克大楼的办公空间将会进一步细分，分别租给几个租户。她设想他们可能有两种选择：一是允许每个租户都有自己的**指示牌**，这些指示牌总体上受最大表面积规范的限制；二是整体制作一个指示牌，其包含这座建筑的名称，人们可凭这个指示牌目录找到个人租户。

在 C4-4 区，建筑允许有**发光**和非发光指示牌。任何一种指示牌的表面积可达到临街宽度乘以 5，或每一临街面 500 平方英尺，以较小者为准。这也是整个地块允许的最大指示牌面积，发光和非发光指示牌的最大允许面积是不能累加的（ZR 32-64）。由于克拉多克大楼位于一个直通地块上，其两个临街面分别允许有一个 500 平方英尺（5×100=500 平方英尺）的指示牌。在 C4-4 区，所有指示牌必须位于 40 英尺以下高度（ZR 32-65）。

路易莎又看了一眼张贴在建筑围栏上的透视图，注意到业主们在两个临街面上都设计了发光的字母做指示牌，写着"克拉多克大楼"的字样。这种标志牌的面积将通过字母最外侧的几何边界面积来确定（ZR 12-10）。

种植规范

改建或用途变更项目通常没有对行道树或其他种植区做要求，小型扩建项目也一样。对现有建筑面积扩大 20% 或以上的扩建项目需要种植行道树（ZR 33-03）。如果克拉多克大楼业主的扩建项目将增加 1.0 的容积率，也就是从目前的 2.4 扩大到 3.4，建筑面积将增加 41.6%，那么他们需要种植行道树。根据临街面每 25 英尺种植一棵树的要求（ZR 26-41），他们总共需要在人行道上种植 8 棵行道树（临街总长度 200 英尺除以 25）。

适用街景规范

1. 非肌理区内的商业建筑没有街墙位置规范。

2. 在40英尺的高度以下,最多可设500平方英尺的指示牌。

3. C4-4区内无首层用途限制。

4. 临街面每25英尺需种植一棵树。

基 本 信 息	
分区类型	C4-4
分区地块类型	直通地块
街道类型	宽街道
	窄街道

	章节	许可/要求		本项目应用
许 可 用 途				
用途	ZR 32-11	住宅用途	用途组合1和2	无
	ZR 32-12、32-13	社区设施用途	用途组合3和4	无
	ZR 32-15、52-35	商业用途	用途组合5、6、8、9、10和12；或者用途组合16中不相符用途；用途组合7B、7C、7D、11A、11B、14、16和17	用途组合6B
补充用途规定	ZR 32-422	在混合建筑物中,商业用途只能出现在住宅单元下方		不适用
许 可 体 量				
容积率	ZR 33-122	商业用途	3.4（68 000平方英尺的建筑面积）	现有容积率=2.4（48 000平方英尺）拟增容积率=1.0（20 000平方英尺）总共=3.4（68 000平方英尺）
开放空间	ZR 33-281	商业后院	C4-4区直通地块无须有对应后院	无
高度和退界	ZR 33-432	天空暴露面的高度从60英尺或4层楼开始算起	两者以较小者为准	60英尺
		初始退界距离	根据基本规范,宽街道为15英尺,窄街道为20英尺	宽街道为20英尺,窄街道为40英尺
		高度限制	无具体数值,依据天空暴露面管控要求。如果遵循基本规范的话,则在宽街道上,其比例为5.6∶1；在窄街道上为2.7∶1	85英尺
停车位和装卸货泊位				
停车位	ZR 36-21、36-232	商业用途	符合**用途组合6**中PRC-B1停车要求的,每1 000平方英尺的建筑面积设一个停车位,如果少于40个,则可以不设：扩建项目20 000÷1 000=20个停车位；20<40,故不设停车位	无
自行车停车位	ZR 36-70	商业用途	建筑面积增加50%以下的扩建项目,无要求	无
装卸货泊位	ZR 36-62	C4-4区办公楼前10万平方英尺建筑面积无须装卸货泊位		无
街 景				
指示牌	ZR 32-642	临街面宽度的五倍：5×100=临街可允许500平方英尺的表面积		每个临街面400平方英尺
种植	ZR 23-03	临街面每25英尺需种植一棵树。200÷25=8棵行道树,每个临街面4棵		8棵行道树

路易莎现在知道了"不受新法约束"的概念,也知道了在《区划法规》之下,如何对建筑进行合规的再利用。

案例分析三：分区规范修编

杰西是一家小型服饰店的老板，其店铺主要销售世界各地的粗花呢和其他纺织面料。自25年前店铺开业以来，生意一直稳步增长。

多年来，杰西根据店里零售需求的变化，调整她的店面。最初，店铺只有500平方英尺，后来，她把店铺搬到了更大的地方。五年前，她将店面扩大到5 000平方英尺，变成一家街角店铺。现在，她又准备扩大店面了，目前正在选址中。她想要一个店铺面积约为15 000平方英尺的零售空间，一方面可以容纳更多商品，另一方面也不用担心短期内再次迁址。虽然之前店铺曾几次迁址，也只是在两个街坊内的同一条商业街上变动。如果她确实需要再次迁址，她还是希望靠近客户群。杰西有三个选择：（1）把她的店铺搬到附近工业区的一个可用空间；（2）在她当前所在的大楼内进行扩张，该大楼位于R6区内的C2-3区；（3）把她的店铺搬到**商业区**另一个大型但形状不规则的地块上。

根据面积大小的不同，《区划法规》将服装或服饰店分别列为两个不同的**用途组合**：如果面积小于或等于10 000平方英尺，则为用途组合6C；如果面积大于或等于10 000平方英尺，则为用途组合10A。用途组合6的所有用途可出现在C1、C2、C4、C5、C6和C8商业区以及所有工业区。用途组合10的所有用途只允许在强度较高的C4、C5、C6和C8商业区出现，只有得到**城市规划委员会**的**特殊许可证**后，才允许出现在M1区中。由于她正在寻找一家面积在10 000平方英尺以上的商店，所以她需要更关注这有限的几类分区。

杰西的店铺

杰西是一家小型服饰店的老板，她准备扩大店面，正在选址中。

杰西的三个备选店铺位置均不属于高密度商业区，虽然在那里她的店铺面积可以更大，但是这类分区最近的位置也在半英里以外，她觉得这离她目前的客户群太远了。

为了留在目前的社区，杰西想要修编《区划法规》。由于其三个备选店铺位于不同的分区，因此，每一个解决方案是不同的，分别是：获得特殊许可证、改变《区划法规》、获得变更许可。每一项都属于**自由量裁行为**，相关政府机构可以酌情对申请进行批准或否决（见第八章）。

备选场地

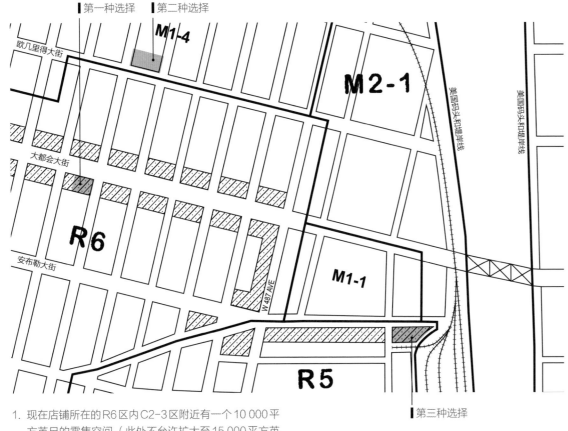

1. 现在店铺所在的R6区内C2-3区附近有一个10 000平方英尺的零售空间。（此处不允许扩大至15 000平方英尺，因为这需要修编区划地图或文本。）

2. M1-4区附近15 000平方英尺的零售空间。这需要得到城市规划委员会的特殊许可证。

3. R5区内C2-3区的现有空间附近有一个15 000平方英尺的零售空间，它在一个不规则地块上，这个地块也许可以满足变更许可的要求。

特殊许可证

杰西所考察的首个空置商业空间位于M1-4区的拐角处。这个街区的首层本来大多处于空置状态，现在由于杰西的店铺所在商业街的成功，不少商家都搬到了这里。这个面积为1.5万平方英尺的空间之前被出租用作酒类专卖店，属于无面积限制的合规用途。在M1区中，杰西可按照用途组合6C中的规定，将该空间用作服装店或服饰店，其合法使用面积最高可达1万平方英尺。另外也可按照用途组合10A中的规定加以利用，空间大小无限制，但须取得纽约市**城市规划委员会**（CPC）颁发的特殊许可证。

杰西的律师解释道，在《区划法规》中，预先包括了对基本用途、体量和停车规范可作出的修订，可以通过城市规划委员会或**标准和上诉委员会**（BSA）特殊许可证机制实现。

城市规划委员会特殊许可证通常涉及对大型场地的规划决策，例如对体育馆或竞技场的审批。城市规划委员会特殊许可证还须遵守**统一土地利用审查程序**（ULURP），并接受相关社区委员会、区长（如果涉及的社区委员会不止一个，则由区委员会代替）、纽约城市规划委员会以及最终的纽约市议会的审查，为期7个月左右。在此期间，各利益相关方均有一定时间审查该提议。每一审查阶段都要举行一次**公开听证会**，城市规划委员会和纽约市议会将先后分别举行听证会，并进行表决。

一般而言，标准和上诉委员会（BSA）的特殊许可证的应用范围小于城市规划委员会特殊许可证。标准和上诉委员会的成员在城市开发各方面具有专业技能知识，这也是颁发标准和上诉委员会特殊许可证的考量中所需要的技能。申请标准和上诉委员会特殊许可证需经公开听证会和审查程序，但无须遵守统一土地利用审查程序，也无须接受城市规划委员会或纽约市议会的审查。

这两类特殊许可证的申请均须接受**城市环境质量审查**（CEQR），因此需依据申请范围来提交环境评估报告（EAS）或**环境影响报告**（EIS）。对这两种声明文件所需分析类型的规定参阅《城市环境质量审查技术手册》。

特殊许可证通常包含具体的"调查结果"，说明城市规划委员会或标准和上诉委员会在决定是否批准该申请时必须给出的判定。城市规划委员会或标准和上诉委员会在颁发多数特殊许可证前，必须思考分区条款的修订对周边区域的影响。如果是申请使用许可证，则需城市规划委员会或标准和上诉委员会考虑该用途是否会加剧交通拥堵情况，是否会向当地街道引入大量交通，以致破坏周围社区的居住环境，或者改变社区的基本特征。如果是建筑体量上的特殊许可，城市规划委员会或标准和上诉委员会需考虑高度变化是否会影响周围建筑和街道的采光和通风效果，或改变社区的基本特征。

根据《区划法规》第74-922节规定，城市规划委员会可颁发M1区较大服装店的特殊许可证。该章节也提供了7至13项独立的调查条目，供城市规划委员会在批准1万平方英尺以上服装店时参考，具体取决于申请中是否有额外的建筑体量或装卸货泊位的修改要求。其中五项调查条目要求城市规划委员会考虑项目带来的交通影响，确保采取适当措施防止交通拥堵，并确认已考虑项目选址靠近公共交通枢纽。其中两项调查条目要求城市规划委员会考虑该用途对周边地区的影响，包括要确保大型零售机构不会影响该区域的基本特征或未来发展，同时保证商铺不会对该地区其他合理用途产生不良影响。例如，如果城市规划委员会认为某个大型零售商铺会干扰M1区活跃的工业活动，则会驳回申请。最后六项调查条目仅涉及建筑体量或装卸货泊位变更的申请项目。

如果杰西想申请这个商业空间的许可证，她需与建筑师、规划师、土地利用领域的律师和环境工程师等专业人士合力准备土地利用和环境审查的申请材料。这其中应包含一份相应满足特殊许可证各项调查条目的详细说明。**纽约市城市规划局**（DCP）的工作人员将召开会议，帮助指导申请团队填写申请资料，然后送交城市规划局审查，确定申请信息是否完整以及是否可进入土地利用审查程序。标准和上诉委员会特别许可证的申请者也将遵循同样的申请流程。

分区变更

杰西的第二个选择是留在她目前店铺所在的位置,将店面扩大到附近新腾空的空间。目前,她的店铺面积为 5 000 平方英尺,加上隔壁的 10 000 平方英尺,她的店铺面积将达到 15 000 平方英尺。当前店铺所在的分区是 R6 区内的 C2-3 商业区。虽然该区允许用途组合 6 中的各类用途,但她寻求的用途组合 10 中的用途是不被允许的。与她之前查看的工业区选址不同的是,C1 或 C2 区的大型商店不需要特殊许可证。如果杰西打算留在这个位置,则需要修改所在地块的适用分区,**修编区划地图或文本**可以帮助她实现这一目的。

区划地图的修编,或**分区修编**,会根据该区域的土地利用规划目标,改变一组地块的分区设定。为了拥有一家更大的服装店,杰西可以考虑将街区临街面分区修编,以允许修建更大的商店,比如 C4 区。为了使分区修编合理,C4 区的法规(例如允许设较大的商店)需要对于整个地区都普遍适用。需分区修编的地区,应综合考虑整个地区,而不应局限于某一业主的地块。像城市规划委员会的特殊许可证一样,区划地图的修改也要遵守统一土地利用审查程序(ULURP),因此需要经过社区委员会、区长、城市规划委员会和市议会大约 7 个月的公共审查。像杰西这样的私人申请者,或者市政府,都可以提议分区修编。纽约市每年都有几十次分区修编规划,这些分区修编和以前的分区相比,在面积和变化程度上有很大不同。

杰西还可以考虑修改区划文本,这将修改《区划法规》中关于分区、已定义的地理区域或某一类型地块(如有 1961 年前修建的建筑物的地块)的基本规定。文本修改不受统一土地利用审查程序的约束,但需要遵循类似《城市宪章》的程序。在区划文本修编过程中,没有"时间段"规定,决策者可在七个月内集中进行,社区委员会和区长可同时进行审查。私人或市政府也可申请修改区划文本。然而,如果可以通过修改区划地图或其他分区行动来解决的话,城市规划局并不推荐对文本进行修编。此外,环境审查程序将会考虑修改后文本对所有适用地块的影响。这会远远超出杰西想要解决的问题的范围。

这些申请过程中的任一流程都将经过城市规划局的审批。出于好奇,杰西联系了规划局中的区办公室,经过初步商讨,她的团队认为,社区廊道附近住宅的稳步增长增加了对商业用途的需求,再加上周边区域中,所划定的高密度商业区有限,提议分区修编是合理的。例如,C4-3 区将保持相同水平的许可居住密度(R6 住宅区对应区),同时允许在较高商业容积率下更广泛的商业用途。规划局建议杰西绘制整个街区的区划地图,而不仅仅是其店铺所在的地块,这是因为街区其他的地块也会和她的地块受到一样的影响。城市环境质量审查(CEQR)分析将基于整片分区修编的地区,以确定分区修编和土地利用申请带来的环境影响。

变更许可

杰西最后一个备选地址是 R5 区内的 C2-3 区,但该区所在的社区由于历史街区的特殊街道肌理,那里的街块奇形怪状、狭窄、进深小且角度不规范。她考虑的地块是一个只有 15 000 平方英尺的分区地块,有一个一层空置建筑。这个地块太窄,无法容纳任何住宅用途,难以进行大规模开发。由于地块奇形怪状,而且在一个狭小不规范的空间里,也无法维持其他类型的零售业,杰西被告知这个场地可能需要区划变更许可,这个证件是用于解决《区划法规》在特定地点应用时所遇到的困难问题。

变更许可申请将接受标准和上诉委员会的审查,但不受统一土地利用审查程序的约束。不过,在标准和上诉委员会决定颁发该证之前,需转至当地社区委员会举行公开听证会。要获得变更许可的批准,需标准和上诉委员会确认该申请符合《区划法规》中规定的所有五项调查结果(ZR 73-03):

- 该地块物理条件独特,如:狭窄、进深小或地形特殊等情况,难以遵守《区划法规》;
- 若无变更许可,依照法定条例规定,业主不太可能获得合理的经济收益;
- 授予变更许可后,不会改变这个社区的本质特征;
- 实施层面的困难并非人为产生的;
- 变更许可提供的是所需最低规范放宽条件。

变更许可申请人与标准和上诉委员会的工作人员一同准备申请材料,并确定特定地块是否符合以上调查结果。

公共审查程序

杰西同其专业顾问商量，在申请特殊许可证、申请分区修编或申请变更许可之间做选择，她最后决定申请城市规划委员会特殊许可证，在M1-4区第一个备选场地扩大店铺。

当杰西完成土地利用申请后，项目将经过"认证"，首先要经过城市规划委员会审查会议的统一土地利用审查程序，该会议每月举行两次，满足其中一场会议的审查即可。然后将申请副本提交给社区委员会和区长，他们将举行公开听证会，并就该申请项目提出咨询建议，供委员会审议。环境分析可以为这些决策提供支撑性信息。例如对交通状况的评估将使决策者能够了解提议的零售店是否会造成交通拥堵。

当项目返回城市规划委员会时，委员会将组织并宣布举行一次公开听证会，并在"城市记录（The City Record）"网站（以及城市规划局网站）上发布"通知"。杰西或她的代表须说明其申请特殊许可证的原因，并回答城市规划委员会委员就该项目提出的相关问题。城市规划委员会将在考虑这份证词、所有其他公众成员的证词，以及社区委员会和区长的建议后，再来决定是否可以在这里开设这家提议规模的服装店。如果城市规划委员会颁发了特殊许可证，项目将转到市议会，市议会可选择举行公开听证会并对该申请进行投票。如果市议会对该特殊许可证无任何异议，那么此证立即生效，即在该地块上所有符合特殊许可证规定的用途均属合规用途。遵照着《建筑规范》和其他相关法律法规，杰西就可以扩张她的服装店了。

适用分区

当特殊许可证生效后,杰西就可以扩张她的服装店。

R1   R2   R3   R4   R5   R6   R7   R8

第三章　住宅区

R9　　R10

住宅区是纽约市最普遍的分区，约占全市区划土地面积的75%。各类区划规范都影响着我们现今的住宅，其中的许多法规均可追溯至1916年版《区划法规》出台前数十年中所颁发的法律。在那期间，为了改善下东区密集地区的拥挤状况和不健康的生活条件，《住房法案》提出了许多要求，包括为居民提供充足采光和通风。《区划法规》依旧是以提高公共卫生、安全和福利为最核心目标，并扩大至更广泛的机制，以确保住宅的开发与支撑性基础设施相匹配，与规划目标相一致，并有助于加强（而非减损）周边地区的特色。为此，《区划法规》设定了各种规范要求，包括建筑物的尺度和形状、区域内的混合用途、新建建筑与公共街道及人行道的关系，以及与街区上其他建筑物的关系。

纽约市的住宅区反映并塑造了该市非常丰富的居住建筑形式，有市郊带宽敞庭院的独栋独户住宅，也有曼哈顿高耸入云的塔楼。这两类建筑物以及介于两者之间的所有建筑类型，都对应了住宅区的10种基本类型（R1—R10）。R1区只允许修建低密度独栋独户住宅，用途范围限制最大，通常远离公共交通，停车位的配置要求最高。相反，R10区居住密度最高，通常为塔楼，公共交通非常便利，停车配置要求最低，或不需要配置停车位。

在《区划法规》中，R1—R5区通常被划为一组，为低密度住宅区，而R6—R10区被划为一组，为中高密度住宅区。住宅区也可划分为两种类别，一类分区推崇建筑形式延续并融入街区肌理，另一类分区则允许密度从低到高的各类建筑形式。根据不同分区类别及其特点，有不同的相关法规加以应用。

基本类型

低密度住宅区

中密度住宅区

高密度住宅区

住宅区一般按分区内主要的建筑形式分类。1961年版《区划法规》提出非肌理区，自1980年代以来又增设了肌理区。非肌理区分布广泛，设定该区是为了满足多样的建筑形式需求。非肌理区一般规划在没有明确统一的尺度或典型建筑形式的区域。设定肌理区是为了维持或建立空间尺度和建筑形式，来反映城市历史风貌或经统一开发的社区特征。肌理区用字母后缀A、B、D或X表示（在R3或R4区中，用数字后缀"-1"表示）。

R1—R5区

最初，1961年版《区划法规》中规定，低密度住宅区分为独栋独户住宅（R1和R2）、独栋单/双户住宅和半独栋住宅（R3-1）以及允许所有类型住宅建筑的一般住宅区（R3-2、R4和R5）。其中，R3-2、R4和R5区分布广泛，通常是由独栋独户住宅或半独栋住宅组成的社区。随着时间的推移，一般住宅区法规中许可的联排式住宅和高层公寓楼在城区建成肌理上的冲突日益显著。为了改善这一状况，1989年，纽约市设立了低密度的肌理区，其法规对许可的建筑类型和最大高度都做出了相关限制规定，同时还增加街景法规以维持或塑造特定的低密度特征。自1989年以来，低密度肌理区大都规划在市郊地区，部分高度控制和街景要素也被纳入非肌理区法规中。

R6—R10区

按照1961年前的《区划法规》和《多户住房法案》的规范，肩并肩的行列式六层公寓楼大量存在，但在1961年版《区划法规》中，中、高密度住宅区并不允许修建这种行列式公寓楼，而是将在大面积开放空间中修建高层建筑作为理想化布局（"公园中的塔楼"愿景）。1961年提出的这一模式是为了适应大型城市更新项目，在这些项目中，旧建筑被拆毁，街道被重新规划，街区被合并成"超级街区"，以适应大规模再开发。然而，在1961年的《区划法规》开始实施期间，公众对城市更新项目的反对声音也越来越多。此外，这些法规更普遍被应用于小面积的"拆迁腾退地"，而其周围的建筑和街区往往保存完整。这就导致新建筑远远高于周围1961年前的建筑，且离街道也越来越远。规定的开放空间分布零散，经常用作停车场，或未得到充分利用。总之，《区划法规》使得填充式建筑设计很难与周围建筑物的尺寸和形状相匹配。这不仅引起了公众的强烈反对，也对更加兼容的分区规范提出了要求。

因此，在20世纪80年代，区划引入了肌理区的概念。1961年前的建筑具有建筑覆盖率高、街道围合度高的特点，这与"公园中的塔楼"建筑形成了强烈的反差。为了使新建筑与老建筑保持类似的特征，肌理区对各分区建筑物的最大高度和街墙位置做出了限定。1987年，优质住房项目通过了这些规定，将其应用于全市中、高密度区，并制定了一套建筑规范，强制性应用于新规划肌理区，选择性应用于非肌理区。

住宅区

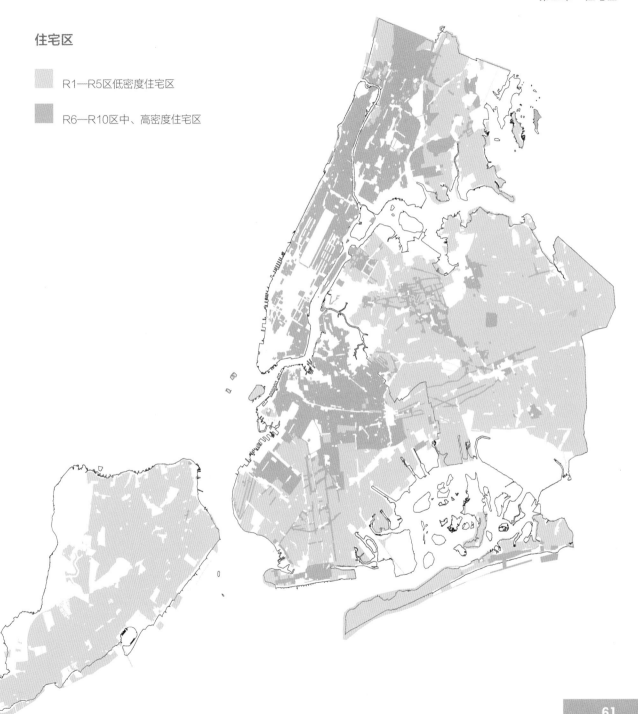

R1—R5区低密度住宅区

R6—R10区中、高密度住宅区

许可用途

《区划法规》第二篇第二章阐述了每一特定住宅区内分区地块所允许的土地**用途**类型。

住宅区可允许用途组合1到4中的所有用途，包括一系列住宅和社区设施用途（ZR 22-10）。一般而言，建筑物可仅为住宅、仅为社区设施或两者的混合用途。用途组合1中住宅类型仅为独栋独户式住宅（ZR 22-11）；用途组合2可允许各类住宅（ZR 22-12）。**社区设施用途**列于用途组合3和4中，顾名思义，这些用途主要是提供基本的社区服务。用途组合3包括满足教育需求或向居民提供其他基本服务的社区设施，如学校、图书馆、宿舍、长期护理设施（包括疗养院）和其他提供住宿的设施（ZR 22-13）等。用途组合4包括向居民提供娱乐、宗教、医疗或其他基本服务的社区设施，如医院、流动健康护理设施（包括医生办公室）、礼拜场所、社区中心和其他非住宿设施。用途组合4也包括与住宅区相兼容的开放用途，例如墓地、农业用途和高尔夫球场（ZR 22-14）。

R1—R5区

在低密度住宅区，用途规范反映了分区所在社区的普遍特征。通常而言，根据许可的住宅类型以及住宅所在建筑类型的不同，该分区所适用的用途规范也不同。

在这四种住宅用途组合中，R1区和R2区仅适用用途组合1的独栋独户式住宅（ZR 22-00）。由于其所处地块密度低、居住特征明显，R1区和R2区仅允许用途组合3和4（ZR 22-13、22-14）中的部分社区设施用途，其他用途比如流动医疗护理设施和长期护理设施（养老院），在R1和R2区就不是**合规用途**。

在R3区、R4区和R5区可允许用途组合1的独栋独户式住宅和用途组合2的各类住宅。然而，在大多数肌理区中，为了促进建筑形式与现有或未来修建的周边建筑保持特征一致（ZR 22-12），对住房的类型做出了相应的限制规定。例如，在R3A区、R3X区、R4A区和R5A区，独栋单户和双户住宅已占主导地位，因此半独栋、联排住宅和多户住宅是不允许修建的。同样，R3-1区和R4-1区通常主要是独栋单户或双户、或半独栋住宅，而不允许修建联排建筑和多户住宅。在R3-1区、R3A区、R3X区、R4-1区和R4A区，双户住宅要满足一个单元75%的建筑面积位于另一个单元的正上方或正下方，从而将这些建筑物与半独栋住宅或联排住宅加以区分（ZR 22-42）。R4B区仅允许修建单户和双户住宅，但允许所有建筑类型，包括联排住宅。

其他没有字母后缀的R3区至R5区，以及R5B和R5D区可允许用途组合1和2中的所有用途，且对每幢建筑形式及其单元数量不作任何限制（ZR 22-11、22-12）。

在所有R3区、R4区和R5区，允许用途组合3和4中的社区设施用途，无任何限制。唯一的例外是肌理区中，流动医疗设施的面积规定在1 500平方英尺内（ZR 22-13，22-14）。

R6—R10区

中、高密度住宅区与低密度住宅区一样，允许用途组合1到4中一系列住宅和社区设施用途。由于高密度住宅通常靠近公共交通，这些地区历来都充满了非常混合的住宅类型。多户住宅或公寓楼，不论联排与否，以及任何类型的单户或双户住宅都可修建，社区设施通常也没有限制（ZR 22-00）。

许可用途组合

	住宅用途		社区设施用途		零售和商业用途											一般用途	工业用途	
	1	2	3	4	5	6	7	8	9	10	11	12	13	14	15	16	17	18
住 宅 区																		
R1、R2 独栋独户住宅	●		●	●														
R3A、R3X、R4A、R5A 独栋单/双户住宅	●	●	●	●														
R3-1、R4-1 独栋单/双户住宅以及半独栋住宅	●	●	●	●														
R4B 独栋单/双户住宅、半独栋住宅以及联排住宅	●	●	●	●														
R3-2、R4、R5B、R6-R10 独栋住宅、半独栋住宅以及联排住宅	●	●	●	●														

用途组合1： 独栋独户住宅（ZR 22-11）

用途组合2： 所有其他类型住宅（ZR 22-12）

用途组合3： 可适当设于住宅区内的社区设施，以满足居民的教育需求或其他基本服务需求（ZR 22-13）。

用途组合4： 可适当设于住宅区内的社区设施，以满足居民娱乐、宗教、医疗及其他基本服务需求（ZR 22-14）。

低密度住宅基本类型

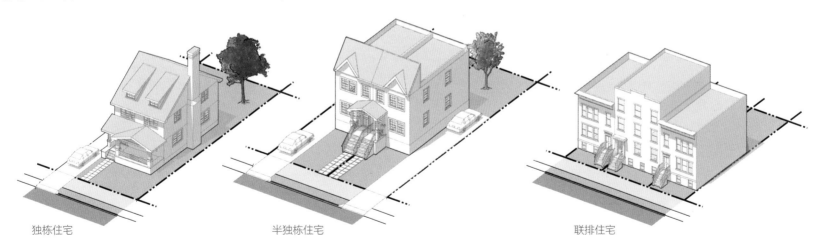

独栋住宅　　　　　　　半独栋住宅　　　　　　　联排住宅

许可体量

住宅区制定了许多不同的**体量规范**，管理分区地块上建筑物的最大尺寸和位置。体量规范的适用情况取决于建筑物是纯住宅用途、纯社区设施用途，还是两者混合用途。《区划法规》第三篇第二章制定了纯住宅用途建筑的体量规范，而第四篇第二章制定了纯社区设施用途建筑的体量规范。若为两者混合用途，例如首层为医生办公室的公寓楼，则住宅部分适用第三篇第二章住宅用途的体量规范，而社区设施部分适用第四篇第二章社区设施用途的体量规范。

根据体量规范，可根据一个三维形体来框定分区地块允许的**建筑面积**，这个三维形体即用来限制建筑物外轮廓的**建筑可建造范围**。建筑可建造范围结合了多种体量规范，且会因地区、分区地块类型和街道类型的不同而有很大差异。

一些体量规范限定了建筑物所占用的地块面积，或者说限定了所需**开放空间**的最小面积。其他法规包括建筑物不得占用的**庭院**面积，或不得超出的高度限制。甚至一些法规还规定了街墙与街道的间距、建筑退界尺度及其裙房的最大或最小高度。除此之外的一些法规，包括最小地块面积、**庭院**面积、建筑之间的间距或同一建筑物不同部分的间距，也会影响建筑可建造范围。

一旦某个建筑形式初具雏形，其他体量规范，如密度法规，将进一步决定建筑的形状、大小和布局。

R1—R5 区

低密度住宅区的体量规范旨在反映构成低密度社区特征的诸多因素，例如社区的主要地块宽度、庭院深度以及住宅的尺寸和高度等。这类规范通常是为了让新建房屋与周围建筑物相匹配。

地块尺寸和开放空间

低密度住宅区中，最小地块宽度和最小地块面积各式各样。一般而言，为了保护低密度住宅区的特色，同时对发展做出适当限制，这类住宅区需要明确地块的最小尺寸要求，其数值随着住宅密度的增加而减小。在 R1-1 区，最小地块宽度和面积分别高达 100 英尺和 9 500 平方英尺，而在 R3 区至 R5 区的半独栋住宅或联排住宅（ZR 23-32），最小地块宽度和面积分别为 18 英尺和 1 700 平方英尺。如果某分区地块不符合最小宽度或地块面积要求，但该地块在 1916 年版《区划法规》出台之前（或者在一些地区，是在最近的区划变更之前）就已存在，那么仍然允许在该分区地块上建造一栋建筑，但仅限于单户或双户住宅（ZR 23-33）。

一般来说，对于低密度住宅区，分区数字越大，对庭院的要求越小（ZR 23-45, 23-46）。例如，R1-1 区的特征为地块和开放空间面积较大，因此需要前院至少 20 英尺深，两个侧院总共至少 35 英尺宽。而在 R5D 区，可修建多种类型建筑，前院深度要求仅为 5 英尺，且修建联排建筑物的地方不设侧院。

R1 区规范要求设至少 20 英尺深的前院，R2 区和 R3 区规范要求前院至少 10 至 15 英尺深，R4 区和 R5 区规范则要求前院至少 5 至 10 英尺深。这些底线规范在几种情况下可加以修改。例如，低密度肌理区通常要求前院的深度与相邻前院的深度一致（将在街景部分进一步讨论），而在 R4 区或 R5 区中，如果前院深度超过 10 英尺，则深度至少达到 18 英尺，从而为停车场地预留足够的空间（ZR 23-45）。

低密度住宅区的侧院规范通常要求至少其中一个侧院宽度达到 8 英尺，使其与房屋之间保留足够的间隔，能沿着侧地块线留出车道（通常通向后院的车库）。在某些肌理区中，这 8 英尺的宽度可以由相邻地块共享，这时如果某地块提供了一个 6 英尺的侧院，那么相邻地块侧院仅需留出 2 英尺的侧院即可（ZR 23-461）。当《区划法规》允许修建相连接的建筑物（R3-1、R3-2、R4 和 R5）时，侧院法规也需进行修改，来允许修建半独栋住宅和联排住宅（ZR 23-49）。

除 R2X 区的后院深度为 20 英尺（ZR 23-47, 23-544）外，其他所有低密度住宅区的后院深度至少为 30 英尺。

除后院规范外，一些地区还规定了最小开放空间和最大地块覆盖率要求（ZR 23-142）。与后院规范一样，所要求的开放空间会随住宅规划强度的增加而减少。例如，R1-2A区要求保留70%的开放空间（允许最大地块覆盖率为30%），而R5D区仅要求保留40%的开放空间，而最大地块覆盖率为60%。一些肌理区（R2X、R3A、R3X、R4-1、R4A和R5A）只对后院有相关要求，对开放空间或地块覆盖面积无任何要求。

容积率、高度、退界尺度

低密度住宅区容积率范围在0.5（R1区）到2.0（R5D区）（ZR 23-142）之间，从而保证各分区的密度相对较低，再加上建筑可建造范围的限制规定，可以让建筑物保持其低规模、小尺度的特点。在某些分区（R2X、R3、R4、R4-1和R4A）内，设置**阁楼奖励**条例，通过允许增加建筑面积的奖励，鼓励建造坡屋顶住宅，从而加强社区的鲜明特征。

低密度住宅区之间的主要区别之一在于高度管控方式。高度控制主要分为三类：最低密度区的"天空暴露面"；低层居民区的以坡屋顶为特征的斜顶式建筑可建造范围；以及适用于联排住宅和花园公寓建筑的平顶式建筑可建造范围。

R1-1区、R1-2区和R2区的高度由**天空暴露面**决定，该斜面从前院线上方25英尺高度开始算起，坡度为1：1（ZR 23-631）。虽然没有整体高度限制，但根据庭院法规和容积率限制规定，通常为两到三层的房屋高度。

斜顶式建筑可建造范围是于1989年随着低密度肌理区的设立而创造的，它在以坡屋顶为特

低密度建筑可建造范围类型

非肌理区的天空暴露面式
建筑可建造范围
RI或R2区

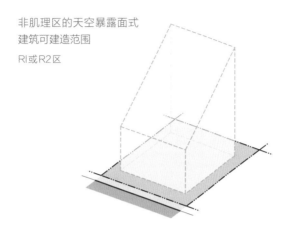

R1-2区

肌理区的坡顶式建筑
可建造范围
RI-2A、R2A、R2X、
R3、R4、R4-1、R4A或
R5A区

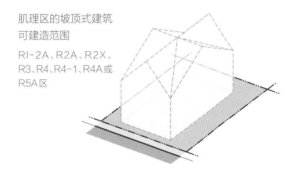

R3A区

肌理区的平顶式建筑
可建造范围
R4B、R5、R5B或R5D区

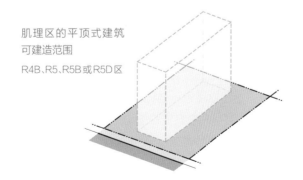

R4B区

征的社区中得以推广应用，从而使得新建筑以这种理想形态融入社区肌理。

这些建筑可建造范围类型适用于大多数肌理区（R1-2A区、R2A区、R2X区、R3-1区、R3A区、R3X区、R4-1区、R4A区、R5A区）以及非肌理区的R3-2区和R4区。根据不同的分区，建筑可建造范围确定了最大的**外墙高度**，通常在21英尺到25英尺不等，在该高度之上需要有坡屋顶或退界。这些分区的最大高度限制（包括屋顶的所有部分）为35英尺（ZR 23-631）。如果通过**阁楼奖励**而增加了建筑面积，则要修建坡屋顶，且水平方向每增加一英尺，垂直方向至少应增加3.5英寸（ZR 23-142）。

最后，平顶式建筑可建造范围存在于R4B区和R5B区的低密度联排住宅社区，以及在R5区和R5D区中被允许修建的低层公寓楼。在R4B区和R5D区，高度限制形成了一个简单的方形建筑可建造范围。其中R4B区的最大建筑高度不能超过24英尺，而R5D区的最大建筑高度不能超过40~45英尺，后者不同的高度限制取决于建筑物是否包含**优质首层**（ZR 23-631）。在R5区和R5B区，建筑高度由最大街墙高度（30英尺）和该点上方的斜面共同决定。R5区斜面上方的整体建筑高度不能超过40英尺，R5B区不能超过33英尺（ZR 23-631）。

在所有的分区中，一些**允许障碍物**可突破建筑可建造范围的限制。在较低密度区，这些允许障碍物通常包括位于前院内的楼梯和门廊，超过最大高度限制的烟囱，伸入院内的空调，以及位于

最大外墙高度上方的老虎窗或护栏（ZR 23-12、23-44、23-62）。

密度

区划限制了每个分区地块上住宅单元的数量。其计算方法是：住宅单元数量=允许的居住建筑面积÷每一分区对应的住宅单元系数（ZR 23-22）。每一分区的住宅单元系数约等于平均住宅单元面积与建筑物内公共区域（如大厅、走廊和便利设施空间等）的分摊面积之和。除了少许特殊情况，住宅单元系数会随着分区强度的增加而变小。具体而言，住宅单元系数从R1-1区的4 750降低至R3-1和R3-2区中单/双户住宅、独栋住宅和半独栋住宅的625不等。除了密度控制外，一些地区还规定了最小住宅单元大小，比如：R3区、R4区和R5区要求每个住宅单元的至少为300平方英尺（ZR 23-23）。

R6—R10区

中、高密度区内，分区的体量规范塑造了社区中各类有特色的、类型广泛的建筑模式，包括规定了建筑物的一般高度、建筑物周围的开放空间面积，以及建筑物与街道的位置关系等。

地块大小、庭院、密度

与低密度区不一样的是，R6区至R10的所有分区中，最小地块宽度和最小地块面积都一样，地块宽度与面积均取决于建筑类型（ZR 23-30）。如果建造一栋单户或双户独栋建筑，其最小地块

宽度为40英尺，最小地块面积为3 800平方英尺。而对于其他所有建筑，最小地块宽度为18英尺，最小地块面积为1 700平方英尺。

中、高密度区通常只要求一个后院，其最小深度为30英尺（ZR 23-47），前院或侧院允许建造但不强制要求。但是在R6区至R10区（ZR 23-461）建造单户或双户独栋住宅时，必须要修建侧院。当沿侧地块线布置开放空间时，其宽度要求至少为8英尺（ZR 23-462）。

中、高密度区的住宅单元系数均为680（ZR 23-22）。这意味着所有这些地区的允许单元密度与建筑面积成正比。

容积率、开放空间、高度、退界

中、高密度区内，住宅建筑的开放空间、容积率、高度和退界规定等主要取决于该建筑是位于肌理区还是非肌理区。如果建筑物位于R6区至R10区域内，并带有A、B、D或X等字母后缀，则适用**肌理区**法规，且建筑物必须遵守**优质住房计划**中有关建筑物的整体规定。如果建筑物位于非肌理区，则可遵循基本法规，或选择性应用优质住房建筑法规。

非肌理区基本规范

在没有字母后缀的R6区至R9区域（即非肌理区）中，1961年制定的基本体量规范，即**高度系数规范**，可适用于住宅建筑物。根据这些法规，建筑的大小由高度系数、**容积率（FAR）**和**开放空间率**之间的复杂关系所决定。每个分区所允许的

容积率基于一个浮动的规模，只有当建筑物的高度与分区地块（ZR 23-151）上的开放空间面积实现某一特定的平衡时，容积率才能达到最大值。在每个区，只有在一个相对较大的分区地块才能达到最大的容积率（建筑每一层都有合理的空间），该地块包含大面积的开放空间——这反映了"公园中的塔楼"的愿景。相较于修建一幢高高的塔楼，如果修建一幢高度较低、地块覆盖面积较高的建筑，并因此缩小开放空间的面积，则会减少容许的建筑面积。

1961年制定的基本法规也可适用于R10区内的建筑物，但这些法规并不包括高度因子或开放空间率。相反，每个分区地块，无论大小，其基本的容积率均为10，并且对开放空间不作任何要求（ZR 23-152）。

在R6区至R10非肌理区，1961年制定的基本法规通过**天空暴露面**来控制住宅建筑高度，天空暴露面是一个虚构的、倾斜的平面，建筑物必须位于该平面之下，以确保有足够的光照和空气进入街道和建筑物。住宅建筑物有两种可供选择的天空暴露面：基本的正前方退界规范（ZR 23-641）和可选的正前方退界规范（ZR 23-642）。天空暴露面的斜率取决于该平面是从**宽街道线**还是从**窄街道线**测量。这两种测量方式的主要区别在于：根据可选的建筑退界规范，可以用建筑前方的连续开放空间来换取更高的建筑（由于建筑的天空暴露面斜度将更陡）。某些建筑构件，如女儿墙、电梯和屋顶设备用房，可以作为允许障碍物突破天空暴露面范围之外（ZR 23-62），但尺

应用高度系数规范

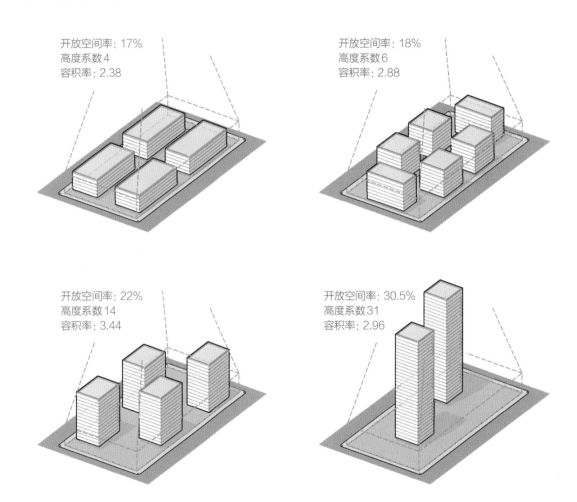

开放空间率：17%
高度系数4
容积率：2.38

开放空间率：18%
高度系数6
容积率：2.88

开放空间率：22%
高度系数14
容积率：3.44

开放空间率：30.5%
高度系数31
容积率：2.96

根据高度系数规范，建筑物的大小由高度系数、容积率（FAR）和开放空间率（OSR）之间的复杂关系决定。每个分区所允许的容积率基于一个浮动的规模，只有当建筑物的高度与分区地块（ZR 23-151）上的开放空间面积实现某一特定的平衡时，容积率才能达到最大值。相较于修建一幢高高的塔楼，如果修建一幢高度较低、地块覆盖面积较高的建筑，并因此缩小开放空间的面积，则会减少容许的建筑面积。

寸有所限制。

在R9和R10非肌理区,适用1961年版塔楼规范,如果某建筑物不超过40%的最大地块覆盖率（或较小的分区地块上不超过50%）,且符合特殊的建筑退界规范,则该建筑物可穿过天空暴露面（ZR 23-65）。1994年,上东区的大街上修建了一些高耸入云的塔式高层住宅,由于这些楼宇退界太多、远离人行道,破坏了街区其他地方旧式公寓所形成的连续性,因此引入了"裙房上的塔楼"法规,即R9区和R10区宽街道上的所有住宅塔楼必须有建筑裙房,裙房需要参照附近旧式公寓的规模尺度和街墙位置（ZR 23-651）。

优质住房

优质住房法规是基于1961年前常见的建筑类型所制定的建筑体量规范,旨在鼓励修建靠近街道、高地块覆盖率的住宅建筑。该法规强制性应用于R6至R10肌理区,选择性应用于R6至R10非肌理区（以替代高度系数规范或塔楼规范）。

与非肌理区的高度系数规范不同的是,优质住房建筑大大简化了开放空间和建筑面积的相关规范。在R6区至R8区的非肌理区,宽街道上修建的优质住房建筑的**容积率**可远远高于在窄街道上修建的优质住房建筑（ZR 23-153）,除此以外的每个分区通常都适用单一住宅容积率。适用于宽街道的容积率通常比高度系数规范所允许的高一些,从而鼓励在可选的情况下采用优质住房计划。

与**开放空间率**的浮动比例不同,优质住房法规简单规定了最大地块覆盖率,且因地块类型和分区开发强度而异。街角地块允许100%的地块覆盖率,而大多数内部地块和直通地块的最大覆盖率在60%和70%之间（ZR 23-153）。相比于1961年版法规中畅想的"公园中的塔楼"住宅,这样的覆盖率允许建造出的建筑拥有大得多的占地面积,但整体建筑高度却更低,更接近1961年以前修建的高地块覆盖率的多户住宅形态。

所有优质住房建筑都要遵守优质住房计划。该计划要求为建筑物的居住者提供基本的便利设施,包括娱乐空间和封闭式垃圾房等。同时,通过不计容的方式鼓励一些额外的改善性建设,比如洗衣设施、公共走廊的采光,以及每层只有少量户数的建筑形式（从而促进邻里认同）（ZR 28-10、28-20、28-30）。

无论是在肌理区还是非肌理区,所有优质住房建筑都应遵守街墙位置规范和高度限制。

优质住房建筑的**街墙**（面向街道的建筑墙体）需要遵守一些限制,这些限制包括街墙与地块线的间距,以确保新建建筑与该地区其他建筑的布局相融合（ZR 23-661）。具体规范将在街景部分进行详细描述。

优质住房建筑的高度限制通常有两个层面的要求:街墙在按要求退界之前,可上升到的最大**裙房高度**,以及整体最大建筑高度（ZR 23-662）。这些分区内建筑的裙房高度通常与中、高密度区中1961年以前老建筑的高度特征及范围有关。

在裙房之上进行退界后,可建设更多的房屋层数,这些部分建筑对下面街道的干扰较小,并受最大建筑高度限制。高层部分的退界深度与建筑所面向的街道宽度有关——窄街道需要后退15英尺,而宽街道需要后退10英尺（ZR 23-662）。如果建筑在底层已经和人行道之间进行了退界,那么裙房上方的退界尺度可以减少,只要上层退界不小于7英尺即可（ZR 23-662）。在某些分区,这些裙房高度和整体建筑高度可能会增加5英尺,以容纳**优质首层**（见后面的街景部分）。此外,两个肌理区（R9D和R10X）可在肌理裙房上修建塔楼,且没有最高建筑高度限制（ZR 23-663）。在所有分区,某些建筑构件可作为允许障碍物（ZR 23-62）,如天窗、女儿墙、电梯和出屋面楼梯间等,可以超过所有最高裙房高度和最高建筑高度范围,但尺寸有所限制。

保障性住宅及适老性住宅

在允许修建多户住宅的非肌理低密度区（R3-2区和R4区和R5区,无后缀）,对某些适老性住宅（**保障性独立适老性住宅和长期护理设施**）放宽了建筑体量的管控。与其他类型的住宅相比,这些住宅有不同的形式要求,对土地利用的影响较小。在这些分区,体量规范的变化增加了这些适老性住宅容许的建筑面积（ZR 23-144）和建筑高度（ZR 23-631）。而其他规范为了更好地契合适老性设施的需求,在应用最小套型尺寸时免除了对住宅单元密度的控制（ZR 23-22、23-23）。

在中、高密度区域，包含**包容性住房**以及保障性独立适老性住宅和长期护理设施的优质住房建筑，都可以增加额外的建筑面积（ZR 23-154、23-155）和额外建筑高度（ZR 23-664）来满足这类设施的需求。

社区设施

1961年版《区划法规》中，社区设施的建筑面积可以远超同一分区中住宅建筑的面积，从而使得学校、医院和礼拜场所等基本的邻里设施可以服务附近的居民，且在规模上也是经济可行的。因此，非肌理区社区设施的许可容积率、地块覆盖率（ZR 24-10）以及建筑高度（ZR 24-50）一般都相对更大。

相比之下，肌理区内的社区设施和住宅建筑在容积率、建筑高度和退界控制等方面上都有一致的标准，这反映了对维护相似建筑形式的重视。

优质住房与高度系数规范

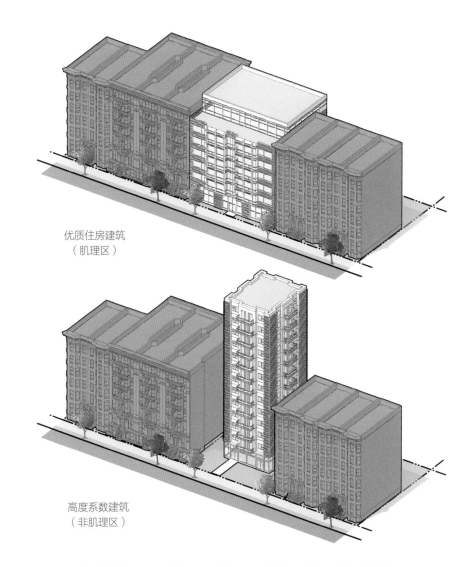

优质住房建筑
（肌理区）

高度系数建筑
（非肌理区）

优质住房法规旨在确保新建筑符合社区的主导特征，在高度、退界和地块覆盖率以及容积率等方面都有严格明确的标准。这些规范制定于1978年，以应对1961年版《区划法规》中高度系数规范所产生的一些问题（高度系数规范允许建筑物在场地上灵活布局，并可根据开放空间的大小对容积率作相应调整）。优质住房法规强制性应用于肌理区，选择性应用于非肌理区，鼓励建造占地面积较大而高度较低的建筑，而高度系数规范鼓励建造占地面积较小而高度较高的建筑物。

停车位和装卸货泊位

城市的大部分地区要求设置路外停车位，这主要是为居民、访客、职员或使用社区设施的人提供足够的停车空间。除了某些适用特殊停车规范的地区，住宅区的所有停车位都必须是为特定用途服务的配套停车位。住宅区停车规范刊于《区划法规》第五篇第二章中。独立的**公共停车库**和**公共停车场**是供用途组合 8 的商业用途使用的，不得在住宅区内使用。

许可和要求的停车位数量

大多数情况下，住宅区的所有新建筑和扩建建筑都有最低配套停车位个数要求（ZR 25-20）。除了下限要求之外，《区划法规》还会明确允许停车位的最大数量（ZR 25-10）。针对住宅和社区设施用途，停车位数量是分别计算的。

在所有住宅区，单个设施中允许的住宅停车位数量不能超过 300 个，允许的社区设施停车位数量不能超过 225 个（ZR 25-12、25-13）。某些设施可增加停车位（ZR 25-14），某些分区或某些用途会根据分区地块的面积对停车位作出额外限制（ZR 25-16、25-18）。

住宅用途的停车位要求一般是按住宅单元的百分比而定。大多数情况下，居住密度越高，距离中央商务区（CBD）越近，这一比率就越小。城市的某些地方有特殊的停车规定，主要因为它们靠近这些中央商务区。例如：**曼哈顿核心区**和长岛城（Long Island City）地区没有停车要求；

在靠近核心区的**公交可达区**对某些住房类型的停车要求较低，而在斯塔顿岛和布朗克斯区，其中部分离核心区相对较远的**低密度增长管理区**，因为汽车保有量较高，所以停车要求较高（见第六章）。

当所需停车位数量较少，或者在很小的地块上进行开发或扩建时，路外停车位可能会相应减少，甚至完全免除。一个分区的强度越大，停车位数量减少得就越多。例如，R8 区的建筑可减少的停车位数量会多于 R5 区的建筑。

R1—R5 区

低密度区停车规范所基于的原理是，远离中央商务区和公共交通线路的家庭汽车保有量更高。停车规范主要是确保在修建新房屋时，在尽可能地保留路内停车位的同时，提供足量的路外停车位。在单户或双户住宅的分区地块上，每个住宅单元必须最少提供一个路外停车位（ZR 25-22）。

集中停车设施是指具有一个车位以上，且服务多栋住宅的停车区域。当小区停车位设置在集中停车设施中时，小区需要根据居住单元数设置一定百分比的停车位，一般会随着密度的增加而减少。基本停车率要求从 R1 区至 R4 和 R5A 区的 100%，到 R5B 区和 R5D 区低至 66% 不等（ZR 25-23）。在 R3X 区，五个住宅单元，按照 100% 的要求，需要提供五个停车位，而在 R5D

区的五个住宅单元，按照 66% 的要求，仅需要提供三个停车位。

大多数低密度区不允许免除停车位。但在一些联排住宅和多户住宅分区（R4B、R5B 和 R5D），若经计算后，只有一个停车位要求（ZR 25-261），则可不设停车位；而在少数区域（R3A 和 R4-1）的狭窄内部地块（ZR 25-243），由于其宽度有限，不可能同时容纳车道和建筑，因此也可以不设停车位。

R6—R10 区

20 世纪 50 年代，随着战后汽车保有量的激增，路内可用停车位和路外停车位数量愈发紧张，住宅建筑首次要求**配建路外停车位**。当时，城市规划委员会认为，在缓和社区影响及带车库住房的高昂建设成本之间，要求配建停车是一种权衡。1961 年版《区划法规》中增加了所需停车位数量，但法规鼓励的"公园中的塔楼"布局促进了成本低廉的室外停车场。随着区划从"公园中的塔楼"过渡到肌理建筑形式，停车需布置在围合建筑之中，停车位成本进一步增加，因此《区划法规》降低了优质住房的停车位设置要求。而保障性住房的停车要求被进一步减少（直至最近完全取消了），这是因为这类住房的居民汽车保有量相对较低，而提供停车设施的成本将会影响其住房的经济适用性。中、高密度地区的停车规范力图在成本与使用中达到平衡，即允许建筑以更经济有效的方式满足停车需求，同时避免对共享化的社区停车资源造成不利影响。

在R6区至R10区，要求的停车位通常由**集中停车设施**提供，其数量以占住宅单元总数的百分比表示。停车位数量要求随着地区强度和密度的增加而减少。为了更大型的非肌理建筑开发，R6区的停车数量要求为70%，而R8区至R10地区则仅为40%（ZR 25-23）。在R6A区，拥有50个住宅单元的建筑物需要35个停车位，而在R8X区，相同数量的住宅单元仅需20个停车位。在R6区和R7区的优质住房建筑中，为了符合其建筑可建造范围的管控要求，同时考虑到实际建设的成本局限，优质住房建筑的停车要求低于高度系数建筑的停车要求。

在R6区至R10区域内的新住宅楼中，若分区地块较小或建筑的空间较小，可减少或不设路外停车位。针对密度较高的区域（R7-2区、除R8B区以外的R8区、R9区和R10地区），15 000平方英尺以内的地块，其停车要求降低至20%～30%之间（ZR 25-241），10 000平方英尺以内的地块可不设停车位（ZR 25-242）。其他分区，根据分区实际情况考虑（ZR 25-241），如果面积在10 000平方英尺以内，停车率可降低到30%或50%。如果经过停车位计算，中密度分区（R6区、R7-1区和R7B区）所需停车位数量不超过5个，或是所有密度更高的分区的停车位数量（ZR 25-26）不超过15个，那么在这些分区，不论地块面积的大小，均可不设路外停车位。

保障性住宅及适老性住宅

《区划法规》降低了特定类别的保障性住宅或适老性住宅的停车位数量要求，因为这类住宅用户的停车需求更低。在**公交可达区**内，**保障性独立适老性住宅**或**收入限制住宅单元**都不要求停车位。在公交可达区外，这类住房要求的停车量占比也要低于一般要求（ZR 25-25）。

社区设施

社区设施用途有一套单独的停车要求。根据社区设施的具体用途不同，每平方英尺（或其他单位）设施面积所要求的停车位数量也有所不同（ZR 25-30）。一些社区设施用途，如医院、宿舍或长期护理设施，根据床位数计算停车位，而礼拜场所则根据其最大集会空间的额定容量计算停车位。社区设施用途也可根据实际需要，少设或不设停车位。

附加停车和装卸货泊位规范

住宅区停车规范除了对许可停车和要求停车作出限制和规定外，还为停车位的使用和配置设立相关规范。

在许多分区，若某建筑的居民无停车位需求（ZR 25-40），那么他们可按月将配套停车位租给其他居民。如果地块难以容纳所有要求的停车位，那么根据特殊规范，这些停车位可设在该地块一定半径范围内的其他地块上或公用停车设施内，也可以与同一或不同地块上其他用途的停车位合并设置（ZR 25-50）。

所有配建路外停车位都应遵守附加条例规定，这些条例规定了停车位的最小尺寸和位置，**路缘开口**、铺地和遮挡物的限制要求，也提出了在主要供私家车使用的设施内停放**共享汽车**的要求（ZR 25-60）。社区设施建筑应遵守露天停车场周边环境美化规范，某些用途还需要满足装卸货泊位要求（ZR 25-70）。

最后，所有住宅区内，若建筑物有10个以上的住宅单元，那么其中一半的住宅单元都应设自行车停车位。对于社区设施用途而言，所需自行车停车位数量基于该用途建筑面积的一定比例而决定（ZR 25-80）。

街景

住宅区有强制性的街景规范，和一些选择性条例，旨在创造有吸引力的公共领域。这些条例并非在《区划法规》的某个章节中作详细规定，而是有些包含在用途规范中，例如**指示牌**规范或首层使用要求；有些包含在体量规范中，如行道树或其他形式的种植、**街墙**（面向街道的建筑立面部分）位置等；以及在停车规范中，也包括停车位遮挡和其他要求，以限制车辆对街景的影响。

R1—R5 区

绿树成荫的庄园和低层联排别墅构成了纽约市的低密度社区，为了保持这样的特征，这些年来《区划法规》制定了一系列强制性的街景规范。

除了限制性的标准住宅区标识规范以外，低密度住宅区几乎没有制定与用途相关的街景规范。然而，在 R1 区至 R5 区的各类分区中，所有开发和重大扩建项目都需要种植行道树。这些树木必须种植在人行道区域内的草地或覆地种植带中（ZR 23-04、26-42）。所有低密度分区还要求前院种植一定比例的草坪、地被植物、灌木或其他植物。种植比例随着地块宽度的增加而增加，宽度在 20 英尺以内的地块，前院最低种植面积要求为 20%，而临街尺寸为 60 英尺及以上的地块，最低种植面积要求为 50%（ZR 23-451）。

低密度肌理区有一系列空间尺度上的对齐要求，以确保街景的连续性。在许多肌理区（R2A 区、R3A 区、R3X 区、R4-1 区、R4A 区和 R5A

区）内，若相邻前院的深度比规范最低要求更深，那么新建筑的前院至少要与相邻前院的深度一样。在肌理区的联排别墅和公寓（R4B 区、R5B 区和 R5D 区）中，若相邻前院的深度比规范最低要求更深，那么新建筑的前院要与相邻前院的深度保持一致（ZR 23-45）。这些规范可确保新开发建筑不会在面向人行道的建筑界面上产生不规范的凹凸。在任一规范下，若相邻庭院太深，无法与其保持统一深度（例如超过 20 英尺），那么新建筑就不需要与它们对齐。某些分区（R3A 区、R4-1 区、R4A 区、R4B 区和 R5B 区）内，由于大多相邻地块的首层比第二层更靠近人行道，通过要求第二层也彼此对齐，来进一步促进建筑形式的统一（ZR 23-631）。

低密度区还包括防止房屋正前方区域被停放车辆阻挡的法规。在大部分低密度地区，停车位通常设于侧院或后院，而通往停车位的车道必须设于**侧边地带**内。侧边地带是沿着**侧地块线**的整块场地。但也存在有限的例外，在一些分区的较大地块上，车行道可以直接连接至车库；对半独栋住宅和联排住宅也作了进一步的限制（ZR 25-621）。

此外，在所有地区，路缘开口处的位置和宽度都受到限制，这样可确保车道足够宽敞、方便出入，也可确保路缘开口之间保留充足的距离，为路内停车位、前院绿化和人行道绿化带留出足够的空间。相应地，具体的路缘开口位置规范取决于

分区地块（ZR 23-631，25-633）具体所在的分区、房屋类型和临街面的宽度。在大多数分区（R2X 区、R3 区，除了 R4B 和 R5B 的 R4 区和 R5 区）内，如果分区地块的临街面在 50 英尺以内，那么只允许一个 10 英尺宽的路缘开口。如果地块的宽度为 50 英尺或以上，那么只允许有一个 18 英尺宽的路缘开口，或者两个最大宽度均为 10 英尺的路缘开口。为了保护联排住宅区（R4B 区和 R5B 区）的特征，在临街面 40 英尺以内的分区地块（ZR 25-631），不得在车道上设置路缘开口。

R6—R10 区

中高密度住宅区的若干用途、体量和停车相关区划规范，共同提高了街道景观的质量。

优质住房建筑街墙的布局要求与周围社区相呼应、相协调。这些规范不仅可确保街区界面的一致性，同时又足够灵活，让设计师能够设置建筑装饰，为整个城市的街区增添特色（ZR 23-661）。中密度肌理区（R6A 区、R6B 区、R7A 区、R7B 区、R7D 区、R7X 区、R8B 区和 R9D 区）和应用优质住房计划的非肌理区要求新建筑的街墙不得比相邻建筑（距离新建筑物 25 英尺范围内的部分）更加靠近街道。这样不仅可避免新建筑物从街区的其他部分凸出来，邻近建筑物的视线和光线也不会被阻挡。对于狭窄的分区地块（宽度小于 50 英尺），在带后缀"B"的分区内（以赤褐色砂石建筑和联排住宅为特征），这个规范更

低密度区街景规范

一系列的住宅区街景限制和要求规范有助于确保新建筑物更加契合社区的特点。

1. 前院规范建立了建筑正立面和人行道之间的关系，从而与相邻地块建筑物相协调。

2. 允许障碍物包括门廊、老虎窗等建筑元素，来增加立面的视觉趣味。

3. 种植规范包括行道树种植和建筑物前的绿化种植要求。

4. 停车位置规范要求在建筑的侧面或后面停车。路缘开口规范限制铺装车道的数量和大小。

低密度区停车位置规范

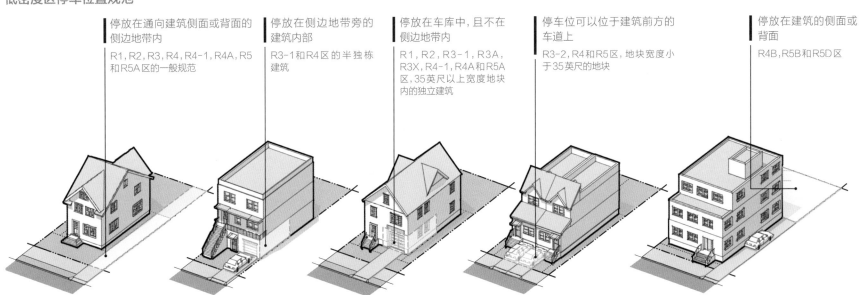

停放在通向建筑侧面或背面的侧边地带内	停放在侧边地带旁的建筑内部	停放在车库中，且不在侧边地带内	停车位可以位于建筑前方的车道上	停放在建筑的侧面或背面
R1，R2，R3，R4，R4-1，R4A，R5和R5A区的一般规范	R3-1和R4区的半独栋建筑	R1，R2，R3-1，R3A，R3X，R4-1，R4A和R5A区，35英尺以上宽度地块内的独立建筑	R3-2，R4和R5区，地块宽度小于35英尺的地块	R4B，R5B和R5D区

加严格，要求新街墙不能比相邻的街墙离人行道更近，也不能更远。这要求新建筑界面与邻近街墙"平齐"。然而，在所有的这些中密度区域，若相邻建筑物距离街道线退界过远（超过 10 或 15 英尺，取决于分区实际情况），以至于与之对齐可能会有碍于街景，那么这一规范就不再适用（ZR 23-661）。在更高密度的 R8 区至 R10 区，街墙位置并非根据与相邻建筑物的平齐性加以规范，而是要求建筑物的整面街墙保持一定程度的一致性，即要求 70% 的街墙位于距离人行道特定距离范围之内（ZR 23-661）。最后，在 R6 区至 R10 区的所有分区内，优质住房建筑的街墙与人行道之间的开放空间必须包括绿化种植区域（ZR 28-23）。

如果优质住房建筑包含**优质首层**（ZR 23-662、23-664），那么它们就可在总建筑高度和最大裙房高度的基础之上再增加 5 英尺。在部分非肌理区内，提供保障性独立适老性住宅、长期护理设施的优质住房建筑，或提供包容性住房计划中住宅单元的建筑，建筑物可通过建设 13 英尺或以上高度的建筑首层，来获得额外 5 英尺的建筑高度。这可以通过大层高的底层空间（如社区设施空间）来实现，或者将底层地平在相邻公共人行道的上方抬升几英尺（在保证可以看到街道的同时，给居住者更多的隐私空间），所有这些做法都改善了人行体验（ZR 23-662、23-664）。对于位于曼哈顿核心区以外的 R6A 区、R6B 区、R7A 区、R7D 区、R7X 区、R8A 区、R8X 区、R9X 区和 R10A 肌理区中的建筑，或者位于 R5D 区中的不提供包容性住房或适老性住房的建筑，若想有资格获得额外的 5 英尺，优质首层除了满足 13 英尺的高度之外，还必须符合补充用途规定。在住宅区，这要求建筑提供一块进深至少为 15 英尺的社区设施空间，且具有较大的临街面；此外还需确保在大多数情况下，建筑可完全包围停车位，使得从人行道上不会看到停车位（ZR 23-662）。

优质住房计划的一个强制性条例要求所有与建筑有关的停车位必须设于地下车库、建筑后方或侧方，绝不能在建筑前方（ZR 28-43）。这样，人行体验不会因车辆阻挡人行道而受到破坏，同时，建筑墙体带来的围合感也不会因露天停车场而削弱。

无论地块位于肌理区还是非肌理区，任何临街面所允许的路缘开口数量都取决于集中停车场的大小。如果停车设施少于 50 个，则只允许有一个宽度为 12 英尺的路缘开口。如果停车设施超过 50 个，则宽度增加到 22 英尺，或两个间隔至少 60 英尺的 12 英尺的路缘开口。为保护联排住宅区（R6B 区、R7B 区和 R8B 区）的特征，在临街面宽度小于 40 英尺的分区地块，不得在车道旁设置路缘开口（ZR 25-631）。

其他规定

中、高密度肌理区（以及 R5D 区）应遵守**优质住房计划**（ZR 28-00）。优质住房强制要求提供一些便利设施（如娱乐、洗衣和垃圾收集设施），鼓励打造高质量的室内公共区域（通过增加走廊的采光，同时限制密度等措施），同时也包含一些街景提升要求（停车位和种植规范）。优质住房计划强制性应用于 R6 区至 R10 区的肌理区，而在非肌理区，若建筑物选择使用肌理建筑的可建造范围规范时，则优质住房计划同样强制性适用。

在城市的一些特定地区，一些特殊区划规范或强制性或选择性地适用，对其基本居住法规作出一定修改。这些规范中有许多是属于某些特定区域的特殊规范（见第六章），还有一些适用于特殊目的区（第七章）。

中、高密度区

街景要求

一系列的住宅区街景限制和要求规范有助于确保新建筑物更加契合社区特点。

1. 优质首层法规允许增加建筑高度,从而要求建筑提升首层层高,或对首层整体抬高。

2. 街墙法规建立建筑界面和人行道之间的关系。

3. 允许细部设计可以增加外墙的视觉趣味。

4. 种植规范包括行道树种植以及建筑物前的绿化种植。

5. 停车位规范要求停车位不得位于建筑物前方,并且在离人行道一段距离的地方设屏障或缓冲空间(或"被围合"),这些空间可以做其他用途。路缘开口规范限制了铺装车道的数量和大小。

中、高密度肌理区的街墙法规

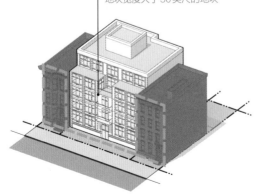

新建筑不能比相邻建筑更靠近街道

R6A,R7A,R7D,R7X和R9D区,以及在R6B,R7B,R8B区内地块宽度大于50英尺的地块

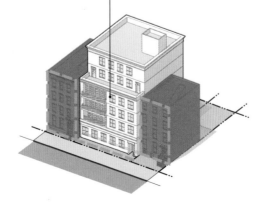

新建筑不能比相邻建筑更靠近或更远离街道

R6B,R7B,R8B区内地块宽度小于50英尺的地块

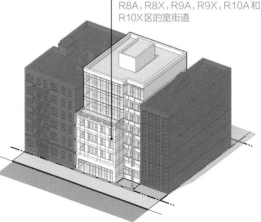

70%的街墙必须在距街道线8英尺范围内

R8A,R8X,R9A,R9X,R10A和R10X区的宽街道

R1区和R2区

　　R1区和R2区的**肌理区**为开放的郊区形态，其中坐落着肌理区内规则有序的建筑形式。这些地区只允许独栋独户住宅，**社区设施用途**类型很少。R1-2A区设立于2009年，主要分布在皇后区的部分地区。R2A区设立于2005年，主要分布在皇后区的贝赛德社区（Bayside），目前已扩展至东皇后区的小颈社区（Little Neck）和白石社区（Whitestone）等其他街区。R2X区设立于1989年，该区作为城市范围内较低密度肌理区的一类，分布在布鲁克林区海洋公园大道（Ocean Parkway）附近的几个社区以及皇后区的远洛克威（Far Rockaway）社区。

皇后区，白石社区（Whitestone）

布鲁克林区，海洋大道（Ocean Parkway）

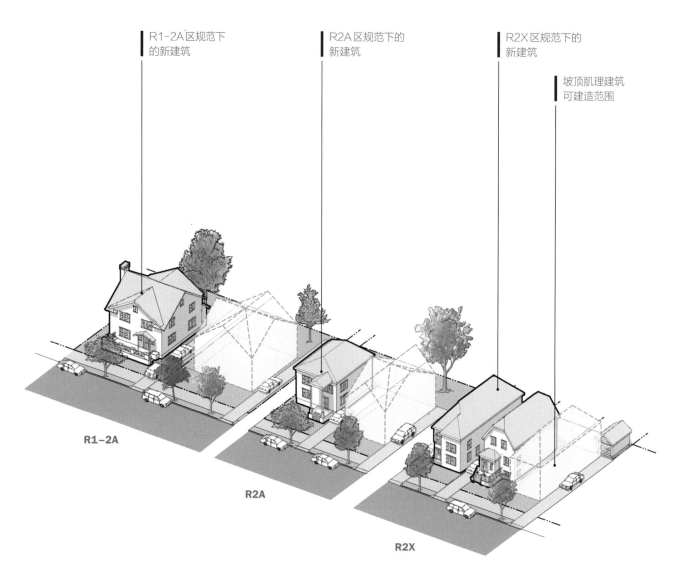

R1-2A区规范下的新建筑

R2A区规范下的新建筑

R2X区规范下的新建筑

坡顶肌理建筑可建造范围

R1-2A

R2A

R2X

低密度肌理住宅区

R1和R2		地块面积	地块宽度	前院	后院	侧院			地块覆盖率	容积率	街墙/建筑高度	居住单元系数	要求停车位
						#	单个	总计					
		最小值	最小值	最小值	最小值		最小值		最大值	最大值	最大值		最小值
R1-2A	独栋独户	5 700平方英尺	60英尺	20英尺	30英尺	2	8英尺	20英尺	30%	0.50	25/35英尺	2 850	每个住宅单元一个
R2A		3 800平方英尺	40英尺	15英尺			5英尺	13英尺			21/35英尺	1 900	
R2X		2 850平方英尺	30英尺		20英尺		2英尺	10英尺	不适用	0.85		2 900	

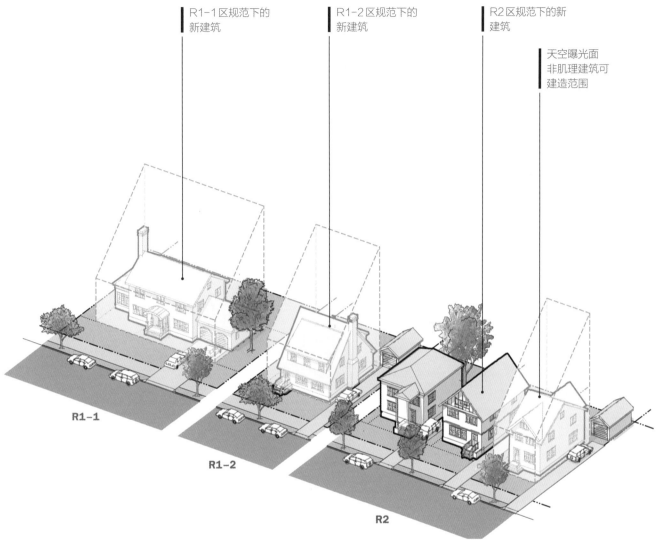

R1-1区规范下的新建筑

R1-2区规范下的新建筑

R2区规范下的新建筑

天空曝光面非肌理建筑可建造范围

R1-1

R1-2

R2

皇后区,牙买加庄园（Jamaica Estates）

布朗克斯区,菲尔德斯顿（Fieldston）

R1区和R2区

　　R1区和R2区**非肌理区**为低密度社区,地块空间开阔,房屋面积大。这些区域只允许独栋独户住宅,以及有限的**社区设施用途**。R1-1区、R1-2区及R2区均为1961年版《区划法规》中首次划定的,目前,这些区域沿城市边缘分布。R1-1区分布在布朗克斯的里佛岱尔（Riverdale）,皇后区的大颈（Great Neck）社区以及斯塔登岛的托德山（Todt Hill）。R1-2区分布在布朗克斯区的菲尔德斯顿（Fieldston）,皇后区牙买加庄园（Jamaica Estates）,布鲁克林区的展望公园南区（Prospect Park South）以及斯塔顿岛的托滕维尔（Tottenville）。R2区分布在布朗克斯区的乡村俱乐部（Country Club）,东皇后区一些区域,布鲁克林中木区（Midwood）以及斯塔顿岛的西布莱顿（West Brighton）。

低密度非肌理住宅区

R1和R2		地块面积	地块宽度	前院	后院	侧院			开放空间率	容积率	天空暴露面	居住单元系数	要求停车位
						#	单个	总计					
		最小值	最小值	最小值	最小值		最小值		最大值	最大值			最小值
R1-1	独栋独户	9 500平方英尺	100英尺	20英尺	30英尺	2	15英尺	35英尺	150.0	0.50	从25英尺高度开始	4 750	每个住宅单元一个
R1-2		5 700平方英尺	60英尺				8英尺	20英尺				2 850	
R2		3 800平方英尺	40英尺	15英尺			5英尺	13英尺				1 900	

R3-1区

R3-1**肌理区**是仅有的两个带数字后缀的肌理区之一（另一个是R4-1区），R3-1肌理区的住房类型比其他更低密度社区的更广，包括独栋单/双户住宅和半独栋住宅。R3-1区为1961年版《区划法规》中首次划定的，但1989年的大幅度修改使之成为建筑形式规整有序的肌理区。R3-1区分布在布朗克斯的娄喀斯特尖（Locust Point）社区，布鲁克林南部的海门（Seagate）和曼哈顿海滩（Manhattan Beach），皇后区的霍华德海滩（Howard Beach）和木港（Woodhaven），以及斯塔顿岛的大奎尔（Great Kills）社区、威洛布鲁克（Willowbrook）和米德兰海滩（Midland Beach）。

布鲁克林，卑尔根海滩（Bergen Beach）

斯塔顿岛，卡斯特莱顿角（Castleton Corners）

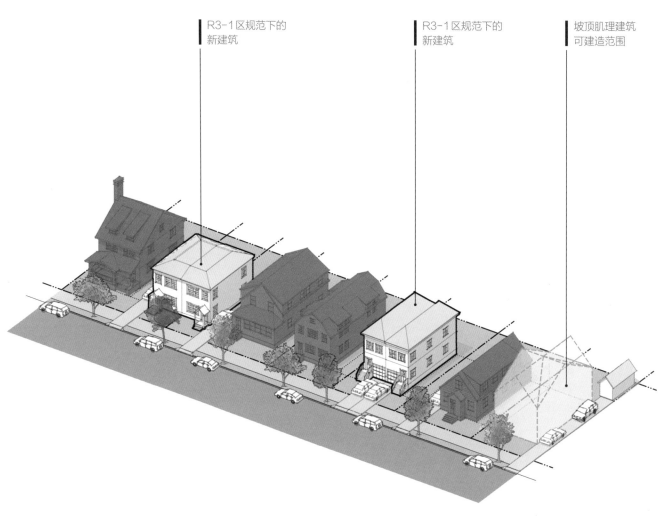

R3-1区规范下的新建筑

R3-1区规范下的新建筑

坡顶肌理建筑可建造范围

低密度肌理住宅区

R3-1		地块面积	地块宽度	前院	后院	侧院 #	侧院 单个	侧院 总计	地块覆盖率	容积率	街墙/建筑高度	居住单元系数	要求停车位
		最小值	最小值	最小值	最小值		最小值		最大值	最大值	最大值		最小值
单户和双户	独栋	3 800平方英尺	40英尺	15英尺	30英尺	2	5英尺	13英尺	35%	0.50	21/35英尺	625	每个住宅单元一个
	半独栋	1 700平方英尺	18英尺			1	8英尺	8英尺					

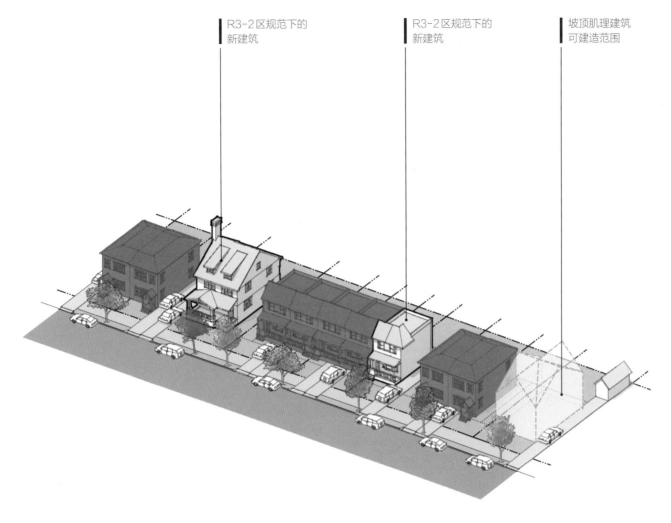

R3-2区规范下的新建筑　　　　R3-2区规范下的新建筑　　　　坡顶肌理建筑可建造范围

　　R3-2**非肌理区**是拥有丰富低密度住房类型的分区，在城市里广泛分布。R3-2区允许单户、双户住宅以及多户小型公寓建筑，包括独栋、半独栋和联排住宅等各类住宅形式。该区不允许有**贴线独栋建筑**。R3-2区在1961年版《区划法规》中首次划定，但1989年的大幅度修订使之具有了规则有序的建筑形式。随着时间的推移，由于肌理区不断延伸到R3-2区，因此R3-2区的分布范围在不断缩小，但它们依然保留在一些地区，包括布朗克斯的湾景社区（Soundview），布鲁克林海洋公园社区（Marine Park），东皇后区大部分地区以及史坦登岛的威洛布鲁克（Willowbrook）。

布朗克斯，克拉森尖（Clason Point）

斯塔顿岛，史普林维尔（Springville）

低密度非肌理住宅区

R3-2		地块面积	地块宽度	前院	后院	侧院			地块覆盖率	容积率	街墙/建筑高度	居住单元系数	要求停车位	
						#	单个	总计					标准	低收入住宅单元
		最小值	最小值	最小值	最小值	最小值			最大值	最大值	最大值		最小值	
单户和双户	独栋	3 800平方英尺	40英尺	15英尺	30英尺	2	5英尺	13英尺	35%	0.50	21/35英尺	625	每个住宅单元一个	低收入住宅单元的50%
	半独栋					1	8英尺	8英尺						
	联排	1 700平方英尺	18英尺			不适用								
多户	所有类型					2	8英尺	16英尺				870		

R3A区

R3A**肌理区**通常为了保护或建立社区的特点而划定,这类社区在较小的**分区地块**上建设小型坡屋顶住宅。该区允许单/双户独栋住宅和**贴线独栋建筑**物。R3A区于1989年连同其他低密度肌理区一同设立,目前分布在布朗克斯的城市岛(City Island)和罗格斯内克社区(Throgs Neck);皇后区的白石社区(Whitestone)、森林山(Forest Hills)和奥松公园南部(South Ozone Park);斯塔顿岛的托滕维尔(Tottenville)、埃林特维尔(Eltingville)和榆园(Elm Park)。

斯塔顿岛,米德尔顿(Middletown)

斯塔顿岛,水手港社区(Mariner's Harbor)

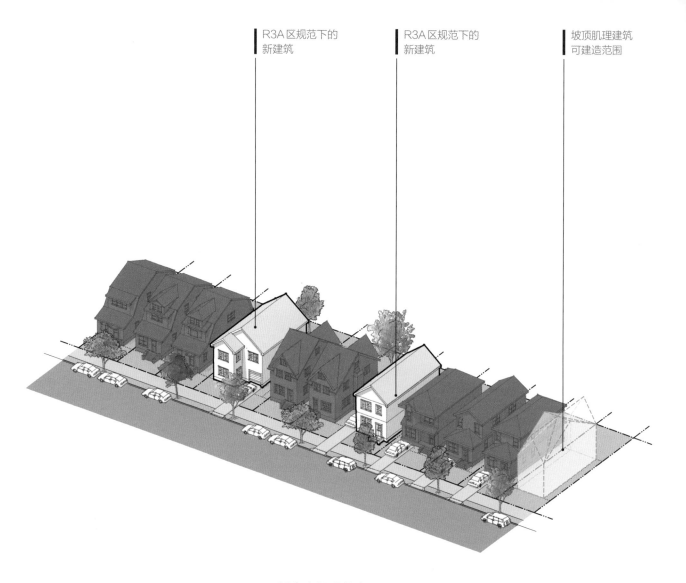

R3A区规范下的新建筑   R3A区规范下的新建筑   坡顶肌理建筑可建造范围

低密度肌理住宅区

	R3A	地块面积	地块宽度	前院	后院	#	侧院 单个	总计	地块覆盖率	容积率	街墙/建筑高度	居住单元系数	要求停车位
		最小值	最小值	最小值	最小值		最小值		最大值	最大值	最大值		最小值
单户和双户	独栋	2 375平方英尺	25英尺	10英尺	30英尺	1	0	8英尺	不适用	0.50	21/35英尺	710	每个住宅单元一个
	贴线独栋												
	半独栋												

R3X肌理区规划通常以保护或塑造传统社区特色风貌为重点。这里的传统社区地块大小均等，独栋建筑与坡顶建筑间或分布。因此，区内单、双户独栋住宅地块面积只允许略微超过R3A区的地块规格。R3X肌理区设立于1990年，自此之后范围不断扩大，目前广泛分布在斯塔顿岛和皇后区东部，比如，布朗克斯区的贝彻斯特（Baychester）、布鲁克林区的肯辛顿（Kensington）、皇后区的罗斯代尔（Rosedale）、伍德海文（Woodhaven）和东埃尔姆赫斯特（East Elmhurst）以及斯塔顿岛的韦斯特利（Westerleigh）、公牛头（Bulls Head）和南部大部分地区。

R3X区规范下的新建筑

R3X区规范下的新建筑

坡顶肌理建筑可建造范围

斯塔顿岛，新多普（New Dorp）

皇后区，法拉盛（Flushing）

低密度肌理住宅区

R3X		地块面积	地块宽度	前院	后院	侧院			地块覆盖率	容积率	街墙/建筑高度	居住单元系数	要求停车位
						#	单个	总计					
		最小值	最小值	最小值	最小值		最小值		最大值	最大值	最大值		最小值
单户和双户	独栋	3 325平方英尺	35英尺	10英尺	30英尺	2	2英尺	10英尺	不适用	0.50	21/35英尺	1 000	每个住宅单元一个

R4 非肌理区主要是混合型低密度住宅区，其密度略高于 R3-2 区，该区分布广泛，允许单户、双户住宅，以及各类多户住宅（除了贴线独栋建筑外）。R4 区为 1961 年版《区划法规》中划定的区域，但 1989 年的大幅度修订使之具有了规则有序的建筑形式。由于肌理区不断覆盖到 R4 区，因此 R4 区的分布范围在不断缩小，但它们依然保留在某些地区，包括布朗克斯的罗格斯内克（Throgs Neck），皇后区的森尼赛德（Sunnyside），布鲁克林的羊头湾（Sheepshead Bay）以及斯塔顿岛的格林姆斯山（Grymes Hill）。

斯塔顿岛，圣乔治（Saint George）

皇后区，北科罗娜（North Corona）

R4 区规范下的新建筑

R4 区规范下的新建筑

坡顶肌理建筑可建造范围

低密度非肌理住宅区

R4		地块面积	地块宽度	前院	后院	侧院			地块覆盖率	容积率	街墙/建筑高度	居住单元系数	要求停车位	
						#	单个	总计					标准	低收入住宅单元
		最小值	最小值	最小值	最小值		最小值		最大值	最大值	最大值		最小值	
单户和双户	独栋	3 800 平方英尺	40英尺			2	5英尺	13英尺	45%	0.75	25/35英尺	870	每个住宅单元一个	低收入住宅单元的50%
	半独栋			10英尺	30英尺	1	8英尺	8英尺						
	联排	1 700 平方英尺	18英尺			不适用								
多户	所有类型					2	8英尺	16英尺						

R4-1肌理区是仅有的两个带有数字后缀的肌理区之一,另一个为R3-1区。与R3-1区相似,与其他肌理区相比,这两个分区的住宅类型更加多元。R4-1区的单/双户独栋和半独栋住宅略微多于R3-1区。R4-1区设立于1989年,广泛分布在布朗克斯的佩勒姆花园(Pelham Gardens)和贝切斯特社区(Baychester),布鲁克林南部的格雷夫森德(Gravesend)和戴克高地(Dyker Heights),以及皇后区的麦斯佩斯(Maspeth)和格兰岱尔(Glendale)。

R4-1区规范下的新建筑　　R4-1区规范下的新建筑　　坡顶肌理建筑可建造范围

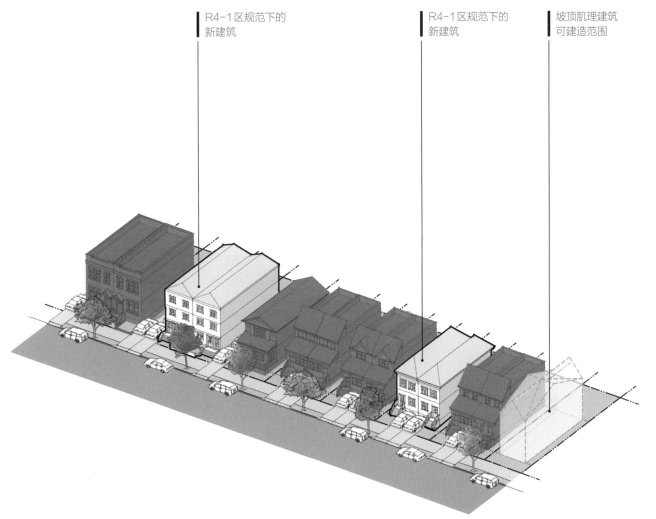

布鲁克林,湾脊区(Bay Ridge)

皇后区,法拉盛(Flushing)

低密度肌理住宅区

R4-1		地块面积	地块宽度	前院	后院	侧院			地块覆盖率	容积率	街墙/建筑高度	居住单元系数	要求停车位	
						#	单个	总计					标准	低收入住宅单元
		最小值	最小值	最小值	最小值		最小值		最大值	最大值	最大值		最小值	
单户和双户	独栋	2 375平方英尺	25英尺	10英尺	30英尺	1	0	8英尺	不适用	0.75	25/35英尺	870	每个住宅单元一个	低收入住宅单元的50%
	贴线独栋													
	半独栋	1 700平方英尺	18英尺			1	4英尺	4英尺						

R4A**肌理区**通常为了保护或塑造传统社区的特点而划定,这类社区在较小的**分区地块**上建设小型坡屋顶住宅,其**建筑体量**略微大于R3A区。该区允许在独栋住宅中修建单/双户住宅。R4A区连同其他许多低密度肌理区设立于1989年,现广泛分布在布朗克斯的伍德劳恩(Woodlawn)和斯凯勒维尔(Schuylerville),布鲁克林湾脊区(Bay Ridge),皇后区大学尖(College Point)以及斯塔顿岛的罗斯班克(Rosebank)等社区。

布鲁克林,戴克高地(Dyker Heights)

皇后区,穆雷山(Murray Hill)

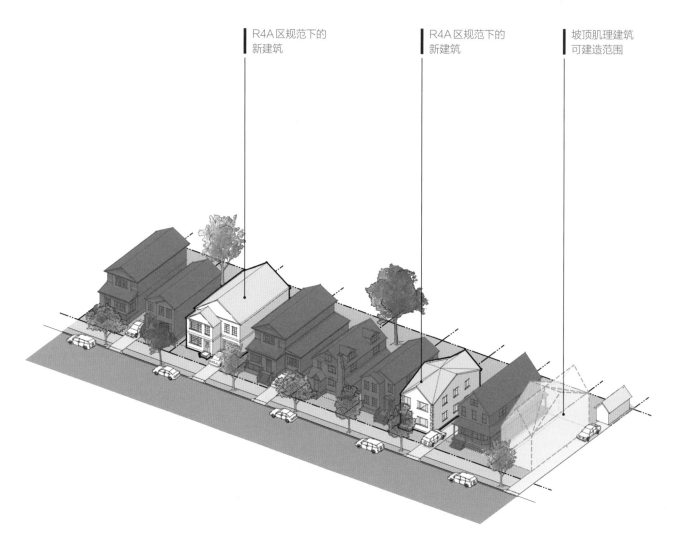

R4A区规范下的新建筑

R4A区规范下的新建筑

坡顶肌理建筑可建造范围

低密度肌理住宅区

R4A		地块面积	地块宽度	前院	后院	侧院			地块覆盖率	容积率	街墙/建筑高度	居住单元系数	要求停车位	
						#	单个	总计					标准	低收入住宅单元
		最小值	最小值	最小值	最小值		最小值		最大值	最大值	最大值		最小值	
单户和双户	独栋	2 850平方英尺	30英尺	10英尺	30英尺	2	2英尺	10英尺	不适用	0.75	21/35英尺	1 280	每个住宅单元一个	低收入住宅单元的50%

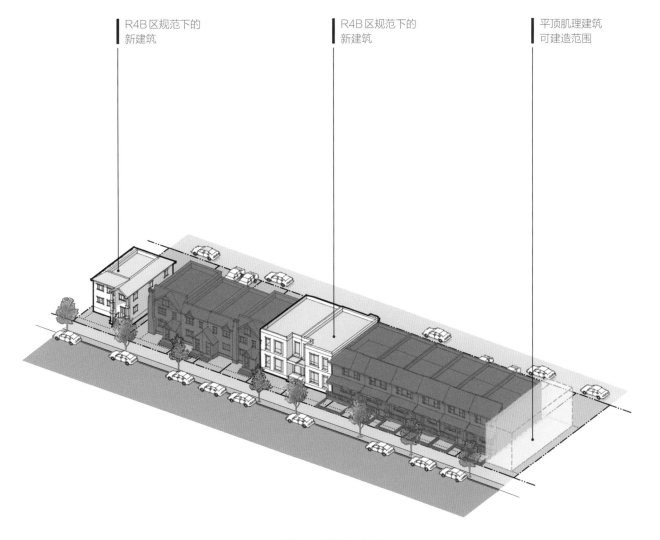

R4B区规范下的新建筑

R4B区规范下的新建筑

平顶肌理建筑可建造范围

R4B**肌理区**通常分布在一层或两层的联排住宅街区。该区可允许单/双户住宅，涵盖独栋、半独栋、联排，以及贴线独栋等建筑类型。该区连同其他低密度肌理区共同设立于1989年，现广泛分布在：布鲁克林的湾脊区（Bay Ridge），皇后区的米德尔村（Middle Village）和森林山（Forest Hills）等社区。

皇后区，布鲁克维尔（Brookville）

皇后区，中村（Middle Village）

低密度肌理住宅区

R4B		地块面积	地块宽度	前院	后院	#	侧院 单个	侧院 总计	地块覆盖率	容积率	建筑高度	居住单元系数	要求停车位 标准	要求停车位 低收入住宅单元
		最小值	最小值	最小值	最小值		最小值		最大值	最大值	最大值		最小值	
单户和双户	独栋	2 375平方英尺	25英尺	5英尺	30英尺	1	0	8英尺	55%	0.90	24英尺	870	每个住宅单元一个	低收入住宅单元的50%
	贴线独栋													
	半独栋	1 700平方英尺	18英尺			1	4英尺	4英尺						
	联排					不适用								

R5非肌理区拥有多元混合住宅类型，在城市中广泛分布。其密度高于R3-2区或R4区，通常为中密度区与低密度区之间的过渡地带。该区允许各种住宅类型，以及各类建筑类型（贴线独栋建筑除外）。R5区最初在1961年版《区划法规》中设立，但在1989年，该区法规经大幅度修改，区内的建筑变成可预测的建筑形式。由于肌理区不断被规划到R5区，因此R5非肌理区的分布范围在不断缩小，目前仍是R5区的地区包括：布朗克斯的范尼斯特（Van Nest），布鲁克林的本森赫斯特（Bensonhurst），皇后区的阿斯托利亚（Astoria）以及斯塔顿岛的中心地村（Heartland Village）。

斯塔顿岛，恩格尔伍德（Englewood）

布鲁克林，卑尔根海滩（Bergen Beach）

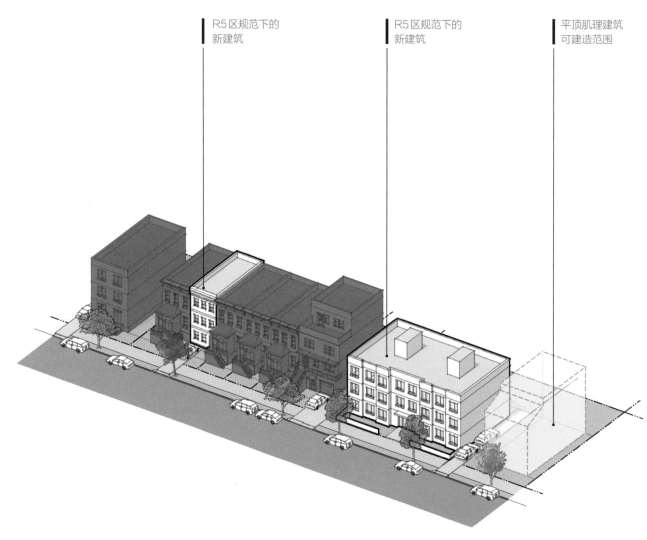

R5区规范下的新建筑

R5区规范下的新建筑

平顶肌理建筑可建造范围

低密度非肌理住宅区

R5		地块面积	地块宽度	前院	后院	侧院 #	侧院 单个	侧院 总计	地块覆盖率	容积率	街墙/建筑高度	居住单元系数	要求停车位 标准	要求停车位 低收入住宅单元
		最小值	最小值	最小值	最小值	最小值			最大值	最大值	最大值		最小值	
单户和双户	独栋	3 800平方英尺	40英尺	10英尺	30英尺	2	5英尺	13英尺	55%	1.25	30/40英尺	760	居住单元的85%	低收入住宅单元的42.5%
	半独栋	1 700平方英尺	18英尺			1	8英尺	8英尺						
	联排					不适用								
多户	所有类型					2	8英尺	16英尺						

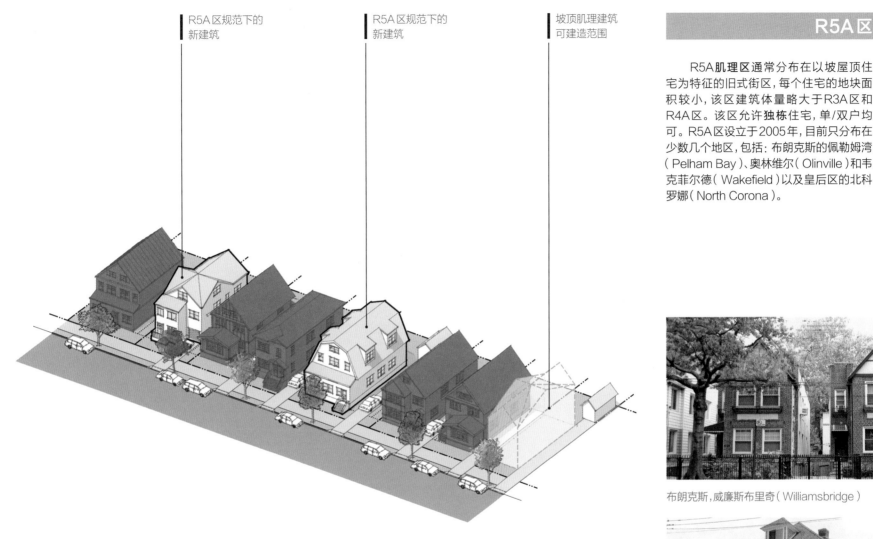

R5A区规范下的新建筑

R5A区规范下的新建筑

坡顶肌理建筑可建造范围

R5A**肌理区**通常分布在以坡屋顶住宅为特征的旧式街区,每个住宅的地块面积较小,该区建筑体量略大于R3A区和R4A区。该区允许**独栋**住宅,单/双户均可。R5A区设立于2005年,目前只分布在少数几个地区,包括:布朗克斯的佩勒姆湾(Pelham Bay)、奥林维尔(Olinville)和韦克菲尔德(Wakefield)以及皇后区的北科罗娜(North Corona)。

布朗克斯,威廉斯布里奇(Williamsbridge)

布朗克斯,奥林维尔(Olinville)

低密度肌理住宅区

R5A		地块面积	地块宽度	前院	后院	侧院			地块覆盖率	容积率	街墙/建筑高度	居住单元系数	要求停车位
						#	单个	总计					
		最小值	最小值	最小值	最小值		最小值		最大值	最大值	最大值		最小值
单户和双户	独栋	2 850平方英尺	30英尺	10英尺	30英尺	2	2英尺	10英尺	不适用	1.10	25/35英尺	1 560	每个住宅单元一个

R5B 区

R5B **肌理区**通常分布在三层联排住宅社区。该区与R4B区相似,但建筑**体量**更大,允许各种住宅建筑类型,包括:独栋、半独栋、联排以及贴线独栋建筑等。R5B区与其他低密度肌理区共同设立于1989年,现广泛分布在:布朗克斯的伍德劳恩(Woodlawn),布鲁克林的温莎台(Windsor Terrace)和戴克高地(Dyker Heights)以及皇后区的瑞吉伍德(Ridgewood)。

布鲁克林,湾脊社区(Bay Ridge)

皇后区,瑞吉伍德(Ridgewood)

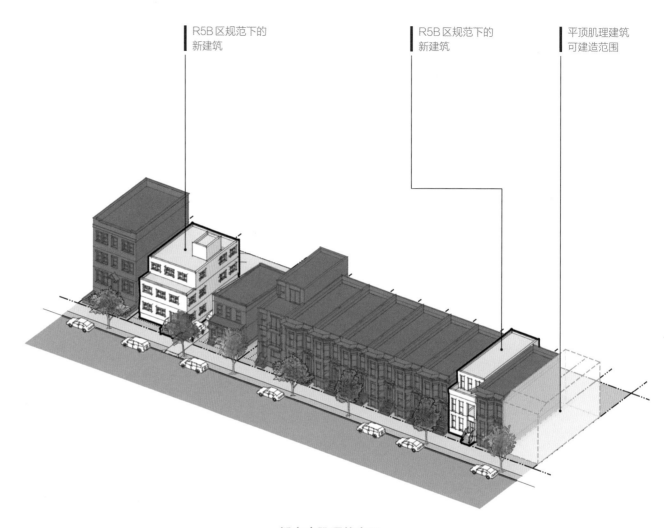

R5B区规范下的新建筑   R5B区规范下的新建筑   平顶肌理建筑可建造范围

低密度肌理住宅区

	R5B	地块面积	地块宽度	前院	后院	侧院 #	侧院 每个	侧院 总计	地块覆盖率	容积率	街墙/建筑高度	居住单元系数	要求停车位 标准	要求停车位 低收入住宅单元
		最小值	最小值	最小值	最小值	最小值	最小值	最小值	最大值	最大值	最大值		最小值	最小值
单户和双户	独栋	2 375平方英尺	25英尺			1	0	8英尺						
	贴线独栋			5英尺	30英尺	1	4英尺	4英尺	55%	1.35	30/33英尺	900	居住单元的66%	低收入住宅单元的42.5%
	半独栋													
	联排	1 700平方英尺	18英尺			不适用								
多户	所有类型													

R5D 肌理区通常分布在低层公寓（最高四层）的街区。该区允许各种住宅建筑类型，包括独栋、半独栋、联排及贴线独栋建筑等。R5D 区设立于 2006 年，因属于优质住房计划下的分区，因此该区是所有低密度住宅区中最独特的一种分区。该区分布范围较小，主要在布朗克斯的莫里斯公园（Morris Park）以及皇后区的牙买加（Jamaica）。

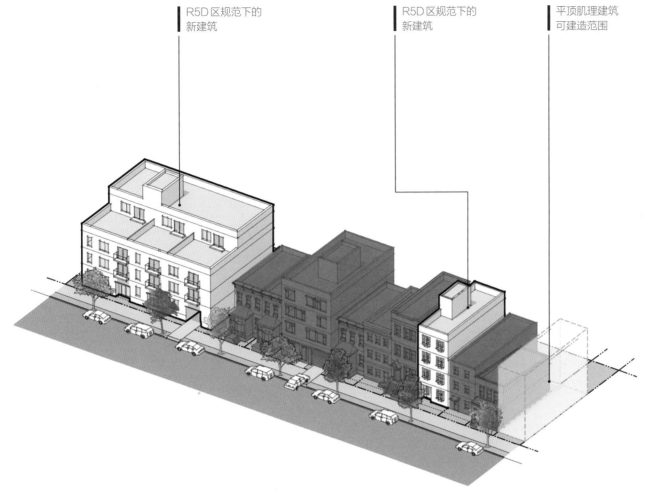

R5D 区规范下的新建筑

R5D 区规范下的新建筑

平顶肌理建筑可建造范围

皇后区，远洛克威（Far Rockaway）

皇后区，伍德赛德（Woodside）

低密度肌理住宅区

R5D		地块面积	地块宽度	前院	后院	侧院			地块覆盖率		容积率	建筑高度	居住单元系数	要求停车位	
						#	单个	总计	街角	其他地块		最大面积（有优质首层）		标准	低收入住宅单元
		最小值	最小值	最小值	最小值	最小值			最大值		最大值			最小值	
单户和双户	独栋	2 375平方英尺	25英尺	5英尺	30英尺	1	0	8英尺	80%	60%	2.00	40（45）英尺	760	居住单元的66%	低收入住宅单元的35%
	贴线独栋	1 700平方英尺	18英尺			1	4英尺	4英尺							
	半独栋														
	联排					不适用									
多户	所有类型														

R1—R3区

用途	R1-1	R1-2	R1-2A	R2	R2A	R2X	R3-1	R3-2	R3A	R3X
单户 · 独栋 · 用途组合1	●	●	●	●	●	●	●	●	●	●
单户和双户 · 独栋 · 用途组合2					●	●	●	●	●	●
单户和双户 · 贴线独栋 · 用途组合2									●	
单户和双户 · 半独栋 · 用途组合2								●		
单户和双户 · 联排建筑 · 用途组合2								●		
多户 · 所有类型 · 用途组合2								●		
社区设施 · 用途组合3、4	●	●	●	●	●	●	●	●	●	●

体量

	R1-1	R1-2	R1-2A	R2	R2A	R2X	R3-1	R3-2	R3A	R3X
地块面积（最小值）· 独栋/贴线独栋	9 500平方英尺	5 700平方英尺	5 700平方英尺	3 800平方英尺	3 800平方英尺	2 850平方英尺	3 800平方英尺	3 800平方英尺	2 375平方英尺	3 325平方英尺
地块面积（最小值）· 其他	不适用	不适用	不适用	不适用	不适用	不适用	1 700平方英尺	1 700平方英尺	不适用	不适用
地块宽度（最小值）· 独栋/贴线独栋	100英尺	60英尺	60英尺	40英尺	40英尺	30英尺	40英尺	40英尺	25英尺	35英尺
地块宽度（最小值）· 其他	不适用	不适用	不适用	不适用	不适用	不适用	18英尺	18英尺	不适用	不适用
前院（最小值）	20英尺	20英尺	20英尺*	15英尺	15英尺*	15英尺	15英尺	15英尺	10英尺*	10英尺*
侧院（最小值）内部/直通地块 · 独栋/贴线独栋 · 数量	2	2	2	2	2	2	2	2	1	2
侧院（最小值）内部/直通地块 · 独栋/贴线独栋 · 每个	15英尺	8英尺	8英尺	5英尺	5英尺	2英尺	5英尺	5英尺	0	2英尺
侧院（最小值）内部/直通地块 · 独栋/贴线独栋 · 总计	35英尺	20英尺	20英尺	13英尺	13英尺	10英尺	13英尺	13英尺	8英尺	10英尺
侧院（最小值）内部/直通地块 · 半独栋 · 数量	不适用	不适用	不适用	不适用	不适用	不适用	1	1	不适用	不适用
侧院（最小值）内部/直通地块 · 半独栋 · 每个	不适用	不适用	不适用	不适用	不适用	不适用	8英尺	8英尺	不适用	不适用
侧院（最小值）内部/直通地块 · 半独栋 · 总计	不适用	不适用	不适用	不适用	不适用	不适用	8英尺	8英尺	不适用	不适用
侧院（最小值）内部/直通地块 · 多户 · 数量	不适用	不适用	不适用	不适用	不适用	不适用	2	2	不适用	不适用
侧院（最小值）内部/直通地块 · 多户 · 每个	不适用	不适用	不适用	不适用	不适用	不适用	8英尺	8英尺	不适用	不适用
侧院（最小值）内部/直通地块 · 多户 · 总计	不适用	不适用	不适用	不适用	不适用	不适用	16英尺	16英尺	不适用	不适用
后院（最小值）	30英尺	30英尺	30英尺	30英尺	30英尺	20英尺	30英尺	30英尺	30英尺	30英尺
开放空间率	150.0	不适用	150.0	不适用	不适用	不适用	不适用	不适用	不适用	不适用
地块覆盖率（最大值）	不适用	30%	不适用	30%	不适用	不适用	35%	35%	不适用	不适用
住宅容积率 · 基础容积率	0.50	0.50	0.50	0.50	0.50	0.85	0.50	0.50	0.50	0.50
住宅容积率 · 带阁楼奖励	不适用	不适用	不适用	不适用	不适用	1.02	0.60	0.60	0.60	0.60
社区设施容积率	1.00	1.00	1.00	1.00	1.00	1.00	1.00	1.00	1.00	1.00
天空暴露面 · 起始标准	25英尺	不适用	25英尺	不适用	不适用	不适用	不适用	不适用	不适用	不适用
外墙/街墙（最大值）	不适用	25英尺	不适用	21英尺	21英尺	21英尺	21英尺	21英尺	21英尺	21英尺
建筑高度（最大值）· 一般高度	不适用	35英尺	不适用	35英尺	35英尺	35英尺	35英尺	35英尺	35英尺	35英尺
建筑高度（最大值）· 带优质首层的	不适用	不适用	不适用	不适用	不适用	不适用	不适用	不适用	不适用	不适用
街墙（最大值）	不适用	不适用	不适用	不适用	不适用	不适用	125英尺	125英尺	不适用	不适用
居住单元系数 · 独栋/半独栋住宅	4 750	2 850	2 850	1 900	1 900	2 900	625	625	710	1 000
居住单元系数 · 其他	不适用	不适用	不适用	不适用	不适用	不适用	870	870	不适用	不适用

停车

	R1-1	R1-2	R1-2A	R2	R2A	R2X	R3-1	R3-2	R3A	R3X
集中停车设施总体要求（占居住单元的最小百分比）	100%	100%	100%	100%	100%	100%	100%	100%	100%	100%
降低规范（占居住单元的最小百分比）· 低收入住宅单元——公交可达区外	不适用	不适用	不适用	不适用	不适用	不适用	50%	50%	不适用	不适用
降低规范 · 可负担独立老年住宅——公交可达区外	不适用	不适用	不适用	不适用	不适用	不适用	10%	10%	不适用	不适用
降低规范 · 低收入住宅单元/可负担独立老年住宅——公交可达区内	不适用	不适用	不适用	不适用	不适用	不适用	0%	0%	不适用	不适用
免除规范 · 少量停车位免除	不适用	不适用	不适用	不适用	不适用	不适用	不适用	不适用	不适用	不适用
免除规范 · 宽度小于25英尺的单户内部地块免除	不适用	不适用	不适用	不适用	不适用	不适用	不适用	不适用	免除	不适用

街景

所有分区	
行道树（最小值）	临街面每隔25英尺都应种植行道树
种植（最小值）	根据具体街道情况，在前院种植相应比例的行道树

临街宽度：

临街宽度	种植（最小值）
20英尺以内	20%
20~34英尺	25%
35~59英尺	30%
60英尺及以上	50%

R1-2A、R2A、R3A、R3X

*对齐规定	除R1-2A区深度不超过25英尺外，前院宽度至少与相邻前院一样深，但不得超过20英尺

R4—R5 区

用 途			R4	R4填充区	R4-1	R4A	R4B	R5	R5填充区	R5A	R5B	R5D
单户	独栋	用途组合1	●	●	●	●	●	●	●	●	●	●
单户和双户	独栋	用途组合2						●	●	●	●	●
	贴线独栋				●		●				●	●
	半独栋		●	●		●		●	●		●	●
	联排建筑		●	●		●	●	●	●		●	●
多户	所有类型	用途组合2	●	●		●	●	●	●	●	●	●
社区设施		用途组合3、4	●	●	●	●	●	●	●	●	●	●
体 量												
地块面积（最小值）	独栋/贴线独栋		3 800平方英尺		2 375 平方英尺	2 850 平方英尺	2 375 平方英尺	3 800平方英尺		2 850	2 375平方英尺	
	其他		1 700平方英尺		不适用	1 700平方英尺				不适用	1 700平方英尺	
地块宽度（最小值）	独栋/贴线独栋		40英尺		25英尺	30英尺	25英尺	40英尺		30英尺	25英尺	
	其他		18英尺		不适用	18英尺				不适用	18英尺	
前院（最小值）			10～18英尺	18英尺	10英尺 *		5英尺 *	10～18英尺	18英尺	10英尺 *	5英尺 *	
侧院（最小值）内部/直通地块	独栋/贴线独栋	数量	2	1	2	1		2		2	1	
		每个	5英尺	0	2英尺	0		5英尺		2英尺	0	
		总计	13英尺	8英尺	10英尺	8英尺		13英尺		10英尺	8英尺	
	半独栋	数量	1	1		1		1			1	
		每个	8英尺	4英尺	不适用	4英尺		8英尺		不适用	4英尺	
		总计	8英尺	4英尺		4英尺		8英尺			4英尺	
	多户	数量	2		不适用			2		不适用	0	
		每个	8英尺					8英尺			0	
		总计	16英尺					16英尺			0	
后院（最小值）			30英尺									
开放空间率			不适用									
地块覆盖率（最大值）			45%	55%	不适用	55%			55%	不适用	55%	60%
住宅容积率	基础容积率		0.75	1.35	0.75	0.90	1.25	1.65		1.10	1.35	2.00
	带阁楼奖励		0.90	不适用	0.90	不适用						
社区设施容积率			2.00									
天空暴露面	起始标准:		不适用									
外墙/街墙（最大值）			25英尺		21英尺	不适用	30英尺		25英尺	30英尺	不适用	
建筑高度（最大值）	一般高度		35英尺			24英尺	40英尺	33英尺	35英尺	33英尺	40英尺	
	带优质首层的		不适用								45英尺	
街墙（最大值）			185英尺		不适用			185英尺		不适用		
居住单元系数	独栋/半独栋住宅 其他		870	900	870	1 280	870	760	900	1 560	900	760
停车场												
集中停车设施总体要求（占居住单元的最小百分比）			100%	66%	100%			85%	66%	100%	66%	66%
降低规范（占居住单元的最小百分比）	低收入住宅单元——公交可达区外		50%					42.5%		50%	42.5%	35%
	可负担独立老年住宅——公交可达区外		10%		不适用			10%		不适用	10%	
	低收入住宅单元/可负担独立老年住宅——公交可达区内		0		不适用			0		不适用	0	
免除规范	少量停车位免除		不适用			1		不适用			1	
	宽度小于25英尺的单户内部地块免除		不适用	免除				不适用				

街 景

所有分区	
行道树（最小值）	邻街面每隔25英尺都应种植行道树
种植（最小值）	根据具体街道情况，在前院种植相应比例的行道树。 邻街宽度:

邻街宽度	
20英尺以内	20%
20～34英尺	25%
35～59英尺	30%
60英尺及以上	50%

R4-1、R4A、R5A

*对齐规定	前院宽度至少与相邻前院一样深，深度在20英尺以内

R4B、R5B、R5D

*对齐规定	前院不得比相邻前院过深或过浅，深度在20英尺以内

R6A区

R6A**肌理区**设立于1987年，主要为七八层的**优质住房建筑**，为中密度区。R6A的几项**体量规范**，包括高地块覆盖率许可、**街墙位置规范**和最大**裙房高度规范**等，确保了**建筑物**保持或建立与中密度社区的旧式建筑相似的规模。这些分区通常（但不仅限于）沿**宽街道**分布。R6A区主要分布在：布朗克斯的斯派腾戴维尔（Spuyten Duyvil）、威廉姆斯布里奇（Williamsbridge）和贝尔蒙特（Belmont），布鲁克林的威廉斯堡（Williamsburg）、贝德福德—史岱文森（Bedford-Stuyvesant）和布鲁克林皇冠高地（Crown Heights），曼哈顿的糖山社区（Sugar Hill）以及皇后区的牙买加（Jamaica）。

皇后区，牙买加（Jamaica）

布鲁克林，威廉斯堡（Williamsburg）

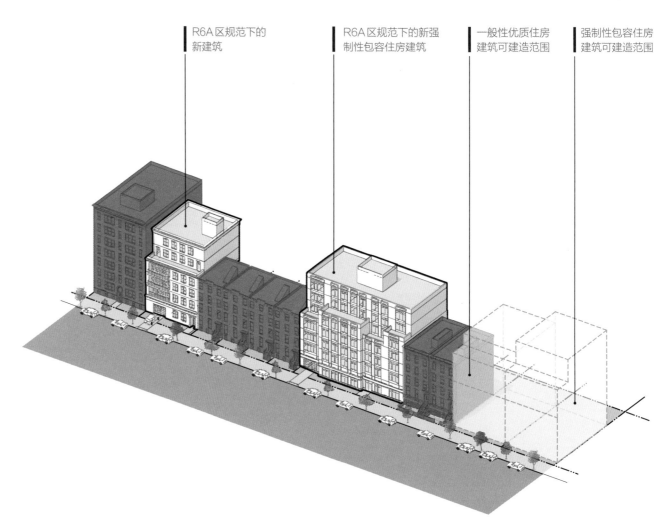

R6A区规范下的新建筑

R6A区规范下的新强制性包容住房建筑

一般性优质住房建筑可建造范围

强制性包容住房建筑可建造范围

中密度肌理住宅区

R6A	地块面积	地块宽度	后院	地块覆盖率		容积率	裙房高度	建筑高度	#楼层	居住单元系数	要求停车场	
				街角	其他地块						一般性	低收入住宅单元
	最小值	最小值	最小值	最大值		最大值	最大值～最小值（有优质首层）	最大值（有优质首层）	最大值（有优质首层）		最小值	
一般性	1 700平方英尺	18英尺	30英尺	100%	65%	3.00	40～60（65）英尺	70（75）英尺	不适用（7）	680	居住单元的50%	低收入住宅单元的25%
强制性包容住房						3.60	40～65英尺	80（85）英尺	8			

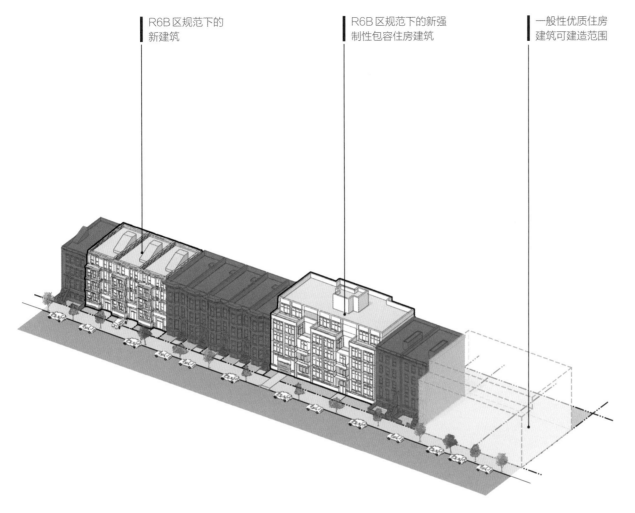

R6B区规范下的
新建筑

R6B区规范下的新强
制性包容住房建筑

一般性优质住房
建筑可建造范围

R6B**肌理区**为中密度分区,设立于1987年,主要是为了保持与旧式联排住宅社区一致的特征和尺度,尤其是以褐色砂石建筑特征为主的布鲁克林区。所有新建筑都必须为**优质住房建筑**,且建筑高度一般为**四至五层**。R6B区通常(但不仅限于)沿**窄街**道分布,广泛分布在:布鲁克林的公园斜坡(Park Slope)和展望高地(Prospect Heights),布朗克斯的福德汉姆庄园(Fordham Manor)和诺伍德(Norwood),以及皇后区的阿斯图里亚(Astoria)和北科罗纳(North Corona)。

布鲁克林,贝德福德—史岱文森(Bedford Stuyvesant)

皇后区,长岛市(Long Island City)

中密度肌理住宅区

R6B	地块面积	地块宽度	后院	地块覆盖率		容积率	裙房高度	建筑高度	#楼层	居住单元系数	要求停车位	
				街角	其他地块						一般性	低收入住宅单元
	最小值	最小值	最小值	最大值		最大值	最大值~最小值(有优质首层)	最大值(有优质首层)	最大值(有优质首层)		最小值	
一般性	1 700平方英尺	18英尺	30英尺	100%	60%	2.00	30~40(45)英尺	50(55)英尺	不适用(5)	680	居住单元的50%	低收入住宅单元的25%
强制性包容住房						2.20						

R7A区

R7A**肌理区**设立于1987年,为中密度区,以促进比R6A区稍大、稍高的**优质住房建筑**,大约为八至九层。**体量规范**可确保建筑保持或建立中密度的社区规模。R7A肌理区通常(但不仅限于)沿**宽街道**分布,主要分布在:布朗克斯的里佛岱尔(Riverdale)、贝德福德公园(Bedford Park)、威廉姆斯布里奇(Williamsbridge),布鲁克林的展望高地(Prospect Heights)、迪特马斯公园(Ditmas Park)、肯辛顿(Kensington)、中木社区(Midwood),曼哈顿的哈莱姆(Harlem)东部和西部以及下东区(the Lower East Side),皇后区的桑尼赛德(Sunnyside)和牙买加(Jamaica)。

布朗克斯,里佛岱尔(Riverdale)

曼哈顿,哈莱姆(Harlem)

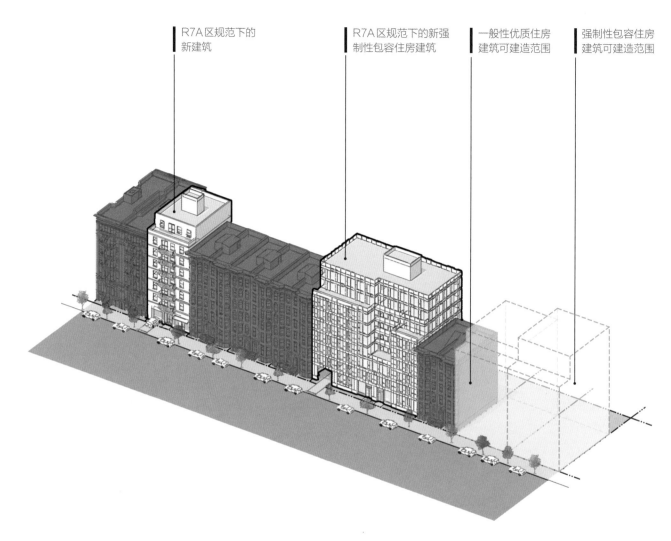

R7A区规范下的新建筑

R7A区规范下的新强制性包容住房建筑

一般性优质住房建筑可建造范围

强制性包容住房建筑可建造范围

中密度肌理住宅区

R7A	地块面积	地块宽度	后院	地块覆盖率		容积率	裙房高度	建筑高度	地块楼层	居住单元系数	要求停车位	
				街角	其他地块						一般性	低收入住宅单元
	最小值	最小值	最小值	最大值		最大值	最大值~最小值(有优质首层)	最大值(有优质首层)	最大值(有优质首层)		最小值	
一般性	1 700平方英尺	18英尺	30英尺	100%	65%	4.00	40~65(75)英尺	80(85)英尺	不适用(8)	680	居住单元的50%	低收入住宅单元的15%
强制性包容住房						4.60	40~75英尺	90(95)英尺	9			

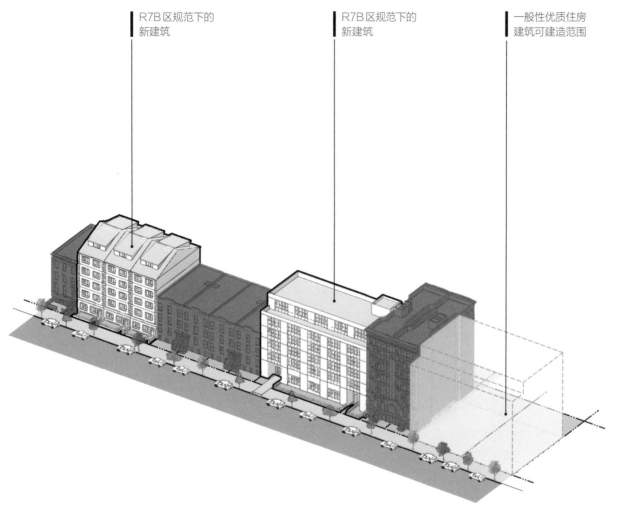

R7B区规范下的
新建筑

R7B区规范下的
新建筑

一般性优质住房
建筑可建造范围

R7B区

R7B**肌理区**为中密度旧式住宅区,其建筑规模略大于R6B区。所有新**建筑**都必须为**优质住房建筑**,高度通常为六至七**层**。**体量规范**可确保建筑保持或建立一种与旧式中密度建筑兼容的社区形式。这些地区通常(但不仅限于)沿**窄街道**分布。该区设立于1987年,主要分布在:布鲁克林的公园斜坡(Park Slope)和湾脊区(Bay Ridge),曼哈顿的东村(the East Village)和格林威治村(Greenwich Village)以及皇后区的埃尔姆赫斯特(Elmhurst)。

布鲁克林,波伦山(Boerum Hill)

曼哈顿,下东区(Lower East Side)

中密度肌理住宅区

R7B	地块面积	地块宽度	后院	地块覆盖率		容积率	裙房高度	建筑高度	#楼层	居住单元系数	要求停车位	
				街角	其他地块						一般性	低收入住宅单元
	最小值	最小值	最小值	最大值	最大值	最大值	最小值~最大值	最大值	最大值		最小值	
一般性	1 700平方英尺	18英尺	30英尺	100%	65%	3.00	40~65英尺	75英尺	不适用	680	居住单元的50%	低收入住宅单元的25%

R7D区

R7D**肌理区**为中密度区，以促进比R7A区稍大的**优质住房建筑**。该区建筑高度通常在**10到11层**之间。肌理区**体量规范**可确保新建筑物的规模与旧式中密度建筑保持一致。R7D区通常（但不仅限于）沿**宽街道**分布。该区设立于2007年，主要分布在贝德福德–史岱文森（Bedford Stuyvesant），后来又扩至布朗克斯的诺伍德（Norwood），以及曼哈顿的哈密尔顿高地（Hamilton Heights）。

布鲁克林,贝德福德–史岱文森（Bedford Stuyvesant）

布鲁克林,贝德福德–史岱文森（Bedford Stuyvesant）

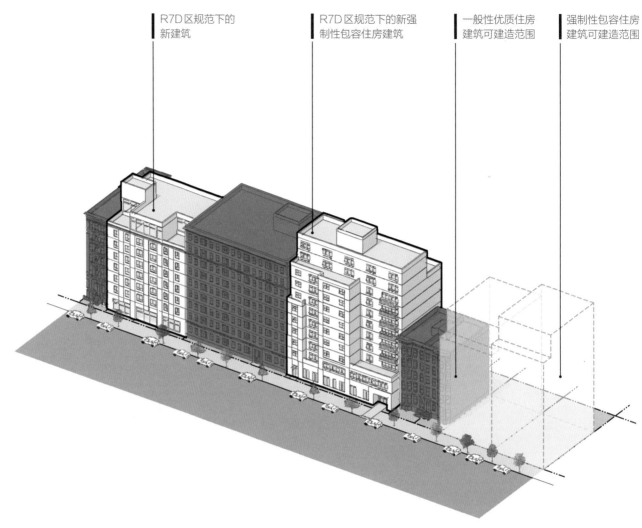

R7D区规范下的新建筑

R7D区规范下的新强制性包容住房建筑

一般性优质住房建筑可建造范围

强制性包容住房建筑可建造范围

中密度肌理住宅区

R7D	地块面积	地块宽度	后院	地块覆盖率		容积率	裙房高度	建筑高度	地块楼层	居住单元系数	要求停车位	
				街角	其他地块						一般性	低收入住宅单元
	最小值	最小值	最小值	最大值		最大值	最小值~最大值	最大值（有优质首层）	最大值（有优质首层）		最小值	
一般性	1 700平方英尺	18英尺	30英尺	100%	65%	4.20	60~85英尺	100（105）英尺	不适用（10）	680	居住单元的50%	低收入住宅单元的15%
强制性包容住房						5.60	60~95英尺	110（115）英尺	11			

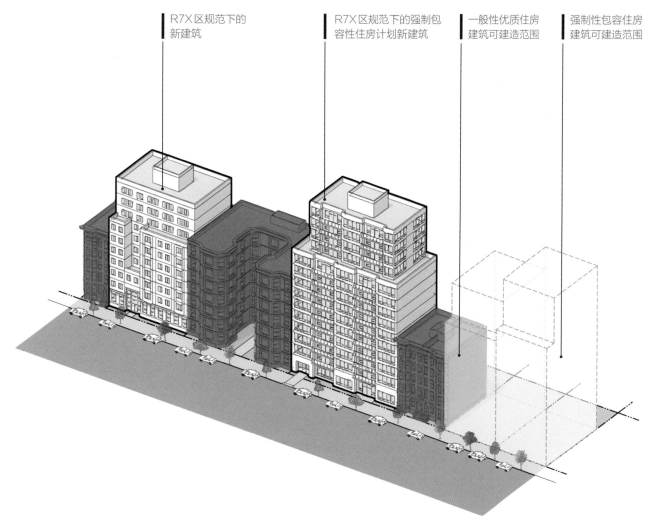

R7X区规范下的新建筑

R7X区规范下的强制包容性住房计划新建筑

一般性优质住房建筑可建造范围

强制性包容住房建筑可建造范围

R7X肌理区设立于1987年，为中密度区，旨在打造比R7A区体量更大、**建筑可建造范围**更灵活的全新优质住房建筑。该区建筑高度通常在12到14层之间。**体量规范可确保肌理区的新建建筑的低层裙房部分与原有中密度建筑相互协调。**R7X肌理区通常（但不完全）位于**宽街道**上，主要分区在：布朗克斯区的莫特天堂（Mott Haven）、布鲁克林区的威廉斯堡（Williamsburg）、曼哈顿区的东哈莱姆（East Harlem）、皇后区的伍德赛德（Woodside）和猎人角（Hunters Point）。

皇后区，长岛市（Long Island City）

皇后区，阿斯托里亚（Astoria）

中密度肌理住宅区

R7X	地块面积	地块宽度	后院	地块覆盖率		容积率	裙房高度	建筑高度	地块楼层	居住单元系数	要求停车位	
				街角	其他地块						一般性	低收入住宅单元
	最小值	最小值	最小值	最大值		最大值	最小值～最大值（w/QGF）	最大值（w/QGF）	最大值（w/QGF）		最小值	
一般性	1 700平方英尺	18英尺	30英尺	100%	70%	5.00	60～85（95）英尺	120（125）英尺	不适用（12）	680	居住单元的50%	低收入住宅单元的15%
强制性包容住房						6.00	60～105 英尺	140（145）英尺	14			

R8A区

R8A**肌理区**为高密度区,以促进比R7A区更高的**优质住房建筑**,大约为12至14层。肌理区的**体量规范**可确保建筑物的规模与旧式高密度建筑物保持一致。R8A区通常(但不仅限于)沿**宽街道**分布。该区设立于1984年,主要分布在:布朗克斯的莫特黑文(Mott Haven)、下广场区(the Lower Concourse),布鲁克林的丹波(DUMBO)、公园斜坡(Park Slope)的第四大道和东纽约社区(East New York)的大西洋大道(Atlantic Avenue)两侧,以及曼哈顿的哈莱姆区(Harlem)和下东区(the Lower East Side)。

曼哈顿,哈莱姆(Harlem)

曼哈顿,下东区(the Lower East Side)

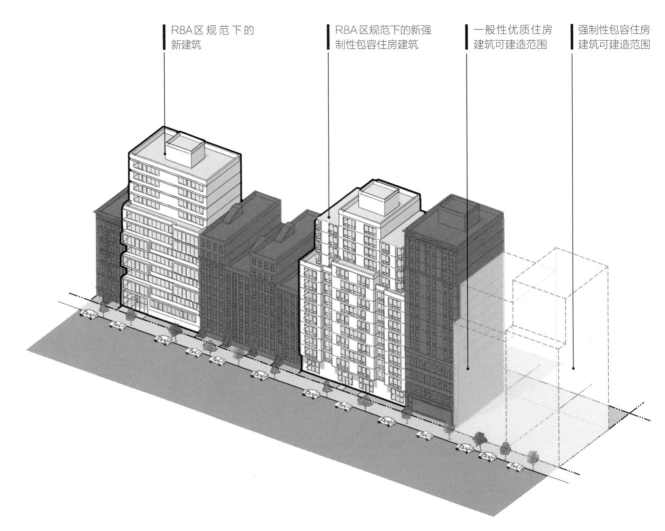

R8A区规范下的新建筑 | R8A区规范下的新强制性包容住房建筑 | 一般性优质住房建筑可建造范围 | 强制性包容住房建筑可建造范围

高密度肌理住宅区

R8A	地块面积	地块宽度	后院	地块覆盖率		容积率	裙房高度	建筑高度	#楼层	居住单元系数	要求停车位	
				街角	其他地块						一般性	低收入住宅单元
	最小值	最小值	最小值	最大值		最大值	最大值～最小值(有优质首层)	最大值(有优质首层)	最大值(有优质首层)		最小值	
一般性	1 700平方英尺	18英尺	30英尺	100%	70%	6.02	60～85(95)英尺	120(125)英尺	不适用(12)	680	居住单元的40%	低收入住宅单元的12%
强制性包容住房						7.20	60～105英尺	140(145)英尺	14			

98

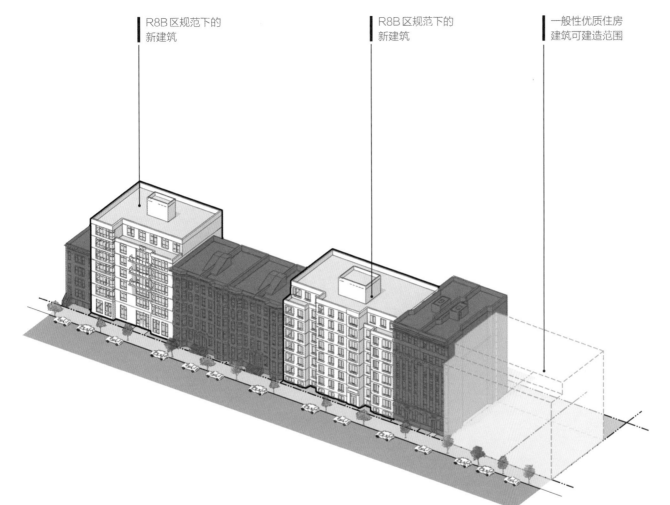

R8B区规范下的
新建筑

R8B区规范下的
新建筑

一般性优质住房
建筑可建造范围

R8B**肌理区**设立于1984年,高密度区,主要为旧式联排住宅社区,其建筑高度为6至7层,其**容积率**略高于R7B区。区内所有新建筑都必须为**优质住房**建筑。肌理区的**体量规范**可确保建筑物的规模与旧式联排住宅和公寓建筑保持一致。R8B区通常(但不仅限于)沿**窄街道**分布,主要分布在:曼哈顿上西区(Upper West Side)、上东区(Upper East Side)和下东区(Lower East Side)的中间街区。

曼哈顿,下东区(Lower East Side)

曼哈顿,上西区(Upper West Side)

高密度肌理住宅区

R8B	地块面积	地块宽度	后院	地块覆盖率		容积率	裙房高度	建筑高度	#楼层	居住单元系数	要求停车位	
				街角	其他地块						一般性	低收入住宅单元
	最小值	最小值	最小值	最大值	最大值	最大值	最小值~最大值	最大值	最大值		最小值	
一般性	1 700平方英尺	18英尺	30英尺	100%	70%	4.00	55~65英尺	75英尺	不适用	680	居住单元的50%	低收入住宅单元的15%

R8X区

R8X**肌理区**为高密度区，以促进与R7A区同样容积率的**优质住房建筑**，但**建筑可建造范围**更具灵活性。该区建筑高度在15到17层之间。肌理区的**体量规范**可确保原始或新修**建筑物**的低层部分与旧式中密度建筑物的低层部分保持一致。R8X区通常（但不仅限于）沿**宽街道**分布。该区于1987年与其他中密度的肌理区一同设立。该区分布范围较小，主要在：布朗克斯的西农场（West Farms）和大军团广场（Grand Army Plaza）周边地区。

布鲁克林，展望高地（Prospect Heights）

布朗克斯，福克斯赫斯特（Foxhurst）

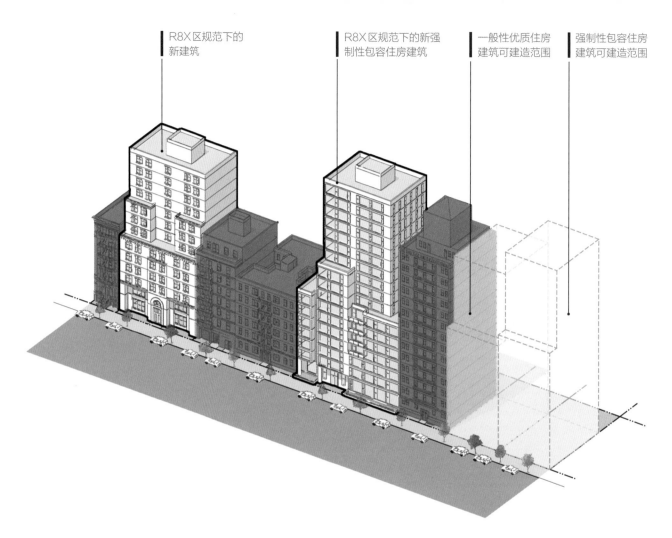

R8X区规范下的新建筑

R8X区规范下的新强制性包容住房建筑

一般性优质住房建筑可建造范围

强制性包容住房建筑可建造范围

高密度肌理住宅区

R8X	地块面积	地块宽度	后院	地块覆盖率 街角	其他地块	容积率	裙房高度	建筑高度	#楼层	居住单元系数	要求停车位 一般性	低收入住宅单元
	最小值	最小值	最小值	最大值		最大值	最大值～最小值（有优质首层）	最大值（有优质首层）	最大值（有优质首层）		最小值	
一般性	1 700平方英尺	18英尺	30英尺	100%	70%	6.02	60～85（95）英尺	150（155）英尺	不适用（15）	680	居住单元的40%	低收入住宅单元的12%
强制性包容住房						7.20	60～105英尺	170（175）英尺	17			

R9A区规范下的新建筑

R9A区规范下的新强制性包容住房建筑

一般性优质住房建筑可建造范围

强制性包容住房建筑可建造范围

R9A**肌理区**设立于1984年，为高密度区，以促进比R8A区体量更大的新**优质住房建筑**，建筑高度在13至17层之间。**体量规范**可确保建筑形式与高密度区的旧式高街墙建筑物保持一致。该区通常沿**宽街道**分布，其高度限制在**宽街道和窄街道**上有所不同。该区分布范围较小，主要沿着上西区（Upper West Side）的百老汇大街两侧、葛莱美西公园（Gramercy Park）附近的莱克辛顿大道（Lexington Avenue），以及曼哈顿第二大道布局。

高密度肌理住宅区

R9A		地块面积	地块宽度	后院	地块覆盖率		容积率	裙房高度	建筑高度	#楼层	居住单元系数	要求停车位	
					街角	其他地块						一般性	低收入住宅单元
		最小值	最小值	最小值	最大值		最大值	最小值～最大值	最大值（有优质首层）	最大值（有优质首层）		最小值	
一般性	窄街道	1 700平方英尺	18英尺	30英尺	100%	70%	7.52	60～95英尺	135英尺	不适用	680	居住单元的40%	低收入住宅单元的12%
	宽街道							60～105英尺	145英尺				
强制性包容住房	窄街道						8.50	60～125英尺	160（165）英尺	16			
	宽街道								170（175）英尺	17			

曼哈顿，特里贝克（Tribeca）

R9D区

R9D肌理区为高密度区,其优质住房建筑的灵活性大于R9X区。该区允许在肌理区的低矮裙房之上修建塔楼。当该区建筑沿高架铁路而建时,体量规范进行了适应性的修改。同时在其他地区,体量规范可确保临街建筑物的裙房与高密度地区的旧式建筑物(如公寓楼)相协调。R9D区与C6-3D区同时设立于2009年,C6-3D区是R9D区的高密度肌理商业等同区。R9D区目前暂无分布区域。C6-3D区主要分布在布朗克斯洋基体育场附近的大河大道(River Avenue)两侧。

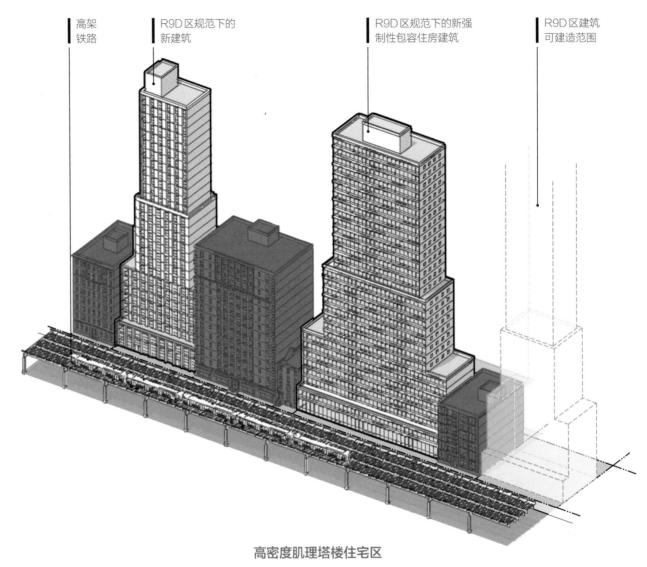

高架铁路 | R9D区规范下的新建筑 | R9D区规范下的新强制性包容住房建筑 | R9D区建筑可建造范围

布朗克斯,大河大道(River Avenue)

高密度肌理塔楼住宅区

R9D	地块面积	地块宽度	后院	地块覆盖率		容积率	裙房高度	建筑高度	地块楼层	居住单元系数	要求停车位	
				街角	其他地块						一般性	低收入住宅单元
	最小值	最小值	最小值	最大值		最大值	最小值~最大值	最大值(有优质首层)	最大值(有优质首层)		最小值	
一般性	1 700平方英尺	18英尺	30英尺	100%	70%	9.00	0~25英尺(60~85英尺,非沿高架铁路区域)	不适用	不适用	680	居住单元的40%	居住单元的12%
强制性包容住房						10.00						

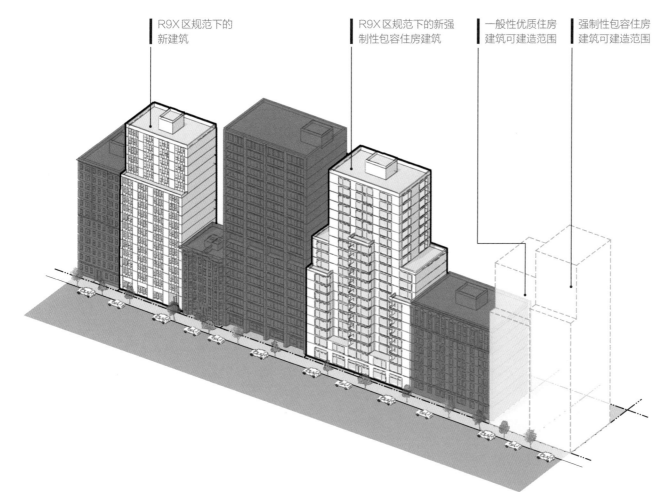

R9X区规范下的新建筑

R9X区规范下的新强制性包容住房建筑

一般性优质住房建筑可建造范围

强制性包容住房建筑可建造范围

R9X**肌理区**设立于1984年,为高密度区,以促进比R9A区体量更大的新**优质住房建筑**,建筑高度在16至20层之间。该区**体量规范**确保新修建筑物与旧式高街墙建筑物相协调。该区在宽街道和窄街道上有不同的最大高度要求。其分布范围较小,主要在曼哈顿上东区(Upper East Side)莱克辛顿大道(Lexington Avenue)沿线。

高密度肌理住宅区

R9X		地块面积	地块宽度	后院	地块覆盖率 街角	其他地块	容积率	裙房高度	建筑高度	#楼层	居住单元系数	要求停车位 一般性	低收入住宅单元
		最小值	最小值	最小值	最大值		最大值	最大值～最小值(有优质首层)	最大值(有优质首层)	最大值(有优质首层)		最小值	
一般性	窄街道	1 700 平方英尺	18英尺	30英尺	100%	70%	9.00	60～120(125)英尺	160(165)英尺	不适用(16)	680	居住单元的40%	低收入住宅单元的12%
	宽街道							105～120(125)英尺	170(175)英尺	不适用(17)			
强制性包容住房	窄街道						9.70	60～145英尺	190(195)英尺	19			
	宽街道							105～145英尺	200(205)英尺	20			

曼哈顿,上东区(Upper East Side)

R10A区

R10A**肌理区**规划于1984年，为高密度区，以促进比R9A区或R9X区体量更大的**优质住房建筑**。沿街建筑楼层高度在21至23层之间。肌理区**体量**规范可确保建筑物与旧式高街墙建筑相协调。该区通常沿**宽街道**分布，建筑物在宽街道和**窄街道**上有不同的最大高度要求。其分布范围较小，主要在曼哈顿上西区（Upper West Side）和上东区（Upper East Side）街道沿线。

曼哈顿，上西区（Upper West Side）

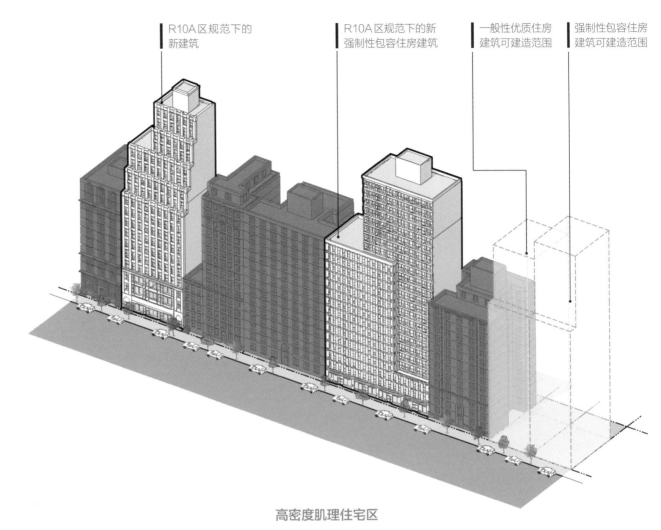

R10A区规范下的新建筑

R10A区规范下的新强制性包容住房建筑

一般性优质住房建筑可建造范围

强制性包容住房建筑可建造范围

高密度肌理住宅区

R10A		地块面积	地块宽度	后院	地块覆盖率		容积率	裙房高度	建筑高度	#楼层	居住单元系数	要求停车位	
					街角	其他地块						一般性	低收入住宅单元
		最小值	最小值	最小值	最大值		最大值	最大值～最小值（有优质首层）	最大值（有优质首层）	最大值（有优质首层）		最小值	
一般性	窄街道	1 700 平方英尺	18英尺	30英尺	100%	70%	10.00	60～125英尺	185英尺	不适用	680	居住单元的40%	低收入住宅单元的12%
	宽街道							125～150（155）英尺	210（215）英尺	不适用（21）			
强制性包容住房	窄街道						12.00	60～155英尺	210（215）英尺	21			
	宽街道							125～155英尺	230（235）英尺	23			

104

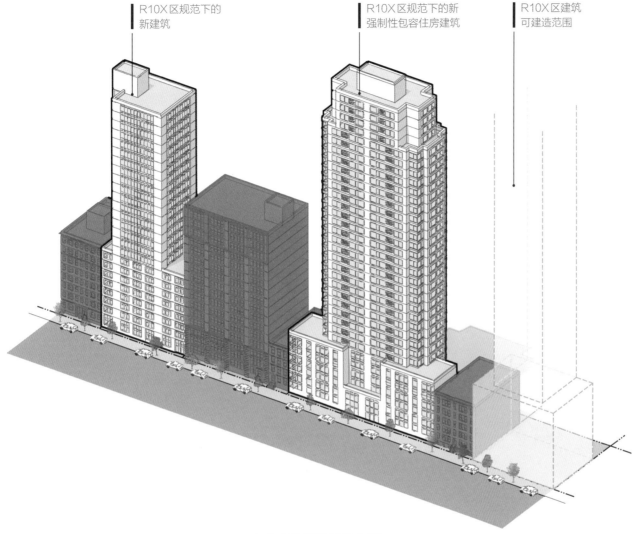

R10X区规范下的新建筑

R10X区规范下的新强制性包容住房建筑

R10X区建筑可建造范围

R10X**肌理区**是高密度区，其**优质住房**建筑的灵活性大于R10A区。该区允许6到8层的肌理裙房之上修建**塔楼**。**街墙位置和最大裙房高度**规范可确保**建筑物**低层部分与高密度地区的旧式建筑（如公寓）相协调。R10X区连同其商业等同区C6-4X区共同设立于1994年。R10X区尚未在任何位置分布，但C6-4X区主要分布在麦迪逊广场公园附近（Madison Square Park）的第六大道沿线。

高密度肌理塔楼住宅区

R10X	地块面积	地块宽度	后院	地块覆盖率		容积率	裙房高度	建筑高度	塔楼地块覆盖率	居住单元系数	要求停车位	
				街角	其他地块						一般性	低收入住宅单元
	最小值	最小值	最小值	最大值		最大值	最小值～最大值	最大值	最小值～最大值		最小值	
一般性	1 700平方英尺	18英尺	30英尺	100%	70%	10.00	60～85英尺	不适用	33%～40%	680	居住单元的40%	低收入住宅单元的12%
强制性包容住房						12.00						

曼哈顿,切尔西（Chelsea）

R6区

R6**非肌理区**广泛分布于本市中密度区域，**建筑类型**涵盖广泛。在这些区，有两种体量规范可供选择，其一是1961年版《区划法规》中的**高度系数**规范，其二是1987年设立的**优质住房法规**。R6区通常包含多种**街区**，因此在**宽街道**和**窄街道**上的适用法规均不相同。肌理区不断覆盖到R6区，因此R6区的分布范围在不断缩小。R6区主要分布在：布朗克斯的莫特黑文（Mott Haven）、莫里萨尼亚（Morrisania）和大学高地（University Heights），布鲁克林的威廉斯堡（Williamsburg）、皇冠高地（Crown Heights）、布朗斯维尔（Brownsville）和区公园（Borough Park）、曼哈顿的格林威治村（Greenwich Village），以及皇后区的阿斯图里亚（Astoria）和法拉盛（Flushing）。

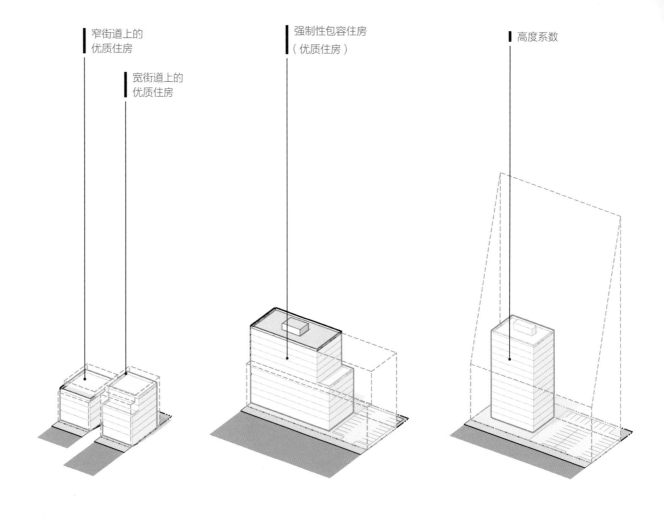

窄街道上的优质住房

宽街道上的优质住房

强制性包容住房（优质住房）

高度系数

中密度非肌理住宅区

R6		容积率	开放空间率	天空暴露面	居住单元系数	要求停车位	
						一般性	低收入住宅单元
		最大值	范围			最小值	
高度系数	一般性	0.78～2.43	27.50～37.50	60英尺（以此为基准）	680	居住单元的70%	低收入住宅单元的25%

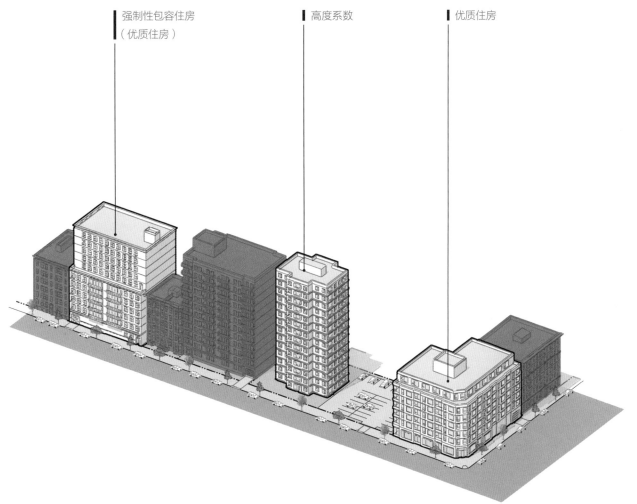

强制性包容住房
（优质住房）

高度系数

优质住房

中密度非肌理住宅区

R6优质住房		地块面积	地块宽度	后院	地块覆盖率		容积率	裙房高度	建筑高度	楼层数	居住单元系数	要求停车位	
					街角	其他地块						一般性	低收入住宅单元
		最小值	最小值	最小值	最大值		最大值	最小值～最大值	最大值（有优质首层）	最大值（有优质首层）		最小值	
一般性	窄街道	1700平方英尺	18英尺	30英尺	100%	60%	2.20	30～45英尺	55英尺	不适用	680	居住单元的50%	低收入住宅单元的25%
	宽街道					65%	3.00	40～65英尺	70（75）英尺	不适用（7）			
强制性包容住房	窄街道					60%	2.42	40～65英尺	115英尺	11			
	宽街道						3.60						

布朗克斯，富兰克林大道（Franklin Ave）

布朗克斯，金斯布里奇（Kingsbridge）

布朗克斯，金斯布里奇（Kingsbridge）

R7非肌理区，包括R7-1区和R7-2区，广泛分布于本市中密度区域，建筑类型涵盖广泛。虽然R7-1区和R7-2区非常相似，但R7-2区的停车配置要求更低，**社区设施建筑面积更大**。在这些分区，有两类体量规范可供选择，其一是1961年版《区划法规》中的**高度系数规范**，其二是1987年设立的**优质住房法规**。R7区通常包含多种**街区**，因此在**宽街道和窄街道**上的适用法规均不相同。自肌理区建立以来，R7区的分布范围不断缩小。R7-1区主要分布在布朗克斯区南部片区，包括高桥（Highbridge）、莫里斯高地（Morris Heights）、莫里萨尼亚（Morrisania）、朗伍德（Longwood）等，在布鲁克林区的展望莱福斯特花园（Prospect Lefferts Gardens）以及皇后区的杰克逊高地（Jackson Heights）和雷哥公园（Rego Park）也有分布。R7-2区主要分布在曼哈顿，包括：茵伍德（Inwood）、华盛顿高地（Washington Heights）、哈莱姆（Harlem）、双桥（Two Bridges）、史岱文森镇（Stuyvesant Town）和下东区（Lower East Side）滨水区。

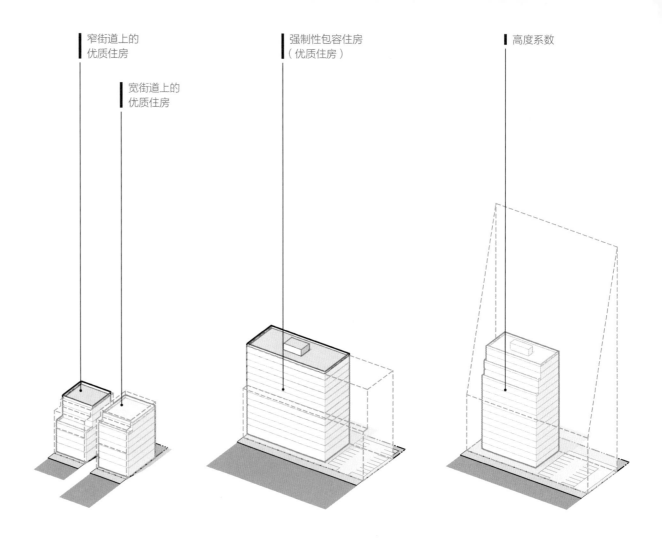

窄街道上的优质住房

宽街道上的优质住房

强制性包容住房（优质住房）

高度系数

中密度非肌理住宅区

R7		容积率	开放空间率	天空暴露面	居住单元系数	要求停车位		
						一般性		低收入住宅单元
		最大值	范围			最小值		
高度系数	一般性	0.87～3.44	15.5～25.5	60英尺（以此为基准）	680	60% R7-1	50% R7-2	低收入住宅单元的15%

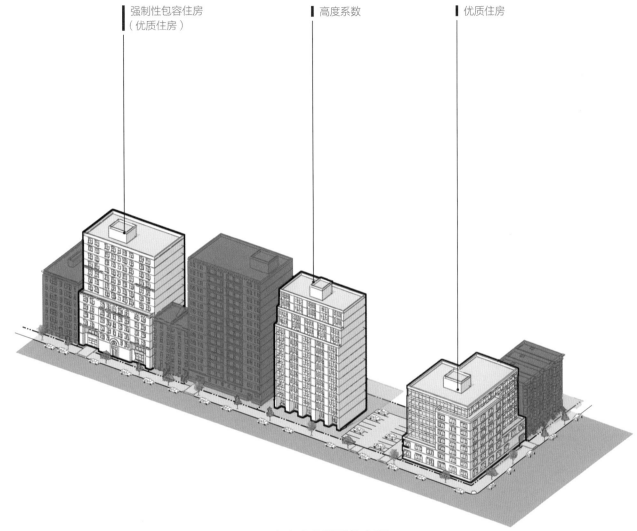

曼哈顿区,哈莱姆(Harlem)

曼哈顿区,罗斯福岛(Roosevelt Island)

强制性包容住房（优质住房）　　高度系数　　优质住房

中密度非肌理住宅区

R7 优质住房		地块面积	地块宽度	后院	地块覆盖率		容积率	裙房高度	建筑高度	楼层数	居住单元系数	要求停车位	
					街角	其他地块						一般性	低收入住宅单元
		最小值	最小值	最小值	最大值		最大值	最小值～最大值	最大值（w/QGF）	最大值（w/QGF）		最小值	
一般性	窄街道	1 700 平方英尺	18英尺	30英尺	100%	65%	3.44	40～65英尺	75英尺	不适用	680	居住单元的50%或60%	低收入住宅单元的15%
	宽街道						4.00	40～75英尺	80（85）英尺	不适用（8）			
强制性包容住房							4.60	40～75英尺	135英尺	13			

R8区

R8**非肌理区**广泛分布于本市高密度区域,**建筑类型**涵盖广泛。在这些分区,有**两类体量规范**可供选择,其一是1961年版《区划法规》中的**高度系数规范**,其二是1987年设立的**优质住房法规**。R8区通常包含多种相邻街区,因此在**宽街道和窄街道**的适用法规均不相同。自肌理区建立以来,R8区的分布范围大大缩小。目前,R8区主要分布在:布朗克斯的大广场街(Grand Concourse),曼哈顿的华盛顿高地(Washington Heights)、切尔西(Chelsea)、克林顿(Clinton)和上西区(Upper West Side)。

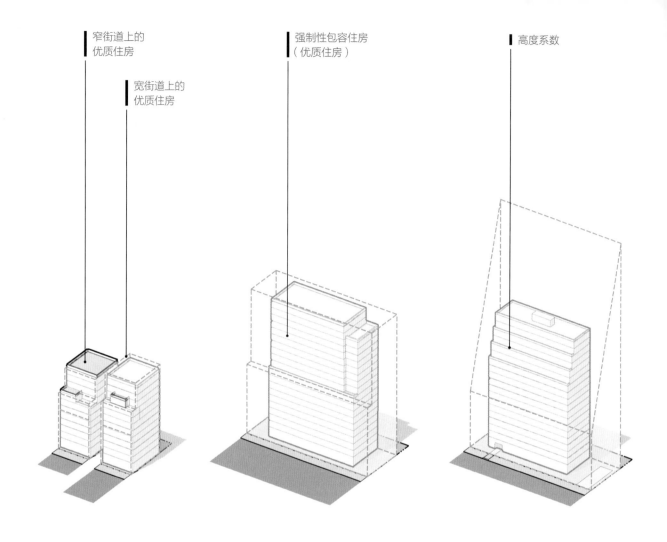

窄街道上的优质住房

宽街道上的优质住房

强制性包容住房（优质住房）

高度系数

中密度非肌理住宅区

R8		容积率	开放空间率	天空暴露面	居住单元系数	要求停车位	
						一般性	低收入住宅单元
		最大值	范围			最小值	
高度系数	一般性	0.94～6.02	5.9～11.9	85英尺（以此为基准）	680	居住单元的40%	低收入住宅单元的12%

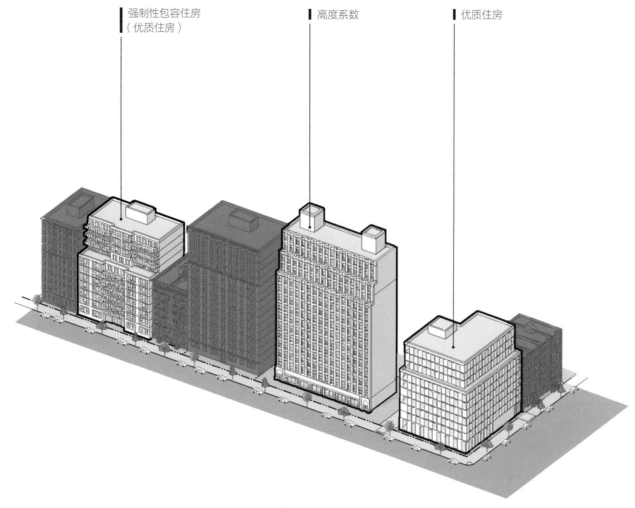

强制性包容住房
（优质住房）

高度系数

优质住房

布朗克斯，莫里斯高地（Morris Heights）

中密度非肌理住宅区

R8优质住房		地块面积	地块宽度	后院	地块覆盖率		容积率	裙房高度	建筑高度	楼层数	居住单元系数	要求停车位	
					街角	其他地块						一般性	低收入住宅单元
		最小值		最小值	最大值		最大值	最小值～最大值	最大值（有优质首层）	最大值（有优质首层）		最小面积	
一般性	窄街道	1 700 平方英尺	18英尺	30英尺	100%	65%	6.02	60～85英尺	115英尺	不适用	680	居住单元的40%	低收入住宅单元的12%
	宽街道						7.20	60～95英尺	130（135）英尺	不适用（13）			
强制性包容住房							7.20	60～105英尺	215英尺	21			

布朗克斯，贝德福德公园（Bedford Park）

R9非肌理区广泛分布于本市高密度区域，**建筑类型涵盖广泛**。在这些分区，有两类**体量规范**可供选择，其一是允许**塔楼**建设的一般性法规；其二是1987年设立的**优质住房**法规。其中，一般性法规来源于1961年版《区划法规》，但在1994年进行了大规模的修改，来规定**宽街道**上的建筑物需遵守"**裙房上的塔楼**"规范。R9区从在城市中的分布向来较少，且随着时间的推移，该区的分布范围不断缩小。目前，该区仅分布在：莱诺克斯山（Lenox Hill）的FDR快速路两侧、曼哈顿上西区（Upper West Side）西96街以及皇后区的长岛城（Island City）。

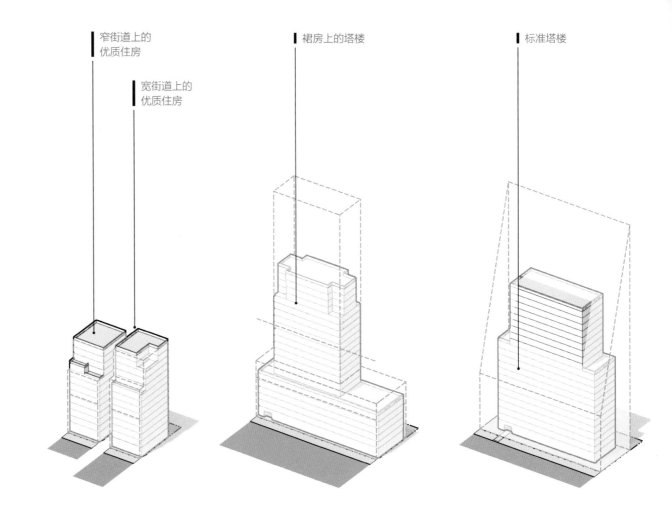

窄街道上的优质住房

宽街道上的优质住房

裙房上的塔楼

标准塔楼

高密度非肌理住宅区

R9		容积率	开放空间率	地块覆盖率		裙房高度	天空暴露面	塔楼地块覆盖率	居住单元系数	要求停车位	
				街角	其他					一般性	低收入住宅单元
		最大值	范围	最大值		最小值～最大值		最小值～最大值		最小值	
高度系数有塔楼准许	一般性	0.99～7.52	1.0～9.0	不适用		不适用	85英尺（以此为基准）	不适用～40%	680	居住单元的40%	低收入住宅单元的12%
裙房上的塔楼	一般性	7.52	不适用	100%	70%	60～85英尺	不适用	30%～40%			
	强制性包容住房	8.00									

强制性包容住房（优质住房）　　标准塔楼　　裙房上的塔楼

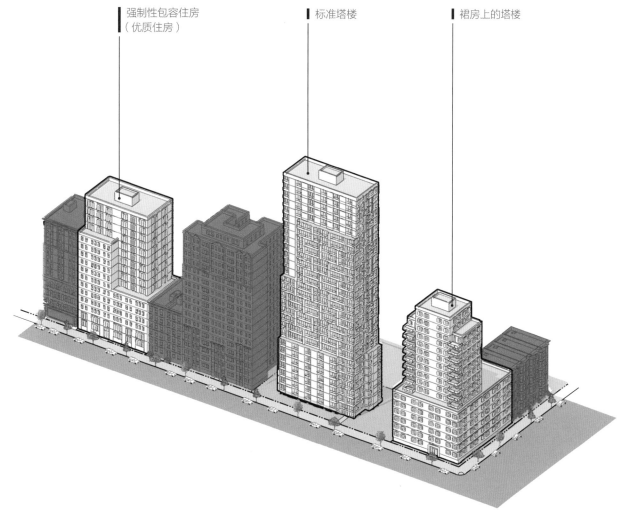

高密度非肌理住宅区

曼哈顿，上东区（Upper East Side）

曼哈顿，地狱厨房（Hell's Kitchen）

R9优质住房		地块面积	地块宽度	后院	地块覆盖率 街角	其他地块	容积率	裙房高度	建筑高度	楼层数	居住单元系数	要求停车位 一般性	低收入住宅单元
		最小值	最小值	最小值	最大值		最大值	最大值~最小值（有优质首层）	最大值（有优质首层）	最大值（有优质首层）		最小值	
一般性	窄街道	1 700 平方英尺	18英尺	30英尺	100%	70%	7.52	60~95英尺	135英尺	不适用	680	居住单元的40%	低收入住宅单元的12%
	宽街道							60~105英尺	145英尺				
强制性包容住房	窄街道						8.00	60~125英尺	160（165）英尺	16			
	宽街道								170（175）英尺	17			

R10**非肌理区**广泛分布于本市高密度区域，**建筑类型**涵盖广泛。在这些分区，有两类**体量规范**可供选择，其一是允许**塔楼**建设的一般性法规；其二是1987年设立的**优质住房**法规。其中，一般性法规来源于1961年版《区划法规》，但在1994年进行了大规模的修改，来规定**宽街道**上的建筑物需遵守"**裙房上的塔楼**"规范。自**肌理区**建立以来不断延伸至R10区，因此该区的分布范围不断缩小。目前，R10区仅分布在曼哈顿部分地区，包括曼哈顿东区（Midtown East）、上东区（Upper East Side）约克大道（York Avenue）沿线以及上西区（Upper West Side）的滨江大道（Riverside Boulevard）沿线。

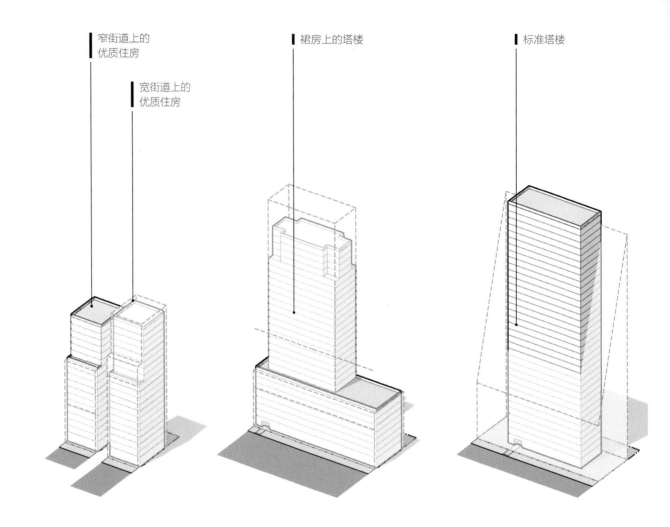

窄街道上的优质住房

宽街道上的优质住房

裙房上的塔楼

标准塔楼

高密度非肌理住宅区

R10		容积率	开放空间率	地块覆盖率		裙房高度	天空暴露面	塔楼地块覆盖率	居住单元系数	要求停车位	
				街角	其他					一般性	低收入住宅单元
		最大值	范围	最大值		最小值～最大值		最小值～最大值		最小值	
标准塔楼	一般性	10.00	不适用	不适用		不适用	85英尺（以此为基准）	不适用～40%	680	居住单元的40%	低收入住宅单元的12%
裙房上的塔楼	一般性			100%	70%	60～85英尺	不适用	30%～40%			
	强制性包容住房	12.00									

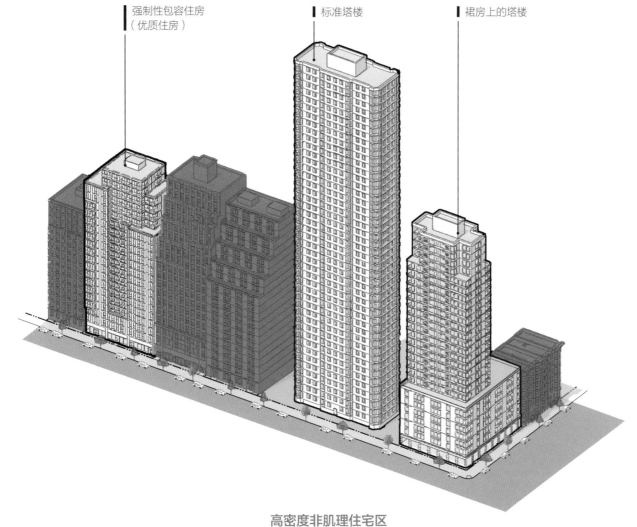

强制性包容住房
（优质住房）

标准塔楼

裙房上的塔楼

高密度非肌理住宅区

R10优质住房		地块面积	地块宽度	后院	地块覆盖率		容积率	裙房高度	建筑高度	楼层数	居住单元系数	要求停车位	
					街角	其他地块						一般性	低收入住宅单元
		最小值	最小值	最小值	最大值		最大值	最小值～最大值	最大值（有优质首层）	最大值（有优质首层）		最小值	
一般性	窄街道	1 700平方英尺	18英尺	30英尺	100%	70%	10.00	60～125英尺	185英尺	不适用（21）	680	居住单元的40%	低收入住宅单元的12%
	宽街道							125～155英尺	200（215）英尺				
强制性包容住房	窄街道						12.00	60～155英尺	210（215）英尺	21			
	宽街道							125～155英尺	230（235）英尺	23			

曼哈顿，上东区（Upper East Side）

R6—R10肌理住宅区

用途			R6A	R6B	R7A	R7B	R7D	R7X	R8A	R8B	R8X	R9A	R9D	R9X	R10A	R10X
单户	独栋	用途组合1	•	•	•	•	•	•	•	•	•	•	•	•	•	•
单户、双户	所有类型	用途组合2	•	•	•	•	•	•	•	•	•	•	•	•	•	•
多户			•	•	•	•	•	•	•	•	•	•	•	•	•	•
社区设施		用途组合3、4	•	•	•	•	•	•	•	•	•	•	•	•	•	•
体 量																
地块面积（最小值）	所有类型		1 700平方英尺													
地块宽度（最小值）	所有类型		18英尺													
后院（最小值）	所有类型		30英尺													
地块覆盖率（最大值）	转角地块		100%													
	其他地块	窄街道 / 宽街道	65%	60%	65%	65%	65%	65%	70%	70%	70%	70%	70%	70%	70%	70%
住宅容积率	一般性容积率	窄街道 / 宽街道	3.00	2.00	4.00	3.00	4.20	5.00	6.02	4.00	6.02	7.52	9.00	9.00	10.00	10.00
	强制性包容性住房／义务性包容性住房	窄街道 / 宽街道	3.60	2.20	4.60	不适用	5.60	6.00/5.00	7.20	不适用	7.20	8.50	10.00	9.70	12.00	12.00
社区设施容积率			3.00	2.00	4.00	3.00	4.20	5.00	6.50	4.00	6.00	7.50	9.00	9.00	10.00	10.00
裙房高度（最小值～最大值）曼哈顿核心区范围之外	一般性（有优质首层）	窄街道	40~60英尺（65英尺）	30~40英尺（45英尺）	40~65英尺（75英尺）	40~65英尺	60~85英尺	60~85英尺（95英尺）	60~85英尺（95英尺）	55~65英尺	60~85英尺（95英尺）	60~95英尺	60~85英尺 或者 15~25英尺（若朝向高架铁路）	60~120英尺（125英尺）	60~125英尺	60~85英尺
		宽街道										60~105英尺		105~120英尺（125英尺）	125~155英尺	
	强制性包容性住房／义务性包容性住房（有优质首层）	窄街道	40~65英尺	30~40英尺（45英尺）	40~75英尺	不适用	60~95英尺	60~105英尺／60~85英尺	60~105英尺	不适用	60~105英尺	60~125英尺		60~145英尺	60~155英尺	60~85英尺
		宽街道												105~145英尺	125~155英尺	
建筑高度（最大值）曼哈顿核心区范围之外	标准（有优质首层）	窄街道	70英尺（75英尺）	50英尺（55英尺）	80英尺（85英尺）	75英尺	100英尺（105英尺）	120英尺（125英尺）	120英尺（125英尺）	75英尺	150英尺（155英尺）	135英尺	不适用	160英尺（165英尺）	185英尺	不适用
		宽街道										145英尺		170英尺（175英尺）	210英尺（215英尺）	
	强制性包容性住房／义务性包容性住房（有优质首层）	窄街道	80英尺（85英尺）	50英尺（55英尺）	90英尺（95英尺）	不适用	110英尺（115英尺）	140英尺（145英尺）／120英尺（125英尺）	140英尺（145英尺）	不适用	170英尺（175英尺）	160英尺（165英尺）	不适用	190英尺（195英尺）	210英尺（215英尺）	不适用
		宽街道										170英尺（175英尺）		200英尺（205英尺）	230英尺（235英尺）	
楼层数（最大值）	标准（有优质首层）	窄街道	不适用（7）	不适用（5）	不适用（8）	不适用（10）	不适用（10）	不适用（12）	不适用（12）	不适用	不适用（15）	不适用	不适用	不适用（16）	不适用	不适用
		宽街道												不适用（17）	不适用（21）	
	强制性包容性住房／义务性包容性住房（有优质首层）	窄街道	8	不适用（5）	9	不适用	11	14／不适用（12）	14	不适用	17	16	不适用	19	21	不适用
		宽街道										17		20	23	
塔楼覆盖率（最小值～最大值）			不适用										33%~40%	不适用	不适用	33%~40%
居住单元系数	所有类型		680													
停 车																
一般要求（占居住单元的最小百分比）	集中停车设施		50%	50%	50%	50%	50%	50%	40%	50%	40%	40%	40%	40%	40%	40%
减少和免除规范（占居住单元的最小百分比）	低收入住宅单元——公交可达区外		25%	15%	25%	15%	15%	12%	15%	12%	12%	12%	12%	12%	12%	12%
	可负担独立老年住宅——公交可达区外		10%													
	低收入住宅单元／可负担独立老年住宅——公交可达区内		0%													
	小面积地块	10 000平方英尺及以下	50%	30%	50%	30%	30%	0%	0%	不适用	0%	0%	0%	0%	0%	0%
		10 000~15 000平方英尺	不适用						20%	不适用	20%	20%	20%	20%	20%	20%
	若停车位数量少于该数量，可不设停车位		5	15	5	15	15	15	15	15	15	15	15	15	15	15

R6—R10非肌理区（优质住房）

用途			R6 优质住房	R7优质住房 R7-1	R7-2	R8 优质住房	R9 优质住房	R10 优质住房
单户	独栋	用途组合1	•	•		•	•	•
单户、双户 多户	所有类型	用途组合2	•	•		•	•	•
社区设施		用途组合3、4	•	•		•	•	
体量								
地块面积（最小值）	所有类型		1 700平方英尺					
地块宽度（最小值）	所有类型		18英尺					
后院（最小值）	所有类型		30英尺					
地块覆盖率（最大值）	转角地块		100%					
	其他地块	窄街道	60%	65%		70%		
		宽街道	65%					
住宅容积率	一般性容积率	窄街道	2.20	3.44		6.02	7.52	10.00
		宽街道	3.60	4.00		7.20	7.52	10.00
	强制性包容住房	窄/宽街道	3.60	4.60		7.20	8.00	12.00
社区设施容积率			4.80	4.80	6.50	6.50	10.00	10.00
裙房高度（最小值～最大值）曼哈顿核心区范围之外	一般性高度	窄街道	30~45英尺	40~65英尺		60~85英尺	60~95英尺	60/125英尺
		宽街道	40~65英尺	40~75英尺		60~95英尺	60~105英尺	125~155英尺
	强制性包容性住房/义务性包容性住房	窄街道	30~45英尺	40~65英尺		60~95英尺		60~155英尺
		宽街道	40~65英尺	40~75英尺		60~105英尺	60~125英尺	125~155英尺
建筑高度（最大值）曼哈顿核心区范围之外	标准（有优质首层）	窄街道	55英尺	75英尺		115英尺	135英尺	185英尺
		宽街道	70英尺（75英尺）	80英尺（85英尺）		130英尺（135英尺）	145英尺	210英尺
	强制性包容住房（有优质首层）	窄街道	80英尺（85英尺）	100英尺（105英尺）		215英尺	160英尺（165英尺）	210英尺（215英尺）
		宽街道					170英尺（175英尺）	230英尺（235英尺）
	义务性包容性住房（有优质首层）	窄街道	55英尺	75英尺		140英尺（145英尺）	160英尺（165英尺）	210英尺（215英尺）
		宽街道	80英尺（85英尺）	100英尺（105英尺）			170英尺（175英尺）	230英尺（235英尺）
楼层数（最大值）	标准（有优质首层）	窄街道	不适用	不适用		不适用	不适用	21
		宽街道	不适用（7）	不适用（8）		不适用（13）		21
	强制性包容住房（有优质首层）	窄街道	8	13	14		16	21
		宽街道					17	23
	义务性包容性住房（有优质首层）	窄街道	不适用	不适用		21	16	21
		宽街道	不适用（8）	8			17	23
塔楼地块覆盖率（最小值～最大值）			不适用					
居住单元系数	所有类型		680					
停车								
一般要求（占居住单元的最小百分比）	集中停车设施		50%			40%		
	低收入住宅单元——公交可达区外		25%	15%		12%		
	可负担独立老年住宅——公交可达区外		10%					
	低收入住宅单元/可负担独立老年住宅——公交可达区内		0%					
减少和免除规范（占居住单元的最小百分比）	小面积地块	10000平方英尺及以下	50%			0%		
		10000~15000平方英尺	不适用	30%		20%		
	若停车位数量少于该数量，可不设停车位		5	5（15）		15		

R6—R10非肌理区（高度系数和塔楼）

用途			R6 高度系数	R7高度系数 R7-1	R7-2	R8 高度系数	R9 高度系数	R9 TOB	R10 ST	R10 TOB
单户	独栋	用途组合1	•	•		•	•			
单户、双户 多户	所有类型	用途组合2	•	•		•	•			
社区设施		用途组合3、4	•	•		•	•			
体量										
地块面积（最小值）	所有类型		1 700平方英尺							
地块宽度（最小值）	所有类型		18英尺							
后院（最小值）	所有类型		30英尺							
住宅容积率	标准		0.78~2.43	0.87~3.44		0.95~6.02	0.99~7.52	7.52	10	
	强制性包容住房					6.02	7.52	8	10	12
社区设施容积率			4.8	4.8	6.5	6.5	10			
天空暴露面	起始标准：		60英尺				85英尺			
塔楼地块覆盖率（最小值～最大值）			不适用			不适用	30%~40%	不适用~40%	30%~40%	
居住单元系数	所有类型		680							
停车										
一般要求（占居住单元的最小百分比）	集中停车设施		70%	60%	50%		40%			
	低收入住宅单元（公交可达区外）		25%	15%		12%				
	可负担独立老年住宅（公交可达区外）		10%							
减少和免除规范（占居住单元的最小百分比）	小面积地块面积（平方英尺）	10000平方英尺及以下	50%	30%		0%				
		10000~15000	不适用	30%		20%				
	若停车位数量少于该数量，可不设停车位		5			15				

所有R6—R10区

街景		街景		
行道树（最小值）		**街墙位置规范**		
所有肌理区	临街面每隔25英尺都应在种植带内种植行道树	**肌理区**		
所有非肌理区		R6B、R7B、R8B	地块面积在50英尺以内的	与相邻街墙保持一致
种植（最小值）			地块面积在50英尺以上的	不能比相邻街墙更靠近街道
所有肌理区	对于街道线和建筑物街墙之间的区域，应在地面或凸起的种植床上进行种植	R6A、R7A、R7D、R7X、R9D	所有	
所有非肌理区（优质住房类）		**非肌理区（优质住房类）**		
		R6、R7	窄街道	地块面积在50英尺以内的 ／ 与相邻街墙保持一致；地块面积在50英尺以上的 ／ 不能比相邻街墙更靠近街道
			宽街道	所有
		R8、R9、R10	所有50英尺以内的宽街道	70%街墙在距离街道线8英尺内
			50英尺以上的窄街道	70%街墙在距离街道线15英尺内
		非肌理区（高度系数和塔楼）		
		不适用		

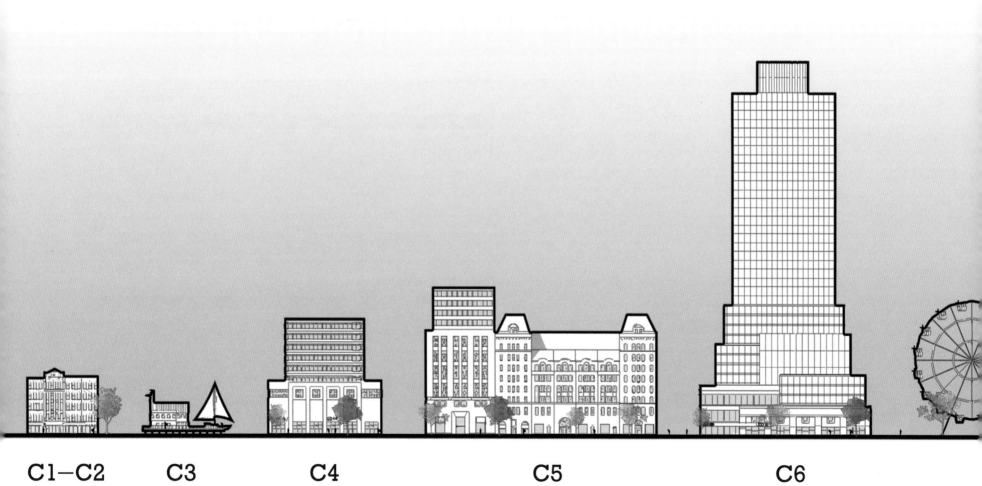

C1—C2   C3   C4   C5   C6

第四章　商业区

商业区的区划法规是针对城市中各类商业场所提出的相应管理规范。商业区包括位于曼哈顿的区域中心、主干道沿线的购物中心以及遍布全市各个社区的零售街道。

如今的商业区延承了1916年版《区划法规》设立商业区时的初衷和理念。当时，创建商业区主要是为了消除工业用途的干扰，但并没有排除拥有住宅用途的混合社区。如今，本市的商业区已具有多种用途，通常包括各类住宅和**社区设施**。同时，从城市边缘地区带有停车场的单层购物中心，到城市核心区域高密度的商业办公塔楼，建筑规模各异，形态丰富多样，广泛地呼应了城市中不同密度地区的特点和要求。虽然商业区是三大功能区中占地面积最小的功能分区，但其分区类型（80多个）却多于**住宅区**（40多个）**和工业区**（20多个）的总和。

C8

社区商业区

一般商业区

特色商业区

基本类型

从C1到C8，商业区有八种地块类型，总体而言，可以分为三大类：社区商业区、一般商业区和特色商业区。与住宅区一样，根据不同的**用途**、**体量**、停车以及**街景法规**，每个区域都将会进一步细分，分别以字母数字后缀表示，加以区分。

C1区和C2区

纽约的住宅社区通常夹杂着拥有各类**商业用途设施**的街道或地区。这类商业用途设施包括各类零售商店和其他一些主要服务于社区商业需求的商业。此类用途设施通常分布在一到两层的商业建筑，或分布于**混合功能建筑**的低层。C1区和C2区为社区商业区，分布于全市各类密度的社区中，反映和延续着所在社区的整体风貌。这类分区的商业**容积率（FAR）**较低，商业用途的类型有限，通常分布在具有底层商业活动的住宅建筑中。依据用途规定，这些商业活动与住宅部分有显著的不同。C1区和C2区有两种类型：住宅区内的**商业覆盖区**和独立商业区。

C4区、C5区和C6区

除了上述社区商业区，还有一些商业区的服务人口超过单个社区，商业用途的类型更加广泛，包括大型零售店、办公楼或电影院。这类区域级及城市级的中央商务区拥有多种类型，包括主干道上的购物中心、社区中心、曼哈顿中城的商业中心等。C4区、C5区和C6区的设立，就是为了以适当的尺度和区位，来明确这类商业区域的规划要求。

C4区分布范围最广，从斯塔顿岛的郊区购物中心到诸如布朗克斯区The Hub购物中心的繁华地区。C5区和C6区是本市高密度商业区的典型代表。C5区主要为一些办公楼和连续沿街商业等在内的特定类型的高密度商业区，如第五大道和中城区东侧的纽约中央火车站周边。这类商业区不允许娱乐用途，并且有着更严格的指示牌规范。C6区的用途和指示牌规范相对灵活，分布于各种商业区中，包括中城区西部和布鲁克林市中心的部分地区。为了体现不同情况的区别，C4、C5和C6区后将以字母数字后缀表示，进一步细化区分。

C3区、C7区和C8区

为了满足特殊商业的需求，这三个分区被纳入1961年版《区划法规》中。

C3区主要沿滨水区分布，且分布数量有限，允许小部分与滨水区相关的、低密度的娱乐和商业活动。C7区分布在有限的大型区域级休闲娱乐场所，如布鲁克林的科尼岛（Coney Island）等。

C8区允许汽车和其他重型商业用途，也允许其他各类商业用途。有时，C8区也是联系工业区和其他商业区的桥梁。1961年时，该类商业区通常沿主干道分布，反映了当时人们对汽车的使用在城市中愈发重要的预期。如今，这些区常用于开展多种类型的商业活动，包括汽车展厅、汽修店和加油站，以及其他零售用途、办公室、酒店和仓库等。

商业区

■ C1、C2社区商业区

■ C4、C5、C6一般商业区

■ C3、C7、C8特色商业区

许可用途

除少数例外情况，商业区在允许一系列商业用途的同时，也允许住宅及社区设施用途。除了住宅区允许的**用途组合**（用途组合 1 至 4）外，商业区还依法授权允许用途组合 5 至 16 中的多类用途，以实现不同的规划目标。每一用途组合中，所允许的用途清单通常内容详尽、篇幅较长，某些情况下，还会通过增加额外的字母后缀，对每个用途组合中的用途进行进一步的细化区分，比如用途组合 10A。如果新兴商业活动无法被具体列入任何用途组合，那么建筑局会将其纳入《区划法规》所列用途中与之最相似的一项。例如，《区划法规》中没有列出的文身店，将被划入与之相似的美容院用途中。因此，在土地利用特征方面，将文身店归入用途组合 6A。

此外，有许多的用途只有得到**标准和上诉委员会**（BSA）（ZR 32-31）或**城市规划委员会**（CPC）（ZR 32-32）颁发的**特殊许可证**才能被允许。例如，得到**标准和上诉委员会**的特殊许可证，即可在 C2 区内修建汽车服务站；而某些商业区仅需得到城市规划委员会颁发的特殊许可证，就可修建大型体育场。关于**标准和上诉委员会**和城市规划委员会特殊许可证的具体内容，可分别参考第七篇的第三章和第四章。

批准的住宅用途依规不得位于任何商业用途（ZR 32-42）以下的楼层。后面提到的建筑物体量规范均与这一关键要求一致。

C1 区和 C2 区

C1 区和 C2 区之间的主要差别在于，两区分别所允许的商业用途的范围不同，但区别不大。C1 区主要服务于社区当地的购物需求，并保持零售界面的最大程度连续性。该区允许各种零售商店和个人服务机构，例如杂货店、餐馆、美发沙龙、药店和小型服装店（用途组合 6）等，以满足周边社区的需要。C2 区主要规划在更广泛的、零售界面连续性较低的区域。除了用途组合 6 中的用途外，该区还允许日常活动中较少光顾的当地设施，例如殡仪馆、电影院和自行车维修服务店等（用途组合 7、8、9 和 14）。在 C1 区和 C2 区中的每个分区地块内，这些少数的零售用途设施（包括服装和家具店等），其面积不得超过一万平方英尺。

这些区域还允许所有住宅和社区设施（用途组合 1 至 4）。在限定条件之下，在特定的 C1 和 C2 区，酒店也可被准允（用途组合 5）（ZR 32-14）。

在这些区域，除了所允许的用途种类之外，这些用途在建筑物内的位置也有所限制。在仅作商业用途的楼宇内，这类用途的最大高度为两层或 30 英尺，以较低者为准。此限制不适用于用途组合 5（在允许的情况下）。而在有住宅或社区设施的建筑中，商业用途仅限于底层，但在 R9 区、R10 区及其 C1 和 C2 区等同区中（ZR 32-421），商业用途也可允许出现在 1970 年后所建的建筑二层。

C4 区、C5 区和 C6 区

这三个分区所允许的商业设施类型广泛，包括零售和百货公司、娱乐设施、办公室和酒店。这些用途包括 C1 区允许的所有商业设施（用途组合 5 和 6），以及商业服务设施，如打印店（用途组合 9）以及大型零售机构，如百货商场（用途组合 10）和大型服装或家具商店。C4 区还允许部分休闲娱乐设施，包括保龄球馆和溜冰场（用途组合 8 和 12）。C5 区不允许这些游戏或娱乐设施，但允许专业定制生产设施，如珠宝定制（用途组合 11），因为历史上，这些定制生产就集中在本市高密度中心商业区。C6 区是这些分区中包容度最高的分区。该区除了允许 C4 区和 C5 区所允许的所有用途组合之外，还允许家电维修服务设施，如水暖商店（用途组合 7）（ZR 32-10）。C4 区、C5 区和 C6 区也均允许住宅和社区设施（用途组合 1 至 4）。

C3 区、C7 区和 C8 区

除了所有的住宅和社区设施之外（用途组合 1 至 4），C3 区仅允许与划船和其他滨水娱乐活动相关的商业设施，如码头和系泊设施、自行车店和糖果店。

C7 区允许各类游戏和娱乐设施（用途组合 12 至 15），以及为使用娱乐设施的客户提供便利的用途，如冰激凌店、餐馆、熟食店、礼品店和玩具店等。除此之外，该区不允许有其他商业、社区设施或住宅设施。

C8 区允许所有商业和一般服务（用途组合 5 至 16，但不包括用途组合 15）。此外，该区虽然不允许住宅的存在，但允许用途组合 4 中的某些社区设施。半工业设施（用途组合 11A 及 16）须符合适用于工业区的性能标准（如第五章所述）（ZR 32-10）。

许可用途组合

	住宅用途		社区设施用途		零售和商业用途											一般用途	工业用途	
	1	2	3	4	5	6	7	8	9	10	11	12	13	14	15	16	17	18
商 业 区																		
C1	●	●	●	●	●	●												
C2	●	●	●	●	●	●	●	●	●					●				
C3	●	●	●	●										●				
C4	●	●	●	●	●	●	●	●	●	●		●						
C5	●	●	●	●	●	●	●	●	●	●	●							
C6	●	●	●	●	●	●	●	●	●	●	●	●						
C7												●	●	●	●			
C8				●	●	●	●	●	●	●	●	●	●	●		●		

用途组合5——酒店（ZR 32-14）

用途组合6——满足当地社区购物需求的零售和服务机构，如食品和小型服装店、美容院和干洗店，以及办公室（ZR 32-15）

用途组合7——家电维修服务设施，如服务于附近住宅区的水暖和电器商店（ZR 32-16）

用途组合8——娱乐场所设施，如影院和小型保龄球馆；服务设施，如电器修理店以及汽车租赁和公共停车设施（ZR 32-17）

用途组合9——商业和其他服务设施，如打印店或餐饮服务商（ZR 32-18）

用途组合10——服务于大片区域的大型零售机构，如百货公司和电器商店（ZR 32-19）

用途组合11——定制生产活动，如珠宝或服装定制（ZR 32-20）

用途组合12——吸引大量人流的大型娱乐设施，如竞技场和室内溜冰场（ZR 32-21）

用途组合13——低覆盖率或露天的娱乐设施，如高尔夫球练习场和儿童小型游乐园、露营地（ZR 32-22）

用途组合14——适用于滨水娱乐区的划船和相关活动设施（ZR 32-23）

用途组合15——大型商业娱乐场所，包括典型的游乐园景点，如摩天轮和过山车（ZR 32-24）

用途组合16——汽车和半工业设施，如汽修店、加油站、木工定制和焊接车间（ZR 32-25）

许可体量

商业区设置了许多不同的**体量**参数，这些参数控制着分区地块上建筑物的最大尺寸和位置。与住宅区一样，商业区的体量规范不仅取决于建筑是否包含商业或社区设施用途、住宅用途，或者是两者的混合用途，同时，还取决于分区是否为肌理区或非肌理区。

对于仅有商业或社区设施用途的商业区，所适用的建筑物体量规范刊于第三篇第三章，而对于仅有纯住宅建筑的商业区，所适用的规范刊于第三篇第四章。商住混合的建筑物，如一层为零售的住宅建筑，应遵守第三篇第五章的规定。与住宅区中具有一种以上用途的建筑物一样，一般而言，居住部分适用住宅体量规范，而非居住部分适用商业或社区设施体量规范。

在允许居住用途的商业区，常常由其**对应住宅区**来决定所适用的住宅体量规范（ZR 34-112）。例如，C4-3区的对应住宅区是R6区，所以C4-3区的任何住宅都必须遵守R6区的体量规范。在这类情况下，商业区法规修改了住宅区规范，以使得这些住宅或**混合建筑**适应商业区的肌理。C1和C2区作为叠加区也是如此，它们修改了位于其分区内的住宅区规范。例如，在有商业覆盖的低密度住宅区中，不应设有前院或侧院。同样，在商业肌理区中，整体建筑可建造范围应由其适用的对应住宅区决定，如在商业区为C6-3A区的情况下，其整体建筑可建造范围应参照R9A区的规范。

商业和社区设施规范

在住宅区，体量规范包括了各类地块覆盖范围、庭院及最小地块面积要求，以此限定建筑物在分区地块上的位置，但商业区中的商业及社区设施用途规范则相对简单得多。在商业区中，建筑高度和建筑退界的相互关系以及所要求的后院（商业区唯一的庭院规范）塑造了允许的建筑可建造范围，而其他如允许的建筑面积等体量规范，则进一步决定了建筑物的形状、大小和位置。综上的规范，共同反映了城市中丰富多彩的建筑物的尺度和形态。

商业区允许的**容积率**（FAR）从C3区商业用途的0.5到许多高密度C5区和C6区中商业和社区设施用途的15.0不等（ZR 33-12）。主要可分为以下几组：

- C1区和C2区：这类商业区的容积率很低。对于低密度住宅区（R1—R5区）内的C1和C2叠加区，其允许的商业容积率通常不超过1.0。如果住宅区本身或所对应的住宅区为中、高密度区（R6—R10区），那么C1区和C2区的商业容积率应不超过2.0。
- C4区、C5区和C6区：C4区的商业容积率为1.0～10.0。而C5区和C6区所允许的容积率分别为4.0～15.0和6.0～15.0。像C5-5区或C6-9区等数字后缀较大的地区，通常容积率也较高。

- C3区、C7区和C8区：C3区的最大商业容积率为0.5。C7区的最大商业容积率为2.0。C8区最大商业容积率从1.0到5.0不等：分区的数字后缀越大，如C8-3或C8-4，表示容积率越高。

在某些分区，对**公共广场**、拱廊和深前院都有鼓励政策。根据各类型开放空间（ZR 33-13、33-14、33-15）的特定奖励条件，能够使得地块所允许的容积率最多增加20%。

所有的商业区对前院或侧院都没有要求，建筑非住宅部分的**后院**须有20英尺深（从**后地块线**开始测量），而**直通地块**则需要40英尺深的对应后院（ZR 33-20）。这些规范在某些有限的情况下可作适当调整。例如，如果商业区位于住宅区旁边，则有更深后院和最小侧院的要求，以保证两区建筑物之间有足够的间隔距离（ZR 33-29）。在许多高密度商业区，为了容纳建筑面积较大的建筑物，直通地块不需要对应后院。此外，除了如下所述的塔楼外，任何商业区的非住宅建筑或建筑的非住宅部分均无地块覆盖率的限制要求。

商业区的建筑高度和建筑退界规范形成了各种"建筑可建造范围"来控制建筑物的形状。一些地区遵循肌理区规范，而另一些地区则遵循**天空暴露面**的要求。通常，在最高密度的商业区，塔楼的高度不受限制。

商业区建筑可建造范围

临街面的高度和斜面坡度共同决定天空暴露面规范的建筑可建造范围，通常其形式与相邻的街道宽度有关。沿街道线提供开放空间的地块，还有一个坡度更陡的替代天空暴露面可供选择。下图展示了一系列中密度建筑可建造范围的差异。高密度区的商业塔楼允许穿过这个平面。

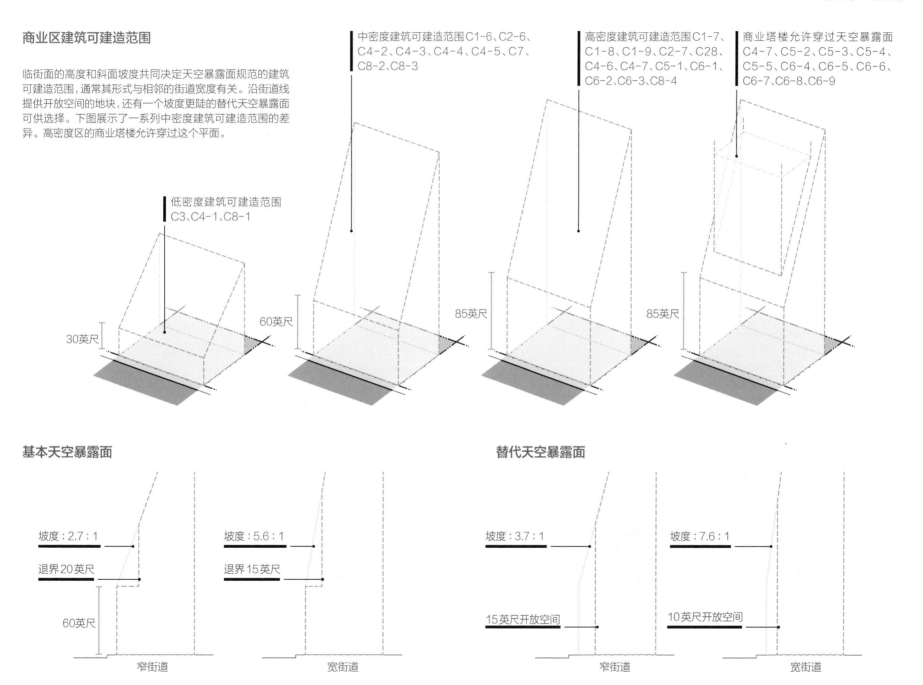

低密度建筑可建造范围
C3、C4-1、C8-1

中密度建筑可建造范围 C1-6、C2-6、
C4-2、C4-3、C4-4、C4-5、C7、
C8-2、C8-3

高密度建筑可建造范围 C1-7、
C1-8、C1-9、C2-7、C28、
C4-6、C4-7、C5-1、C6-1、
C6-2、C6-3、C8-4

商业塔楼允许穿过天空暴露面
C4-7、C5-2、C5-3、C5-4、
C5-5、C6-4、C6-5、C6-6、
C6-7、C6-8、C6-9

30英尺

60英尺

85英尺

85英尺

基本天空暴露面

坡度：2.7∶1

退界20英尺

60英尺

窄街道

坡度：5.6∶1

退界15英尺

宽街道

替代天空暴露面

坡度：3.7∶1

15英尺开放空间

窄街道

坡度：7.6∶1

10英尺开放空间

宽街道

在仅包含商业或社区设施用途的非肌理商业区，建筑物根据天空暴露面（ZR 33-40）进行管制。这些建筑可建造范围通常从人行道退界开始上升，通过街墙最大高度的要求，对邻近街道的建筑开发加以限制，超过该高度，天空暴露面开始以远离街道的规定角度上升，围合出建筑可建造范围。为了确保街道上的采光和通风，除了窗户清洗设备和电梯舱壁等允许建造的障碍物可超出这一平面外（ZR 33-42），建筑物必须建在这个看不见的平面下方。

低、中、高密度商业区（ZR 33-43）有不同的天空暴露面，主要区别在于临街开发的最大允许高度（高密度区最高）和天空暴露面的坡度（取决于相邻街道的宽度，高密度区最陡）有所不同。与住宅区一样，对于沿地块线（ZR 33-44）提供开放空间的地块，可以选择一个坡度更陡的替代天空暴露面。中密度商业区的高度和退界规范产生了本市区域性商业区的中等高度的办公楼和酒店，如皇后区的法拉盛中心（Downtown Flushing）。在密度最高的分区，只要符合一定的尺度和位置标准（ZR 33-45），塔楼可超过天空暴露面。这些规范常常会产生高层商务办公塔楼和高层酒店。塔楼部分在地块上的覆盖率通常限制在40%，但对于较小的地块可能会增加到50%。而对于本市许多中央商务区内的特殊目的区，如中城区（Midtown）和布鲁克林市中心区（Downtown Brooklyn），通常会设定一些特殊规范来进一步完善体量规范（见第七章）。

在中密度及高密度的肌理区，仅包含商业或

社区设施用途的建筑物须遵守《区划法规》第三篇第五章所修订的、其对应住宅区的高度及退界规范。

住宅规范

《区划法规》为商业区内开发的纯住宅建筑设定了特殊规范。若建筑物位于商业叠加区（ZR 34-111），则首先确定适用的住宅区；如果建筑物位于另一个商业区（ZR 34-112），则应首先确定其对应住宅区。第三篇第四章根据这类建筑所适用的住宅区修改了一些体量规范。例如，低密度区的建筑物不需要提供前院或侧院（ZR 34-23），同时也修改了许多分区关于高度和退界的法规（ZR 34-24）。这些修改使得一些低密度商业区的住宅建筑也可以使用密度更高也更灵活的商业区的建筑可建造范围。例如，当商业叠加区分布在R3区或R4A区内时，则可适用R4区的高度和退界规范。中高密度地区的优质住房建筑也修改了体量规范，特别是与街墙位置有关的规范。

混合建筑物规范

商业区零售街道上的建筑物通常混合了住宅、商业或社区设施用途。这类建筑称为**混合建筑物**。

《区划法规》将混合建筑物的住宅部分区分于商业或社区设施部分，进行了分类管控，在第三篇第五章中对整个建筑物作了特别修改，以阐明这些独立分开的要求是如何相互作用的。与如何管控纯住宅建筑一样，这些规范明确了建筑物处于

商业叠加区中适用的住宅区（ZR 35-22），也确定了建筑物处于其他商业区时的对应住宅区（ZR 35-23）。该章的修改同时阐明了允许的容积率、开放空间要求、和密度规范（ZR 35-31、35-33、35-40）。同时，法规免除了低密度地区混合建筑修建前院或侧院的要求，还明确了住宅用途所规定的30英尺深的后院只针对住宅单元的底层（ZR 35-50）。

混合建筑物也有特殊的体量规定。在低密度区，调整包括：混合建筑物无须修建前院，小幅提升建筑最大高度限制，从而增加首层零售设施的层高（ZR 35-62）。而在中高密度商业区，调整则包括：对密度最高区域的塔楼规范（ZR 35-64）进行修改，同时，调整了优质住房建筑（ZR 35-65）的街墙位置规范，并补充了优质首层的相关规范。这些规范在本章的街景部分进行了详细描述。

混合建筑物体量管控

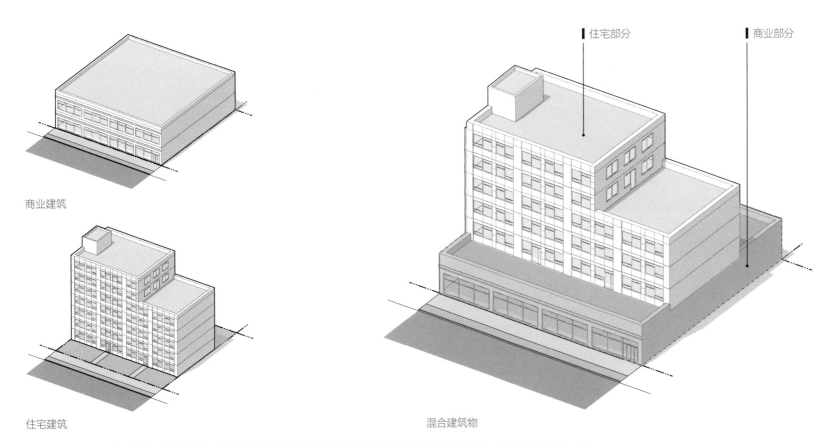

商业建筑

住宅建筑

住宅部分

商业部分

混合建筑物

在商业区,不同用途的建筑物,其体量规范有所不同,《区划法规》的章节专门有针对每种情况的详细规定。在混合建筑物中,《区划法规》将住宅部分区分于商业或社区设施部分,进行分类管控。

停车位和装卸货泊位

商业区的停车及装卸货规范非常复杂，这是由于区划基于不同商业用途所产生的车流量，以及其所在的不同区位特点，都有差异化的管控要求。这些要求刊于《区划法规》第三篇第六章。在低密度区，即使体量规范理论上允许建造较大的建筑物，但停车规范依然能有效地限制建筑物的尺度。

许可和要求的停车位数量

大多数商业区都有一定的最小停车位要求（ZR 36-20），而所有商业区都会明确其配套停车位的最大数量限制（ZR 36-10）。

为了确定城市不同区域所需的停车位数量，商业用途分为8个**停车要求类别（PRC）**。此外，商业区进一步划分了五个等级的停车要求，前四级停车数量要求逐渐减少，第五级则没有停车位要求。每一级别都对各类停车要求作出了特别规定。这些规范旨在根据本市不同区域的用途，制定适当的最低停车要求。在停车要求较低的区域，通常员工或顾客很少使用汽车，或需要专门的路外停车区域；而停车要求最高的区域通常设置在汽车使用频率和停车位需求最高的地区。

每一用途所对应的具体停车要求类别可在第三篇第二章中相应用途组合列表后的括号中找到。在每个停车要求类别内，开发规模和分区强度决定了商业和社区设施用途的最低配建停车要求（ZR 36-21）。通常情况下，停车位的个数要求是以需求的每个停车位对应的建筑面积来表述的——例如：每500平方英尺的建筑面积需要配一个停车位。而对于某些用途来说，所需停车空间是根据其他相关指标，如员工人数或客房数量等来确定的。

在某些情况下，最低停车要求可以降低。例如，当计算结果显示所需车位数量较少时，可不设停车位（ZR 36-23）。这一门槛不等：在停车要求高的区域，10个车位以下即可不设停车位；而在停车要求极低的区域，40个车位以下即可不设停车位。

一般而言，低密度地区开发项目，除非面积很小，否则必须提供停车位，而对中、高密度地区，只有较大型开发项目时，须提供停车位。比如：以下为停车要求类别为PRC-B1的商业区中，一般零售或办公用途的停车要求：

- C1区和C2区：两区的停车要求因分区编号的后缀而有所差异。随着后缀的增加，停车位需求减少，而可免除的停车位数量会增加。后缀为"-1"叠加区的要求最高，后缀为"-4"叠加区的要求最低（分别从每150平方英尺一个停车位到每1 000平方英尺一个停车位不等）。在后缀为"-5"或更高的地区通常不需要设置停车位。

- C4区、C5区和C6区：这三个区的停车要求差别很大。在C4区，停车要求从后缀为"-1"区的每150平方英尺一个停车位到后缀为"-4"区每1 000平方英尺一个停车位不等。同样，后缀数字越高，可免除停车位数量就越多。一般而言，C4-5区至C4-7区不

需要设置停车位。因为C5区、C6区为高密度区，有一系列公共交通工具可供选择，所以这两个分区没有停车要求。

- C3区、C7区和C8区：C3区旨在为低密度区域提供滨水活动相关的用途，因此停车要求较高（每150平方英尺一个停车位）。C7区的停车要求相对较低。在C8区，随着后缀的增加，停车需求减少，可免除的停车位数量增加：从后缀为"-1"区每300平方英尺的一个停车位，到后缀为"-3"区每1 000平方英尺的一个停车位。C8-4区无停车要求。

住宅用途的停车要求则要单独考虑（ZR 36-30），但总体会依据其对应住宅区的停车要求和免除许可规范。

和住宅区一样，商业区的分区地块上也有许可的配套停车的最大数量限制：对于所有用途，一个地块允许的最大停车位数为225（优质住房建筑为300）。但所要求的停车位数量不受这些条件限制（ZR 36-13）。

补充停车规定

除了确定许可和要求的停车位数量之外，商业区法规还对停车位的使用、车位设计、自行车停放和装卸货泊位的要求做出了相应的规定。

考虑到难以在分区地块上容纳所有所需停车位的情况，《区划法规》特别规定：对于有停车需求的分区地块，允许在其某一半径内的商业区或

工业区内设置外部停车位（ZR 36-40）。如果主要用途未使用到所有的要求停车位（ZR 36-46），那么在许多分区内，住户可将住宅配套停车位出租给其他用户。

在许多商业区（用途组合8C），依规允许建设的公共停车库和室外停车场的车位数量最大为150（ZR 32-17）。中低密度区的室内停车库和室外停车场的车位数量若超过150，则需获得标准和上诉委员会（BSA）的特殊许可证。在C1区和高密度中心区，只有获得城市规划委员会（CPC）的特殊许可证，才允许有室内停车库和有一定大小限制的室外停车场。

像写字楼或大型零售商场等商业设施，均须设置装卸货泊位（ZR 36-60），以供卡车及其他车辆上落客货。就某些用途而言，各区的装卸货要求是一致的；而其他一些用途则有两类装卸货泊位的规定，其中较低的规定适用于停车位需求极低或无停车位需求的区域，而较高的规定则适用于其他商业区。一般而言，在建筑面积相同的情况下，相比于高密度区，低密度区的装卸货泊位数量要求更多。

新开发项目、重大扩建项目或住宅改建项目需要为员工提供配套自行车停车场（ZR 36-70）。对于商务办公而言，每7 500平方英尺的建筑面积需要配套一个自行车停车位；而对于零售和大多数其他商业用途来说，每一万平方英尺的建筑面积需要提供一个自行车停车位。若自行车停车需求不超过三个，那么所有商业区都可以不设自行车停车位。用于自行车停放的封闭区域无须计入建筑面积。

停车要求类别（PRC）

停车要求类别（PRC）	用 途 类 型	车流量	示 例
A	食品店（2 000平方英尺以内的）	大	超市
B	社区零售或服务设施	大	饭店、百货商场
B1	办公室和销售大宗商品的商店	小	家具、地毯、家电商场
C	杂类用途	小	法院、汽车展厅
D	聚会地点	大	影剧院、保龄球馆、体育场
E	户外娱乐场所	大	游乐园
F	轻工制造	中等	陶瓷、牙科产品、商业洗衣房
G	仓储用途	小	仓库、卡车运输站
H	其他设施	特殊	酒店、殡仪馆、邮局

停车可操作性

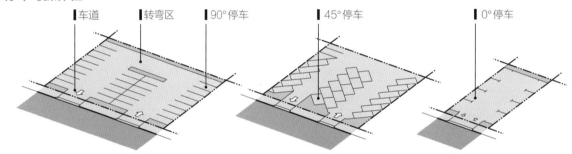

停车角度	最小长度（英尺）	最小宽度（英尺）	最小车道宽度（英尺）	最小车辆调头处（英尺）
0（单向）	8'6"	20'0"	13'2"	不适用
0（双向）	8'6"	20'0"	23'2"	不适用
45°	17'1"	8'6"	12'10"	18'0"
50°	17'8"	8'6"	13'2"	17'6"
55°	18'1"	8'6"	13'7"	17'3"
60°	18'5"	8'6"	14'6"	17'0"
65°	18'7"	8'6"	15'4"	17'3"
70°	18'8"	8'6"	16'5"	17'6"
75°	18'7"	8'6"	17'10"	18'0"
90°	18'0"	8'6"	22'0"	22'0"

注：'表示英尺，"表示英寸，1英寸≈2.54厘米。

街景

商业区制定了街景规范，通过对建筑物的管控，提高公共街道的环境品质。这些规范贯穿整个《区划法规》，包括诸如指示牌规范，底层用途规范等用途要求，也包括行道树或其他形式的种植要求，街墙位置等体量规范，以及限制车辆对人行道影响的停车规定等。

指示牌在区分商业设施中起着重要作用，《区划法规》旨在确保新的**指示牌**与所在分区的定位相符（ZR 32-60）。《区划法规》对每个区域所允许的指示牌类型、大小和照明度均作出了限制要求。大多数商业区只允许**附属指示牌**（位于特定分区地块的商业或活动指示牌）。**广告牌**仅限于某些娱乐性商业区或允许类似制造用途的商业区，且有一定的位置限制。例如，广告牌不允许直接朝向相邻住宅区。一些商业区限制**发光指示牌**，即：由人造或反射光照明的指示牌；而在允许使用发光指示牌的地区，通常会特别限制**闪光指示牌**的尺寸（变化灯光或颜色的照明广告牌）。指示牌规范中，最大尺寸和高度以及照明类型的标准因分区而异，将在后面的章节中对其分别进行描述。大多数分区是根据指定系数乘以分区地块的临街面宽度（ZR 32-641、32-642）的计算方式来确定指示牌的最大表面积。若某个分区地块有多个零售设施，则将每个设施看成一个单独的分区地块，并通过每个设施的临街面来计算指示牌的表面积（ZR 32-64）。在大多数地区，可允许指示牌超过地块线

12英寸，双面或多面指示牌可超过地块线18英寸。包含住宅的建筑物上，其附属商业指示牌仅限于建筑物的商业部分。此外，在大多数分区内，不允许在屋顶上设置指示牌。超出人行道的遮阳篷和檐篷上的附属指示牌也受到限制（ZR 32-653）。不同分区的指示牌规范通常可分为以下几类：

- C1区和C2区：鉴于指示牌位于住宅区，C1区和C2区内的指示牌仅限于小型附属指示牌（最大不超过150平方英尺），在有限的条件下才可以设置发光指示牌。

- C4区、C5区和C6区：C4区和大多数C6区的指示牌可以大于C1区或C2区（最大500平方英尺），可以发光或闪烁，但同样也仅限于**附属指示牌**。主要分布在时报广场附近的C6-5区和C6-7区，所有类型的指示牌均可使用，且不受大小、位置或照明的限制。与C4区或C6区相比，C5区有更严格的指示牌规定（最大200平方英尺），反映了该区更为传统的特点。除C5-4区外，C5区的指示牌都不得为发光指示牌或闪光指示牌。

- C3区、C7区和C8区：在C3区，指示牌的尺寸更小（50平方英尺以内），且由于靠近滨水区和低密度住宅区，因此不得为闪光指示牌。与娱乐区的特点相一致，C7区的指示牌规定

非常宽松，允许发光指示牌、闪光指示牌和广告牌，并且无尺寸或高度限制。C8区与工业区（500～750平方英尺）的指示牌要求类似，可允许各类指示牌，包括大型发光指示牌或闪光指示牌。

商业区的新开发或重大扩建项目需种植行道树，临街面每25英尺需种植一棵树（ZR 33-03）。

本市一些商业区或指定的区域，常常会要求或限制首层的用途，还通常会对透明度作出最小值的要求，以确保街道的活力（ZR 32-43）。这些规范主要集中于密度最高的地区，但同时，也适用于斯塔顿岛的特定地区（见第六章**低密度增长管理区**）。当位于住宅区（ZR 32-51）附近时，特殊规定还会对商业入口、橱窗和指示牌的位置等进行限制。这些要求旨在保持住宅街区外部界面的特征，并尽量减少商业活动对附近居民区的侵扰。

为了反映出商业活动和街道之间的典型关系（ZR 35-65），法规对商业区优质住房建筑的街墙位置要求做了相关修改。在中等密度住宅区（通常为R6区和R7区），规定70%的街墙应位于街道线8英尺以内，从而简化了街墙的位置规范。在高密度住宅区（一般为R8区至R10区），修订的规范要求，除了少许细部设计可以被允许外，建筑物街墙应完全位于地块线上。

与住宅区类似，若中高密度商业区的优质住房建筑拥有**优质首层**，就有资格获得额外5英尺的总建筑和最大裙房高度。对于**曼哈顿核心区**以外、没有提供包容性住房或保障性老年住房的大部分肌理区，优质首层必须包括商业或社区设施用途，且须符合补充用途规定，才有资格获得额外的高度。例如：在商业区，优质首层必须包含30英尺深的商业或社区设施空间，并且沿着主要临街面的大部分立面应达到最小透明度要求。优质首层上的所有停车位都应被包括商业或社区设施的建筑空间所围合。在次要临街面上，除了停车场必须位于被商业或社区设施的建筑空间围合的内部，或被完全遮挡，以避免从人行道上被看到（ZR 35-652）等要求外，没有其他任何限制条件。

为了确保停车和装卸货不影响街景质量，提高行人安全，并最大限度地减少对人行道活动的干扰，特殊停车和装卸货设计要求规定了路缘斜坡的位置和尺寸，也对设施的铺设和遮蔽作出了要求（ZR 36-50、36-60）。

新建商业或社区设施用途的大型公共室外停车场和配套停车场，必须符合停车场景观法规。这些法规旨在改善停车场的外观并推广可持续的雨水管理。该标准对停车场的边界绿化提出要求，而对于更大的停车场，则要求应在整个停车场内修建贯穿整个场地的景观绿化种植岛（ZR 36-58、37-90）。

商业区街景

一系列的商业区街景限制条件和要求，确保着新建建筑契合社区特点。

1. 在主要街道上，首层用途规范可能包括建筑空间的特定用途和橱窗最低透明度要求。

2. 优质首层法规允许增加建筑高度，以获得更高的底层层高。

3. 街墙法规建立了建筑立面和人行道之间的关系。在商业区，通常允许、或在某些情况下要求建筑物靠近人行道。

4. 指示牌规范允许商业设施根据不同的标准为其商铺吸引注意力，并允许在某些地区设置广告牌。

5. 停车位应远离主要街道。当停车位位于次要街道时，停车位应被包围或被遮挡。

6. 种植规范包括行道树种植规范。

C1区和C2区

C1区和C2区分布在居住社区内的社区商业街道两边，以服务当地的零售需求。这两个分区广泛分布于城市中低密度区以及少部分高密度区，可以作为商业叠加区，也可以作为独立商业区。

带后缀"-1"和"-2"的商业区通常分布在本市低密度区，比如斯塔顿岛、皇后区东部地区以及布鲁克林南部地区。带后缀"-3"和"-4"的商业区通常分布在布鲁克林中部部分地区、曼哈顿上城以及布朗克斯南部地区。带后缀"-5"或以上的商业区仅分布在曼哈顿主要大道的中心地区。

皇后区，杰克逊高地（Jackson Heights）

布鲁克林，科布尔山（Cobble Hill）

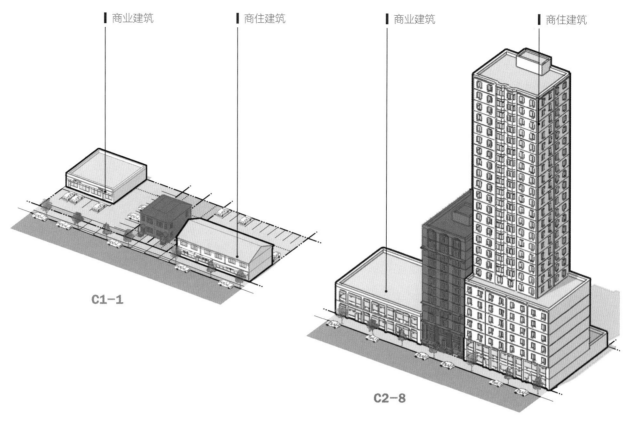

商业建筑　商住建筑　　商业建筑　商住建筑

C1-1

C2-8

社区零售及社区服务分区

C1和C2叠加区	C1-1	C2-1	C1-2	C2-2	C1-3	C2-3	C1-4	C2-4	C1-5	C2-5
R1-R5区内商业容积率	所有分区商业容积率均为1.0									
R6-R10区内商业容积率	所有分区商业容积率均为2.0									
叠加区深度（英尺）	200		150				100			
所需附属停车位规定	每150平方英尺1个		每300平方英尺1个		每400平方英尺1个		每1000平方英尺1个		无	
允许指示牌	临街面宽的3倍（最大总面积：150平方英尺）									

社区零售及社区服务分区

C1和C2区	C1-6 C2-6	C1-7	C2-7 C1-8	C2-8 C1-9	C1-6A C2-6A	C1-7A	C2-7A C1-8A	C2-7X C1-8X	C2-8A C1-9A
商业容积率	所有分区商业容积率均为2.0								
对应住宅区	R7-2	R8	R9	R10	R7A	R8A	R9A	R9X	R10A
所需附属停车位规定	无								
允许指示牌	临街面宽的3倍（最大总面积：150平方英尺）								

C3区允许在邻近住宅区的**海岸线沿**线地区开展滨水娱乐活动,主要为划船和钓鱼。包括1961年版《区划法规》中首次设立的C3区(非肌理区),和最近设立的C3A区(肌理区),均主要位于本市**滨水区**一带的低密度区域。C3区位于布朗克斯的城市岛(City Island)和布鲁克林的米尔盆地(Mill Basin),而C3A区位于斯塔顿岛的大基尔斯港(Great Kills Harbor)附近和布朗克斯的罗格斯内克(Throgs Neck)。

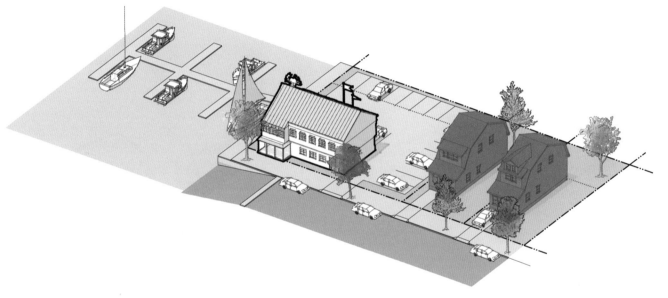

布朗克斯,城市岛(City Island)

斯塔顿岛,埃林特维尔(Eltingville)

滨水休闲区

C3	C3	C3A
商业容积率	所有分区商业容积率均为0.5	
对应住宅区	R3-2	R3A
所需附属停车位规定	每150平方英尺1个	
允许指示牌	50平方英尺(最大值)	

C4区为除了中央商务区之外的地区级商业中心。C4区的专卖店和百货商店、剧院和办公室用途的服务范围比社区商业区更大。该区设立于1961年版《区划法规》，其规范在不断演化，已经覆盖了密度十分广泛的城市区域。随着时间的推移，C4区已经分离为多个独立的区域，以不同的数字字母后缀，解决所指定的不同情况。一般来说，后缀数字越大，许可密度越高，商业停车要求越低。带有字母后缀的C4区为具有一定建筑肌理形式的肌理区。

C4-1分布在较偏远的地区，如斯塔顿岛购物中心，这些区停车位配建要求高。C4-2区到C4-5区分布在密度更大的建成区，如：阿斯托里亚（Astoria）（C4-2A）的施坦威街（Fordham Road）（Steinway Street）（C4-4区）以及牙买加（Jamaica）（C4-5X区）的部分地区。C4-6区和C4-7区分布在曼哈顿的高密度建成区，如：上西区（Upper West Side）（C4-6A区）百老汇大道两侧的大部分地区以及哈莱姆区（C4-7区）的中部地区。

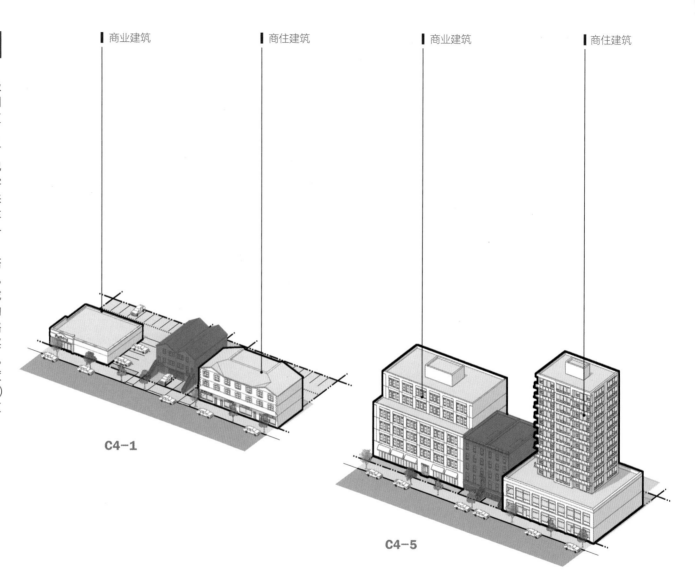

商业建筑　　商住建筑　　商业建筑　　商住建筑

C4-1

C4-5

普通商业非肌理区

C4	C4-1	C4-2	C4-3	C4-4	C4-5	C4-6	C4-7
商业容积率	1.0	3.4						10.0
对应住宅区	R5	R6		R7-2			R10	
所需附属停车位规定	每150平方英尺1个	每300平方英尺1个	每400平方英尺1个	每1000平方英尺1个	无			
允许指示牌	临街面宽的5倍（最大总面积：500平方英尺）							

商业建筑　商住建筑

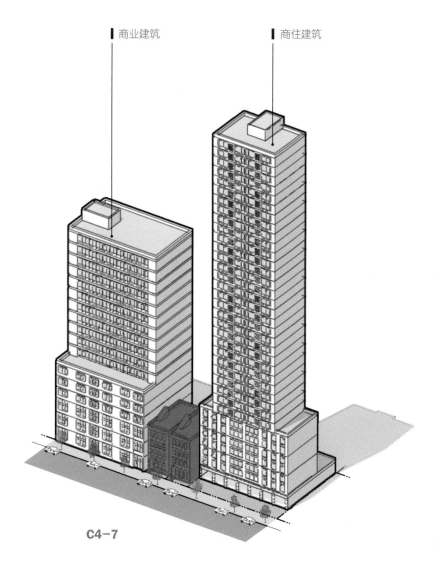

C4-7

斯塔顿岛,斯塔顿岛购物中心

布朗克斯,莫特黑文(Mott Haven)

曼哈顿,上西区(Upper West Side)

一般肌理商业区

C4	C4-2A	C4-3A	C4-4A	C4-5A	C4-6A	C4-7A	C4-4D	C4-5D	C4-5X
商业容积率	3.0		4.0		3.4	10.0	3.4	4.2	4.0
对应住宅区	R6A		R7A		R10A		R8A	R7D	R7X
所需附属停车位规定PRC-B	每400平方英尺1个		无				每1000平方英尺1个		无
允许指示牌	临街面宽的5倍(最大总面积:500平方英尺)								

C5区和C6区

C5区和C6区均为高密度、以商业用途为主导的分区，位于城市中心区域，或服务于整个大都市地区。两区的主要区别在于用途和指示牌规范不同，两区通常均分布在曼哈顿下城（Lower Manhattan）和中城（Midtown Manhattan）、布鲁克林市中心（Downtown Brooklyn）、长岛区（Long Island City）和牙买加社区（Downtown Jamaica）。

C5区和C6区通过单独的后缀来区分。通常，数字后缀越大，允许的商业密度就越高。两区均设立于1961年版《区划法规》，然而随着时间的推移，一些带有后缀的新区域被陆续设立，以满足不同的规划需要。

C5-1区分布在曼哈顿中城边缘区域，而C5-2区和C5-4区分布在曼哈顿中城和布鲁克林市中心。C5-3区分布在曼哈顿中城和下城的东部地区以及长岛市。C5-5区仅分布在曼哈顿下城。

C6-1区、C6-2区和C6-3区主要分布在**中央商务区**外的区域，比如曼哈顿下东区（Lower East Side）和切尔西区（Chelsea）。C6-4区分布在曼哈顿的多个地区，以及皇后区和布鲁克林的核心区域。后缀较大的区域主要分布在曼哈顿中城和下城。

C5区和C6区广泛分布在**特殊目的区**或有特殊规定的其他区域。比如：C6-6.5区仅分布在**中城特殊目的区**（Special Midtown District）和有特殊**容积率**规定的区域。以G或M为后缀的C6区对非住宅空间的转换有特殊的规定。

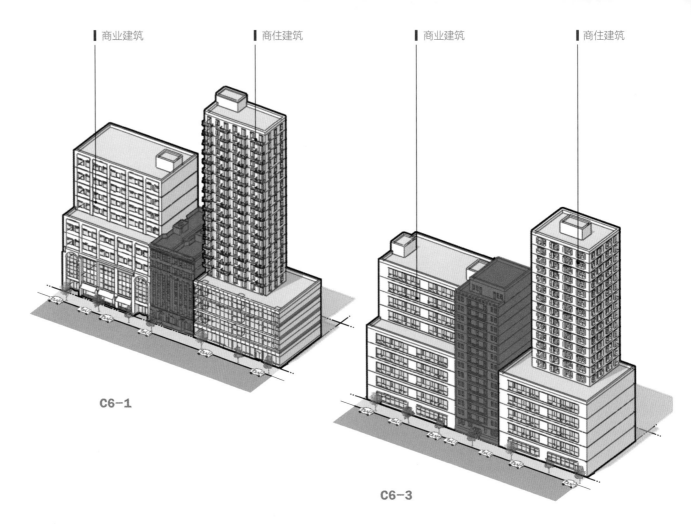

商业建筑　商住建筑　商业建筑　商住建筑

C6-1

C6-3

一般性非肌理中心商业区

C5和C6	C5-1	C6-1	C5-2	C6-2	C5-3 / C5-5	C6-3	C5-4 / C6-4 / C6-8	C6-5	C6-6 / C6-9	C6-7
商业容积率	4.0	6.0	10.0	6.0	15.0	6.0	10.0		15.0	
对应住宅区	R10	R7-2	R10	R8	R10	R9	R10			
附属停车位规定	无									
允许指示牌	临街面宽的3倍（最大面积：200平方英尺）	临街面宽的5倍（最大面积：500平方英尺）	临街面宽的3倍（最大面积：200平方英尺）	临街面宽的5倍（最大面积：500平方英尺）	临街面宽的3倍（最大面积：200平方英尺）	临街面宽的5倍（最大面积：500平方英尺）		无限制	临街面宽的5倍（最大面积：500平方英尺）	无限制

皇后区，长岛市（Long Island City）

曼哈顿，中城区（Midtown Manhattan）

曼哈顿，哥伦布圆环（Columbus Circle）

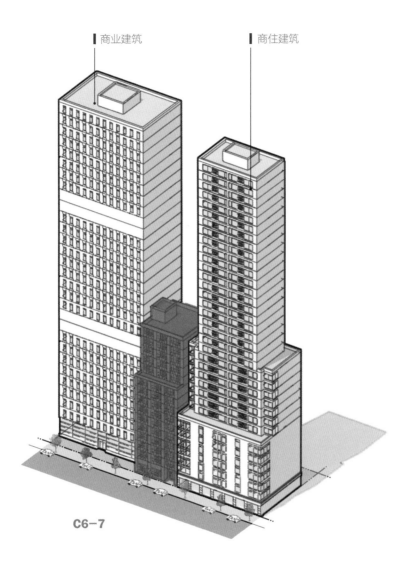

商业建筑　　商住建筑

C6-7

一般性肌理中心商业区

C5和C6	C5-1A	C6-1A	C5-2A	C6-2A	C6-3A	C6-3D	C6-3X	C6-4A	C6-4X
商业容积率	4.0	6.0	10.0	6.0		9.0	6.0	10.0	
对应住宅区	R10A	R6	R10A	R8A	R9A	R9D	R9X	R10A	R10X
附属停车位规定	无								
允许指示牌	临街面宽的3倍（最大面积：200平方英尺）	临街面宽的5倍（最大面积：500平方英尺）	临街面宽的3倍（最大面积：200平方英尺）	临街面宽的5倍（最大面积：500平方英尺）					

C7区

C7区专为大型露天游乐场而设。该区仅位于本市三个地区，最大的是布鲁克林的科尼岛（Coney Island）娱乐区，而两个较小的地区位于布鲁克林和布朗克斯。该区为1961年版《区划法规》中首次划定的区域。

布鲁克林，科尼岛

布鲁克林，科尼岛

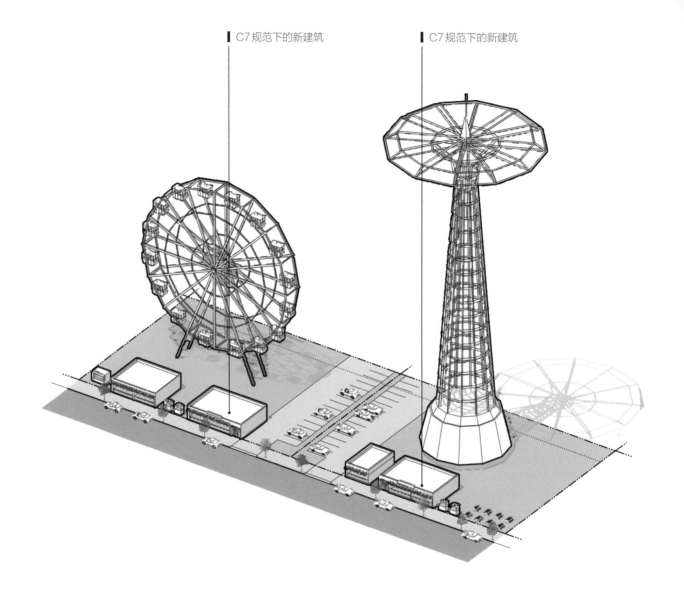

C7规范下的新建筑　　　C7规范下的新建筑

商业娱乐区

C7	C7
商业容积率	2.0
对应住宅区	无
附属停车位要求	每400平方英尺1个
允许指示牌	无限制

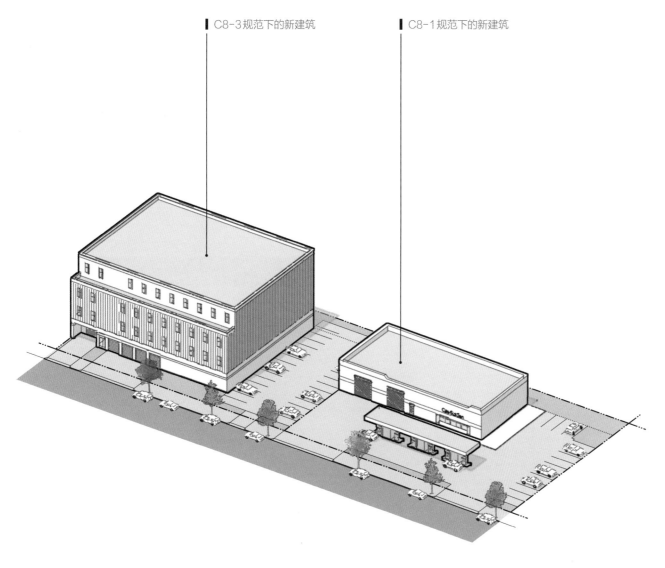

C8-3规范下的新建筑   C8-1规范下的新建筑

    C8区连接了商业和工业用途,提供汽车和其他重型商业服务,这些服务通常需要占用大量土地。它们主要沿着汽车使用集中度高的主干道分布。该区以数字后缀进一步区分了四种类型,数字越大,密度越高。所有类型都在1961年版《区划法规》中被首次划定。

    C8-1区主要分布在斯塔顿岛、布鲁克林南部地区和皇后区东部地区。C8-2区分布在布鲁克林南部地区。C8-3区主要分布在曼哈顿北部地区、布朗克斯的南部地区。C8-4区仅分布在曼哈顿中部地区。

斯塔顿岛,帕克希尔(Park Hill)

布鲁克林,湾脊地区(Bay Ridge)

一般服务区

C8	C8-1	C8-2	C8-3	C8-4
商业容积率	1.0	2.0		5.0
对应住宅区	无			
附属停车位要求PRC-B	每300平方英尺1个	每400平方英尺1个	每1000平方英尺1个	无
允许指示牌	临街面宽的6倍			

C1—C4 商业区

本地零售及服务叠加区	叠加区深度	附属停车位要求	商业容积率	面积（单个）	指示牌 面积（最大）	指示牌 面积（照明指示牌）	高度（街道标高之上）
C1-1	200 英尺	每 150 平方英尺 1 个	R1-R5: 1.00 R6-R10: 2.00	150 平方英尺	临街面宽度的 3 倍 （最大面积：150 平方英尺）	临街面宽度的 3 倍 （最大面积：50 平方英尺）	25 英尺
C1-2	150 英尺	每 300 平方英尺 1 个					
C1-3		每 400 平方英尺 1 个					
C1-4	100 英尺	每 1 000 平方英尺 1 个					
C1-5		无					
C2-1		每 150 平方英尺 1 个					
C2-2	150 英尺	每 300 平方英尺 1 个					
C2-3		每 400 平方英尺 1 个					
C2-4	100 英尺	每 1 000 平方英尺 1 个					
C2-5		无					

本地零售及服务区	对应住宅区	附属停车位要求	商业容积率	面积（单个）	指示牌 面积（最大）	指示牌 面积（照明指示牌）	高度（街道标高之上）
C1-6	R7-2	无	2.00	150 平方英尺	临街面宽度的 3 倍 （最大面积：150 平方英尺）	临街面宽度的 3 倍 （最大面积：50 平方英尺）	25 英尺
C1-7	R8						
C1-8	R9						
C1-9	R10						
C1-6A	R7A						
C1-7A	R8A						
C1-8A	R9A						
C1-8X	R9X						
C1-9A	R10A						
C2-6	R7-2						
C2-7	R9						
C2-8	R10						
C2-6A	R7A						
C2-7A	R9A						
C2-7X	R9X						
C2-8A	R10A						

滨水休闲区	对应住宅区	附属停车位要求	商业容积率	面积（单个）	指示牌 面积（最大）	指示牌 面积（照明指示牌）	高度（街道标高之上）
C3	R3-2	每 150 平方英尺 1 个	0.5	50 平方英尺	50 平方英尺	不允许设指示牌	25 平方英尺
C3A	R3A						

一般性商业非肌理区	对应住宅区	附属停车位要求	商业容积率	面积（单个）	指示牌 面积（最大）	指示牌 面积（照明指示牌）	高度（街道标高之上）
C4-1	R5	每 150 平方英尺 1 个	1.00	500 平方英尺	临街面宽度的 5 倍 （最大面积：500 平方英尺）	临街面宽度的 5 倍 （最大面积：500 平方英尺）	40 英尺
C4-2	R6	每 300 平方英尺 1 个					
C4-3		每 400 平方英尺 1 个	3.40				
C4-4	R7-2	每 1 000 平方英尺 1 个					
C4-5							
C4-6	R10	无					
C4-7			10.00				

C4—C8商业区

一般性商业肌理区	对应住宅区	商业容积率	社区设施容积率	附属停车位要求	面积（单个）	指示牌 面积（最大）	面积（照明指示牌）	高度（街道标高之上）
C4-2A C4-3A	R6A	3.00	3	每400平方英尺1个	500平方英尺	临街面宽度的5倍 （最大面积：500平方英尺）	临街面宽度的5倍 （最大面积：500平方英尺）	40英尺
C4-4A C4-5A	R7A	4.00	4	无				
C4-6A	R10A	3.40	10					
C4-7A	R10A	10.00						
C4-4D	R8A	3.40	6.5	每1000平方英尺1个				
C4-5D	R7D	4.20	4.2					
C4-5X	R7X	4.00	5	无				

受限制的中央商务区	对应住宅区	商业容积率	社区设施容积率	附属停车位要求	面积（单个）	指示牌 面积（最大）	面积（照明指示牌）	高度（街道标高之上）
C5-1	R10	4.00	10	无	200平方英尺	临街面宽度的3倍 （200平方英尺）	不允许设指示牌	25英尺
C5-2	R10	10.00						
C5-3	R10	15.00	15					
C5-4	R10	10.00	10		500平方英尺	临街面宽度的5倍 （最大面积：500平方英尺）	临街面宽度的5倍 （最大面积：500平方英尺）	40英尺
C5-5		15.00	15					
C5-1A	R10A	4.00	10		200平方英尺	临街面宽度的5倍 （200平方英尺）	不允许设指示牌	25英尺
C5-2A		10.00						

一般性中央商务区	对应住宅区	商业容积率	社区设施容积率	附属停车位要求	面积（单个）	指示牌 面积（最大）	面积（照明指示牌）	高度（街道标高之上）
C6-1	R7-2	6.00	6.5	无	500平方英尺	临街面宽度的5倍 （最大面积：500平方英尺）	临街面宽度的5倍 （最大面积：500平方英尺）	40英尺
C6-2	R8							
C6-3	R9							
C6-4	R10	10.00	10					
C6-5	R10					无限制		
C6-6	R10	15.00	15		500平方英尺	临街面宽度的5倍 （最大面积：500平方英尺）	临街面宽度的5倍 （最大面积：500平方英尺）	40英尺
C6-7	R10					无限制		
C6-8	R10	10.00	10					
C6-9	R10	15.00	15					
C6-1A	R6	6.00	6		500平方英尺	临街面宽度的5倍 （最大面积：500平方英尺）	临街面宽度的5倍 （最大面积：500平方英尺）	40英尺
C6-2A	R8A		6.5					
C6-3A	R9A		7.6					
C6-3D	R9D	9.00	9					
C6-3X	R9X	6.00						
C6-4A	R10A	10.00	10					
C6-4X	R10X							

商业娱乐区	对应住宅区	商业容积率	社区设施容积率	附属停车位要求	面积（单个）	指示牌 面积（最大）	面积（照明指示牌）	高度（街道标高之上）
C7	无	2.00	无	每400平方英尺1个	无限制			

一般性服务区	对应住宅区	商业容积率	社区设施容积率	附属停车位要求	面积（单个附属设施牌）	面积（单个广告牌）	指示牌 面积（最大）	面积（照明指示牌）	高度（街道标高之上）
C8-1	无	1.00	2.4	每300平方英尺1个	照明：500平方英尺 非照明：750平方英尺	间接照明：500平方英尺 非照明：50平方英尺	临街宽度的6倍	临街面宽度的5倍	照明：40英尺 非照明：58英尺
C8-2		2.00	4.8	每400平方英尺1个					
C8-3		2.00	6.5	每1000平方英尺1个					
C8-4		5.00		无					

MX   M1   M2

第五章　工业区

　　纽约市的工业区包含了一系列对城市经济至关重要的活动区，主要包括：传统的生产设施、仓库和配送中心、施工承包商机构、电影制片厂、轮渡和船舶码头、新兴技术和创客工厂、污水处理厂和火车站等重要的市政工程设施。工业区还包括各类办公室、批发和零售业务以及数量有限的社区设施。1916年，《区划法规》将可以进行这一系列活动的地区划定为不受限制的工业区。1961年版《区划法规》则提出了将工业区与住宅区分离的要求，以减少工业活动对附近的居民区产生影响。如今，该《区划法规》通过一系列规范来管理工业区，利用与住宅区分离的空间环境，为各类商业活动提供了更多空间。

M3

轻工业区

中工业区

重工业区

基本类型

《区划法规》按照所允许的工业**用途**强度、适用的**性能标准**（即：对各种工业危害的数量和类型予以限制的规范条例，包括对噪声、振动、烟雾、臭气和火灾等潜在有害要素的限制）以及所允许的非工业活动范围，将工业区分成三种类型。根据不同的**容积率（FAR）**及停车要求，又将每一类工业区细分成若干个小类分区，用数字后缀表示工业用途和密度的增加。具体划分如下：

- M1——轻工业区。M1区通常包含一系列工业、商业和有限数量的社区设施用途。在某些情况下，该区是住宅区和中工业区的过渡区。
- M2——中工业区。虽然一般来说，M2区的管制标准类似于更密集的M3区，但在某些情况下，M2区的性能标准更为严格。其分布范围有限，通常位于滨水区或滨水区附近。
- M3——重工业区。最初，M3区规划用于满足一些发电厂和铸造厂等在内重要的重工业用途和设施的需要，这些工厂会产生大量噪声，排放大量污染物，并严重影响货运交通。如今，M3区则有一些开放的工业用途，如：废品回收设施和水泥生产厂等。

1961年版的《区划法规》将工业区和住宅区分离，以保障住宅区免受工业污染、噪声、交通及其他有害物质的影响，而这也能避免工业区遭受对工业公害的投诉（这项举措先于当代管理空气和水质的环境法规出台）。该规范实施后，工业区内不得再新建住宅区，但由于土地利用模式的历史原因，许多现有住宅仍将继续作为**不相符用途**存在（更多背景资料见第一章）。

随着时间的推移，这一功能分区的标准已逐渐放宽。通过建立允许住宅与工业用途混合的特殊M1区，不仅发挥了区域现有的混合性，还实现了混合用途社区的计划。这些**对应分区**位于16组特殊**混合用途分区**之一（在分区地图上用"MX+数字"表示）以及其他特殊区域，它们将M1区与住宅区结合起来，允许一系列可兼容的混合用途，以实现彼此协调发展（见第七章）。本章还介绍了M1区其他不同的规范。《州多户住宅法》（又名《Loft住房法》）的相关规范也将某些工业区内的额外住宅用途进行了合法化。此外，随着时间的推移，通过非住宅建筑的适应性再利用，也会产生更多的额外住宅用途。

工业区

- ■ 允许住宅用途的工业区
- ▨ 不允许住宅用途的工业区

许可用途

纽约市工业区具有广泛的工业和商业用途。根据各自的运作特点，M1区、M2区、M3区可允许用途组合17和18中的工业用途。这三个分区均有各自不同的最低性能标准（ZR 42-20），其中，M1区的标准最严格。自1961年以来，这些性能标准逐渐被市、州或联邦环境法规取代，而且大部分变得更为严格。

总而言之，像用途组合18中所列具有潜在危害的用途，如发电厂和燃料供应站等，只允许出现在M3区。这类工厂须符合M1区和M2区更高的性能标准，才可出现在这两个分区里。M1区、M2区、M3区均可允许**用途组合17**中的轻工业用途，如木工车间、维修服务店、批发服务、仓储设施等。

除少数例外情况外，M1区允许出现多种商业用途（ZR 42-10）。但某些建筑面积在一万平方英尺以上的零售用途，如食品、服装、家具和百货商场等，须取得**城市规划委员会（CPC）的特殊许可证**（ZR 42-30）。

M2区和M3区不允许出现**用途组合5**中的钟点房旅馆。**用途组合6A、6C、9A、10A**以及**12B**中某些零售和服务用途有大小限制，甚至不被允许。

用途组合4中的某些主要社区设施用途，如礼拜场所和诊所等，可出现在M1区中。但学校和医院这类的设施用途，则需要得到**准则与申诉委员会**或者城市规划委员会的特殊许可证（ZR 42-31，42-32）。M2区和M3区不允许有社区设施。

除了材料或产品的储存，以及在用途组合中有特殊规范的用途外，商业和工业用途还应遵守特殊的封闭要求（ZR 42-41）。这些用途在M1区以及位于靠近住宅区的M2区或M3区内必须围起来，而M2区和M3区的其他区域不需要围起来。露天材料或产品仓库不得出现在靠近住宅区的M1区。在M1其他区域以及靠近住宅区边界的M2区和M3区，这类露天仓库需用屏障围起来（ZR 42-42）。

除特殊情况，工业区内不得出现任何新建住宅。只有位于SoHo区[①]和NoHo区[②]的M1-5A区和M1-5B区，艺术家可将其**生活工作一体区**作为工业用途使用（ZR 42-14）。在市中心区南部的M1-5M区和M1-6M区，保留一定建筑面积做商业或工业用途使用时，可通过城市规划委员会主席认证将旧建筑转换为住宅用途（ZR 15-21）；若无法保留，则可通过城市规划委员会的特殊许可证将其转换为住宅用途（ZR 74-782）。在M1-1D区到M1-5D区，出于对已有住宅建筑的认可，城市规划委员会可以**批准**，允许新建住宅用途（ZR 42-47）。M1-6D区合规允许有新建住宅建筑物，同时，现存的小型建筑也合规可改建为住宅用途，但商业和社区设施用途须遵守特殊规范以确保为非住宅用途提供充足的空间（ZR 42-48）。

根据工业企业材料环评相关规范，在特殊混合用途分区里，住宅和非住宅用途（包括商业、社区设施和轻工业用途）被依规允许，而且可以并排布局，或者布局在同一建筑物内。为了实现这一分区，M1区与R3-R10区进行了对应，比如M1-2/R6区。MX区允许大多数轻工业用途出现，其他用途则受到限制，除小型酿酒厂外（ZR 123-22），不允许出现用途组合18中的其他任何用途。

[①] 译注：纽约市苏荷区，位于曼哈顿下城西区休斯敦大街以南的街区，因旧厂房改造的Loft、艺术家社区和繁荣的商业街而闻名。

[②] 译注：纽约市诺霍区，位于曼哈顿下城西区休斯敦大街以北的街区，毗邻苏荷区，是充满活力的城市潮流引领者的聚集地。

许可用途组合

	住宅用途		社区设施用途		零售和商业用途											一般服务用途	工业用途	
	1	2	3	4	5	6	7	8	9	10	11	12	13	14	15	16	17	18
工 业 区																		
M1				•	•	•	•	•	•	•	•	•	•	•		•	•	
M2						•	•	•	•	•	•	•	•	•		•	•	
M3						•	•	•	•	•	•	•	•	•		•	•	•

用途组合6——满足当地购物需求的零售和服务用途,如:食品和小型服装店、美容院和干洗店以及办公室(**ZR 32-15**)

用途组合7——家电维修服务用途,如:服务附近居民区的管道疏通和电器商店(**ZR 32-16**)

用途组合8——娱乐场所用途,如:影院和小型保龄球馆;相关服务设施,如:电器修理店,以及汽车租赁和公共停车设施(ZR 32-17)

用途组合9——商业和其他服务用途,如:打印店或餐饮店(ZR 32-18)

用途组合10——大型零售用途,如:百货公司和家用电器商店(ZR 32-19)

用途组合11——定制生产用途,如:珠宝或服装定制(**ZR 32-20**)

用途组合12——人流量大的大型娱乐设施用途,如:竞技场和室内溜冰场(**ZR 32-21**)

用途组合13——低遮蔽率或露天的娱乐设施,如:高尔夫球练习场和儿童小型游乐园、露营地(**ZR 32-22**)

用途组合14——适用于海滨娱乐区的划船和相关活动设施(**ZR 32-23**)

用途组合15——大型商业娱乐场所,包括典型的游乐园景点,如:摩天轮和过山车(**ZR 32-24**)

用途组合16——汽车和半工业用途,如:汽修店、加油站、木工定制和焊接车间(**ZR 32-25**)

用途组合17——通常能符合高性能标准的轻工业用途,如:家用电器制造或承包商工地(**ZR 42-14**)

用途组合18——重工业用途,如:水泥厂、肉类和鱼类加工厂、废品清理场(**ZR 42-15**)

工业区建筑可建造范围

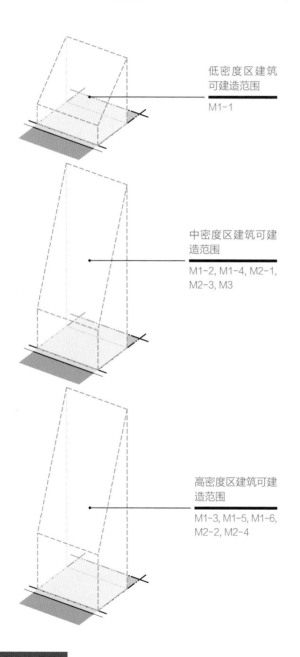

低密度区建筑可建造范围

M1-1

中密度区建筑可建造范围

M1-2, M1-4, M2-1, M2-3, M3

高密度区建筑可建造范围

M1-3, M1-5, M1-6, M2-2, M2-4

许可体量

容积率（FAR）是控制工业区建筑物面积的主要工具，从 M1-1 区的 1.0 至 M1-6 区的 10.0 不等。容积率严格控制着这些分区内建筑物的大小（ZR 43-12）。特别规范允许 1961 年前建的建筑物拥有较高的容积率，并利用它们有限地扩大工业规模。M1 区中的社区设施用途的容积率通常相对较高，而 M1-6 区中的公共广场和骑楼则可获得一定容积率奖励。

所有的工业区对**前院**或侧院都没有要求。**内部地块**的后院应有 20 英尺深，而**连通地块**的对应**后院**则须高出一楼 40 英尺以上（ZR 43-20）。若工业区紧邻住宅区，应增加后院深度，并满足侧院的最小面积要求，为位于两区之间的建筑提供充足的间隔距离（ZR 43-30）。和商业区一样，工业区没有任何**地块覆盖**限制要求。

工业区的建筑物高度受**天空暴露面**控制（ZR 43-40）。和商业非肌理区一样，低、中、高密度工业区有不同的天空暴露面，这主要是因为各区靠近街道的最大允许街墙高度（高密度区最高）和天空暴露面的坡度（取决于相邻街道的宽度，高密度区最陡）不一样。此外，另一个选择方案是：建筑物沿街道线提供开放空间，则天空暴露面的坡度更大，整个建筑物应建在这一开放空间后方。在某些分区（M1-3 区到 M1-6 区），若塔楼满足一定的大小和位置标准，则可穿透天空暴露面（ZR 43-45）。

在 M1-1D 区至 M1-5D 区，经城市规划委员会批准许可后，允许住宅用途，但同时也应遵守特殊的体量规范（ZR 43-61）。在 M1-6D 区，建筑物应遵守与 R10A 区类似特殊的地块覆盖率、庭院法规、容积率、高度以及退界控制等相关规范，以及包容性住房计划地区的额外容积率和高度奖励规范等（ZR 43-62）。

在 MX 区，住宅用途应遵守对应住宅区的体量控制规范。除了社区设施用途应遵守住宅容积率限制外，商业、社区设施及工业用途均应遵守 M1 区体量控制规范。同时，MX 区适用特殊的地块覆盖率、庭院、高度和退界法规（ZR 123-60）。

停车位和装卸货泊位

某些工业区有停车位配置要求，而另一些分区（M1-4 区、M1-5 区、M1-6 区、M2-3 区、M2-4 区和 M3-2 区）根据其许可用途，可以不规划停车位，还有一些分区的停车位则分布在路外停车需求有限的地方。

许可和所需停车位

有停车要求的地区，其车位数量根据该用途的停车率和建筑物的大小而定（ZR 44-20）。新工业设施要求按照每三名雇员或每 1000 平方英尺的建筑面积的标准提供一个停车位，以二者中需求更多者为准。仓库和其他仓储设施，其用途空间大，员工人数较少，应按照每三名雇员或每

2 000平方英尺的建筑面积的标准提供一个停车位，以二者中需求更少者为准。工业区中商业用途的停车要求与C8-1区中商业用途的停车要求一样，如工业区中的办公楼和大部分零售机构都应按照每300平方英尺建筑面积的标准提供一个停车位。如果停车位需求量太少，则可不设停车位（ZR 44-23），根据不同的区划地区，其标准为15到40个不等。

和商业区一样，工业区对配建停车位数量也有限制，一个分区地块上，配建停车位最多225个（ZR 44-13）。这些限制仅适用于允许停车位；所需停车位不受这些限制。

M1-1D区、M1-2D区、M1-3D区、M1-4D区、M1-5D区和M1-6D区的住宅用途应遵守特殊的停车要求。M1-1D区内的每个住宅单元应拥有一个停车位，M1-2D区到M1-5D区，须得到城市规划委员会的批准才可设停车位（ZR 44-28）。M1-6D区须遵照C6-4区内住宅用途的停车要求（ZR 44-024）。

在MX区，住宅和社区设施用途一般应遵照住宅区的停车规范，而商业和工业用途则遵照M1区的规范（ZR 123-70）。

补充停车规范

工业区规范还对停车场的使用、车位设计以及自行车停车和装卸货泊位的要求作出了相应补充规范。

为解决分区地块上可能无法容纳所有所需停车位的问题，特别规范可在有停车要求的分区地块半径600英尺范围内设路外停车位。这一额外的停车位可靠近工业区或者C8商业区，或者位于联合设施内、礼拜场所旁及共享设施内（ZR 44-30）。在多数分区内，如果基本用途并未用到所有所需的停车位，住户可将其配建停车位出租给其他用户（ZR 44-35）。

所有停车位均应遵守附加条例规范，包括停车位的最小尺寸和位置规范，以及允许共享车辆停在一系列路外停车设施内的规范（ZR 44-40）。

许多低密度工业区内可设最多停放150辆车的**公共停车库**。当较低密度分区的公共停车库车位数量超过150个，或较高密度分区有停车要求时，则需获得城市规划委员会的特殊许可证。所有工业区均可设最多可停放150辆车的**公共停车场**，但需要获得城市规划委员会的特殊许可证才能建设有更多泊位的停车场（ZR 42-32）。

多数用途需设装卸货泊位。不同分区、不同大小的设施和不同类型的用途，相应的装卸泊位数量也不同。不过对于相同的建筑面积，较低密度分区相比于高密度分区需要更多的装卸货泊位。装卸货泊位也需遵守停泊位置、铺设材料、遮挡和进出要求等相关规范（ZR 44-50）。

特殊设计要求适用于路外停车设施，包括对路缘斜坡的位置和尺寸的限制，以及铺设和遮挡的要求等（ZR 44-40）。

新的商业开发、重大扩建或改建项目需要为员工提供配建封闭式自行车停车设施（ZR 44-60、36-70）。封闭式自行车停车设施不计入建筑面积。

街景

相比于住宅区或商业区，工业区的街景法规较为有限。

三种工业区内的**指示牌**法规都一样，且较为宽松。所有工业区均可使用**附属指示牌**和**广告牌**（ZR 42-52）。根据不同属性、照明与否、照明方式等因素，规范对指示牌有不同的大小和高度限制要求，例如，非照明指示牌的最大面积可达1 200平方英尺。间接照明指示牌面积仅为750英尺。照明指示牌最大高度为40英尺，而对于非照明指示牌，则须先确定其是附属指示牌还是广告牌，二者高度分别为58英尺、75英尺。

在允许有住宅用途的M1区，以及靠近公路干线、居民区或公园等地的工业区，特殊法规对指示牌有更加严格的规范（ZR 42-55,42-56）。MX区适用C6-1区的指示牌规范（ZR 123-40）。位于居住区附近时，特殊规范对商业入口的位置、橱窗及指示牌有着严格的规范（ZR 42-44）。

除了用途组合17和18，工业区的新开发或重大扩建项目都需种植行道树，临街面每25英尺需种植一棵树（ZR 43-02）。但是，要计算所需行道树数量的临街面长度，可以不包括用途组合16中被路缘斜坡所占用的临街面。

M1区

M1区主要为轻工业以及批发服务和仓储设施区,通常作为更密集的M2区或M3区和相邻住宅区或商业区之间的缓冲地带。M1区有六小类分区,每一分区用数字后缀加以区分。

M1-1区主要是单层工业建筑物,比如布鲁克林的福莱特地社区(Flatlands neighborhood)。两层至四层工业建筑物主要集中在M1-2区和M1-4区,其中,M1-4区公共交通便利,如布鲁克林的东纽约区(East New York);M1-2区则离公共交通较远,如布朗克斯的狩猎点社区(Hunts Point)。与之相同,M1-3区和M1-5区则表示密度较大的工业区,交通便利程度因区位而异:M1-3区分布在曼哈顿之外的地区,如皇后区的鸦林镇(Ravenswood),而M1-5区主要分布在曼哈顿西部边缘地区。M1-6区主要分布在曼哈顿中部地区,那里最初开发的是多层工业建筑物。

皇后区,长岛市(Long Island City)

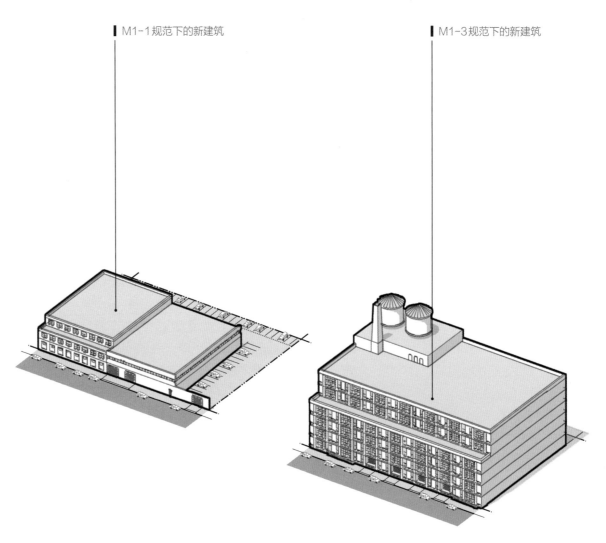

M1-1规范下的新建筑

M1-3规范下的新建筑

轻工业区(高性能标准)

M1	M1-1	M1-2	M1-3	M1-4	M1-5	M1-6
工业容积率	1.0	2.0	5.0	2.0	5.0	10.0
附属停车位要求	每300平方英尺1个			无		
许可指示牌规范(表面积)	临街面宽度的6倍					

M2区位于轻工业和重工业之间的中间地带。M2区分成四小类分区，每个分区以数字后缀来加以区分，主要分布在城市滨水区的老工业区。这些分区都源自1961年版《区划法规》。

M2-1区主要分布在布鲁克林红钩区（Red Hook）的大部分区域，和日落公园滨水区（Sunset Park waterfronts），以及皇后区的大学点（College Point）。M2-2区、M2-3区和M2-4区仅分布在曼哈顿。曼哈顿区的哈得孙河码头（Hudson River piers），包括西51街的客船码头和许多市政设施等均位于M2-3区内。

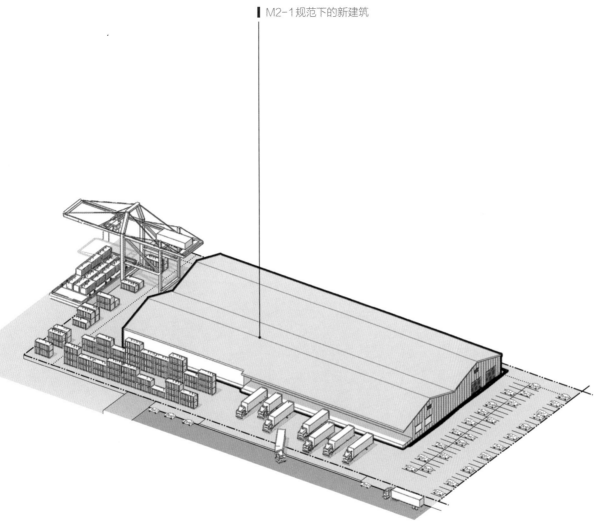

M2-1规范下的新建筑

斯塔顿岛，西罗斯维尔（West Rossville）

布鲁克林，戈瓦努斯（Gowanus）

中工业区（中性能标准）

M2	M2-1	M2-2	M2-3	M2-4
工业容积率	2.0	5.0	2.0	5.0
附属停车位要求	每300平方英尺1个		无	
许可指示牌规范（表面积）	临街面宽度的6倍			

M3区

　　M3区主要分布在产生噪声及污染物、货运交通繁忙的重工业地带。M3区主要的用途包括发电厂、固体废物转运设施、回收厂和燃料供应仓库。M3区分成两小类分区，每个小分区以数字后缀来加以区分，均是1961年版《区划法规》中设立的分区。

　　M3区和M2区一样，主要位于滨水区附近，与住宅区隔开。规模较大的M3区分布在斯塔顿岛的阿瑟溪（Arthur Kill），布朗克斯南部地区的东河（East River）沿岸地区，以及布鲁克林弋瓦努斯运河（Gowanus Canal）沿岸。较小的M3区，如皇后区的阿斯托里亚（Astoria），分布在全部五个市区，以配置服务城市的市政设施。

皇后区，鸦林镇（Ravenswood）

布鲁克林，格林波恩特（Greenpoint）

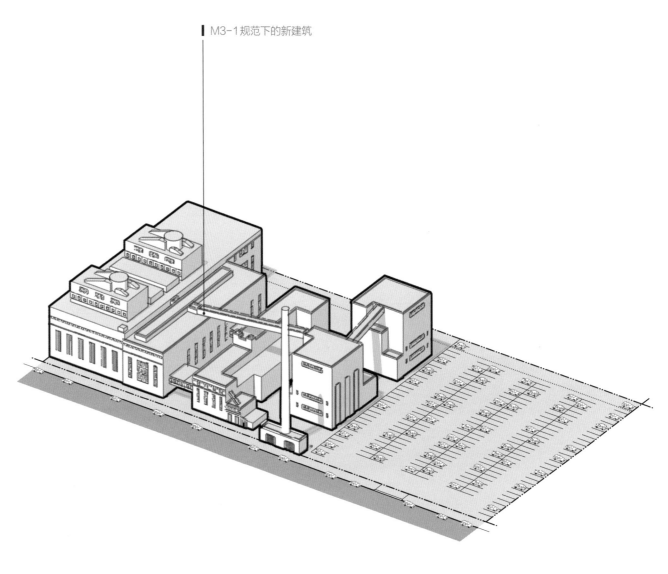

M3-1规范下的新建筑

重工业区（低性能标准）		
M3	M3-1	M3-2
工业容积率	2.0	
附属停车位要求	每300平方英尺1个	无
许可指示牌规范 （表面积）	临街面宽度的6倍	

M1—M3工业区

用　　途		M1-1	M1-2	M1-3	M1-4	M1-5	M1-6	M2-1	M2-2	M2-3	M2-4	M3-1	M3-2
住宅用途	用途组合1-2												
社区设施用途	用途组合3-4	●	●	●	●	●	●						
商业用途	用途组合5-15	●	●	●	●	●	●	●	●	●	●	●	●
一般用途	用途组合16	●	●	●	●	●	●	●	●	●	●	●	●
工业用途	用途组合17	●	●	●	●	●	●	●	●	●	●	●	●
	用途组合18											●	●
体　　量													
工业容积率		1.0	2.0	5.0	2.0	5.0	10.0	2.0	5.0	2.0	5.0	2.0	
社区设施容积率		2.40	4.80	6.50			10.0	无					
停　车　场													
附属停车位要求		每300平方英尺1个			无			每300平方英尺1个		无		每300平方英尺1个	无

指　示　牌			街道标高之上高度	单个指示牌大小	表面积
所有工业区	附属	照明或闪光	40英尺	500平方英尺	5×临街面
		间接照明	75英尺	750平方英尺	5×临街面
		非照明	75英尺	1 200平方英尺	6×临街面
	广告	间接照明	75英尺	750平方英尺	5×临街面
		非照明	75英尺	1 200平方英尺	6×临街面

第六章　特殊区域规范

出于各种规划原因，特殊区域规范修改了很多城市地理区域中的基础**住宅、商业和工业区**规范。每一类特殊区域都有特定的规划目标或规划特点，且可以被划定于各类分区中的不同范围，如机场周边或靠近滨水区的社区。不同于第七章的**特殊目的区**，这些区域并没有出现在**区划地图**上。其中许多规范刊于第一篇（通则）或第六篇（适用于某些区域的特别规范），而其他规范则穿插在整个《区划法规》中。下文将指出每个条款的具体位置。

1961年版《区划法规》通过后，其中两个专项（适用于机场附近和私有公共空间的法规）成为了该法规的一部分，其他专项则随着时间推移逐渐丰富了起来，以解决当时需优先应对的规划问题。这些条款约三分之一适用于《区划法规》中的地图或列表中的特定区域，比如**包容性住房**或**发展食品零售支持健康生活（FRESH）计划**；另外三分之一仅适用于某些分区（无论分布在哪里），例如**填充式住宅**；其余条款的适用性由其他政府机构决定，例如历史街区的地标保护委员会，或某些地方的指定距离，如机场跑道。

由于单个地块可能受到这些规范中的一项或多项条例的影响，因此，了解这些条款制定的目的、适用的区域以及修改基础分区规范的方式非常重要。市民可登录www.nyc.gov/zola，在线查阅DCP的分区与土地利用申请（ZoLa），其中包括了本章描述的许多条例的地图信息。

在特定的地区适用的情况包括：
- 低密度增长管理区
- 路外停车
- 包容性住房
- 发展食品零售支持健康生活（FRESH）计划
- 露天咖啡馆

在特定的规划分区适用的情况包括：
- 狭窄建筑
- 私有公共空间
- 填充式住宅
- 地铁站周边
- 大型开发项目

在其他情况适用的情况包括：
- 洪患区
- 滨水区
- 历史街区和地标性建筑
- 机场周边

低密度增长管理区

斯塔顿岛低密度增长管理

布朗克斯低密度增长管理区

低密度增长管理区（LDGMA）

2004年，一系列特殊的区划管控规范出台，旨在限制一些低密度地区的增长，这些地区往往远离市中心，公共交通服务不完善，汽车保有率高。在低密度地区内，新开发项目路外停车位的需求量更大，**庭院**和**开放空间**面积更大，而某些用途的布局会受到更多的限制。这些规范最初应用于斯塔顿岛的第1、2和3社区，主要为解决20世纪90年代本市住房快速增长时出现的问题。2010年，这些规范被推广至布朗克斯的第10社区，来解决同样的问题。低密度增长管理区的各种要求穿插在整个《区划法规》中，不过所有相关列表信息可在一个地方查到（ZR 23-012）。

在这些区域中，低密度增长管理区的区划管控规范适用于R1区、R2区、R3区、R4-1区、R4A区和C3A区所有开发项目。它们也同样适用于用**私有道路**连接的R4区或R5区，斯塔顿岛的C1区、C2区和C4区以及布朗克斯第10社区的R6区和R7-1区。

在低密度地区，住宅的停车要求从每个住宅单元1个车位增加至1.5个。即：一幢新的独户住宅需要两个路外停车位（1.5四舍五入取2），双户住宅则需要三个路外停车位。停车位还受限于特殊的布局和设计要求，这些要求包括禁止在**前院**停车，以及某些地区的内部或独立车库可获得特殊的**建筑面积**奖励。对于布朗克斯第10社区的R6区和R7-1区，其开发项目的停车要求更高。

低密度增长管理区规范要求所有住宅都应有30英尺深的后院，并增加后院之间的最小间距，从而限制在大块用地上的住宅数量。私有道路的开发项目也比其他地区的标准更严格，这是为了减少沿私有道路建造的住宅数量。私有道路上**住宅用途**的庭院和停车规范与公共道路上的新开发项目一样。

配合住宅及商业用途的特点，某些用途须遵守特殊的要求。**住宅区**的医疗办公室和日托中心应遵守更严格的住宅体量规范，而不是更宽松的社区设施规范。为了更好地满足停车要求，这类用途也须遵守特殊的最小地块面积规范。为了鼓励在**商业区**开发住宅用途，规范允许增加额外的**容积率**（FAR），并降低停车要求。在商业用途比城市其他地区的商业用途少得多的斯塔顿岛，有特殊的规范要求：禁止在商业区内进行单一的住宅用途开发；在C4-1区的包含区域性大型购物中心和商业中心的大型场地上建设住宅或混合开发项目时，要获得**城市规划委员会**（CPC）**特殊许可证**。

路外停车

根据不同的交通便利程度,特殊停车规范应用于三大地理区域。

曼哈顿核心区 (Manhattan Core)

曼哈顿核心区由曼哈顿1社区至8社区组成(不包括总督岛、罗斯福岛和哈得孙调车场特殊目的区),拥有北美最好的公共交通服务。这里制定了特殊的停车规范,以缓解该区拥堵的交通,并减少空气污染。这些规范于1982年实施,于2011年更新,刊于《区划法规》第一篇第三章。

在曼哈顿核心区,新开发项目无最少附属停车位要求,而是对附属停车位的修建有数量限制。**公共停车场**只能布局于曼哈顿中城和下城区。新建的公共停车设施或附属停车设施如若超过限制停车位数量,则须获得城市规划委员会特殊许可证,并证明增设的停车位满足了居民、员工和访客未得到满足的停车要求(ZR 13-45)。所有附属停车位都可以向公众开放,以满足附近的停车要求,而所有新的停车设施都应遵守特殊的布局和设计要求。此外,若自动停车设施的高度不足40英尺(而非23英尺),其面积可不计入建筑面积,从而满足停车位的空间需求。

长岛市 (Long Island City)

1995年,长岛市制定了特殊的停车要求,这些要求与曼哈顿核心区当时适用的规范和目的都很相似。该区所有开发项目都无附属停车规定,并限制最多可修建的停车位数量,但这些限制条件没有曼哈顿核心区那么严格。此外,建设公共停车场需要**城市规划委员会**授权,建设新的公共停车设施或当额外停车位超过最大数量限制时,也需要获得**城市规划委员会**特殊许可证。长岛市的停车规范及其适用范围可见第一篇第六章。

轨交可达区 (Transit Zone)

2016年,各种保障性住房的特殊停车规范在被划定为**轨交可达区**的地区得到了实施。这些地区位于曼哈顿核心区外,距离地铁站通常不到半英里,汽车保有率低于本市其他地区。为减少保障性住房开发项目建造停车场的不必要的高昂成本,这些地区减少,甚至免除了停车位要求。轨交可达区的地图刊于《区划法规》附录 I 中。

在轨交可达区,符合包容性住房项目要求,或符合**低收入住房**定义的老年人保障性住房单元并无强制性停车要求(ZR 25-25)。只要所有住宅单元都是低收入保障住宅,现有的老年人保障性住房可撤除他们认为不必要的停车位,来修建新的建筑物或开放空间。其他现有保障性住房必须向**准则与申诉委员会**(BSA)申请特殊许可证(ZR 73-43)。对于面向混合收入阶层人群的开发项目,可根据建筑物内保障性住房的数量,向准则与申诉委员会或城市规划委员会申请特殊许可证,来修改停车要求。

降低或无停车要求的区域

■ 轨交可达区
■ 曼哈顿核心区和长岛市

包容性住房

包容性住房计划分为三项计划。不同计划适用于不同的地区，都是为了促进人口密度最高地区和规划住宅数量明显增长的社区的经济多样性而设立，但又各有不同。前两项计划——R10和包容性住房指定区域——是"自愿"项目，可利用建筑面积奖励作为修建或保护保障性住房的交换条件。最新发布的**强制性包容住房计划**要求所有超过一定开发规模的住宅项目都应提供部分保障性住房。在这三项计划中，保障性住房单元可能与商品住房位于同一地点，也可以在同一社区或社区半英里以内的地方。保障性公寓可能是出租或自有住房。根据地区中等家庭收入（AMI）比率，居民必须符合最低和最高收入要求，并且所有属于该计划的住宅单元应为永久性保障性住房（ZR 23-154、23-90）。

R10计划

第一个包容性住房计划制定于1987年，大部分分布在人口密度最高的居住区（R10）和商业区内的R10对应住宅区，且主要位于曼哈顿。根据该计划，如果新开发项目为收入低于地区中等家庭收入80%的居民提供了住房，那该项目的最大容积率就可以从10.0提高到12.0。每新建1平方英尺的保障性住房，就可以增加1.25～3.5平方英尺的建筑面积。这一增加的比例取决于三个方面：保障性住房与商品住宅是否位于同一地点；公寓是在新开发项目中提供的，还是通过修复

或保护现有建筑物提供的；开发商是否获得公共资金，如低收入住房的税收抵免。

指定区域计划

包容性住房指定区域计划（IHDA）制定于2005年，其目的是鼓励在城市其他多元密度住宅区，为混合收入人群修建住房。第一个IHDA计划是布鲁克林的格林波恩特—威廉斯堡市（Greenpoint-Williamsburg）分区修编计划的一部分。2005年至2014年期间，该计划曾应用于其他中密度和高密度地区，这些地区的分区变化促进了大量新住房的修建。只有在IHDA计划指定的区域，才可以获得建筑面积奖励。这些区域绘制于《区划法规》附录F的地图中。

在IHDA计划中，分区有一个基本容积率，它通常低于在同一分区而未参与IHDA计划的项目的容积率，而参与该计划的项目可获得更高的容积率奖励。例如：R7A区的容积率为4.0，在IHDA计划中，其基本容积率为3.45，而通过提供保障性住房，可以通过容积率奖励增加到4.6。

如果分区地块上20%的建筑面积保留给最低工资在地区中等家庭收入80%及以下的居民，新开发项目或现有建筑面积50%以上的扩建项目就可以获得容积率奖励。为了包容混合用途建筑，首层非居住空间不在计算范围之内。如果该建筑中提供了保障性住房单元，还可以另外增加建筑一层或二层的高度以适应建筑体量内增加的容积率部分。

强制性包容住房

2016年，纽约市通过了**强制性包容性住房计划**（MIH），广泛实施在区划修编中，居住密度显著增加的地区。在强制性包容住房计划适用的区域内，城市规划委员会和市政府可采用下列一种或多种方案：

- 方案1——将25%的住宅建筑面积，提供给平均收入是地区中等家庭收入60%的居民；将至少10%的住宅建筑面积，提供给平均收入是地区中等家庭收入40%的居民；
- 方案2——将30%的住宅建筑面积，提供给平均收入为地区中等家庭收入80%的居民；
- 深度负担能力方案——将20%的住宅建筑面积，提供给平均收入为地区中等家庭收入40%的居民（仅在必要时，为支持更多保障性住房的建设，允许启动公共资金）；
- 劳动力方案——将30%住宅建筑面积，提供给平均收入为地区中等家庭收入115%的居民；将至少5%的住宅建筑面积，提供给平均收入为地区中等家庭收入70%的居民；将5%的住宅建筑面积，提供给平均收入为地区中等家庭收入90%的居民（不允许使用公共资金）。

强制性包容住房计划区域也绘制在《区划法规》附录F的地图中。在这些区域内，在分区地块

上修建超过10个单元或12 500平方英尺住宅建筑面积的新建、扩建和改建项目必须符合上述任意一种方案。

每个强制性包容住房计划区域项目使用的方案是以提案方式通过公开评审过程确定的。1和2为基本方案，每个强制性包容住房计划区域必须至少符合其中任一方案。"强负担能力方案"或"劳动力方案"也可能存在。曼哈顿1至8社区的市场租金通常比较高，足够用来交叉补贴保障性住房，所以"劳动力方案"不能应用于曼哈顿1至8区。

强制性包容住房计划允许"收入平均化"，这意味着保障性住房可以针对不同的收入区间，只要住户收入的加权平均数等于或低于以上方案中指定的地区中等家庭收入百分比。这使得那些难以满足其他保障性住房计划的各类收入人群能够住得起房。

通常包含保障性住房单元的强制性包容住房计划项目可享有与指定区域计划中一样的更高容积率和高度。作为修建保障性住房的替代方案，不超过25个单元或25 000平方英尺的项目可选择缴纳**保障性住房基金**。该基金由纽约市房屋维护及发展局管理，且必须用于同一社区内的保障性住房项目。

强制性包容住房计划要求，当保障性住房位于单独的分区地块时，还要再保留额外的5%总建筑面积。

分 区	指定区域	
	基本容积率	最大容积率
R6[1]	2.20	2.42
R6[2]	2.70	3.60
R6A	3.45	4.60
R6B	2.00	2.20
R7A	3.45	4.60
R7-2[1]	2.70	3.60
R7-2[2]	3.45	4.60
R7-3	3.75	5.00
R7D	4.20	5.60
R7X	3.75	5.00
R8	5.40	7.20
R9	6.00	8.00
R9A	6.50	8.50
R9D	7.50	10.00
R9X	7.30	9.70

[1] 适用于沿着宽街道，尺度为100英尺以上的分区地块或部分地块。
[2] 适用于沿着宽街道，尺度为100英尺以下的分区地块或部分地块。

指定区域的建筑可建造范围

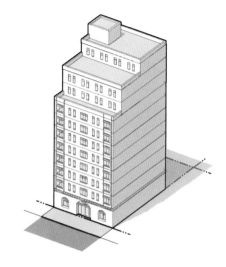

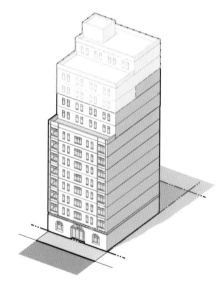

一座位于R8A区的指定区域计划建筑，如果未列入包容性住房计划，其最大住宅容积率为5.4，最大高度为125英尺。如果列入包容性住房计划，其最大住宅容积率为7.2，最大高度为145英尺。

FRESH区域

■ FRESH计划下的区域

FRESH计划

"发展食品零售支持健康生活（FRESH）计划"制定于2009年，旨在促进食品杂货店的发展，这些杂货店通常在服务水平较低的社区销售新鲜健康食品。一项城市研究发现：许多社区没有便利食品杂货店，这导致这些地区饮食相关疾病的发病率更高，比如心脏病和糖尿病。基于此研究成果，《区划法规》启动了这项计划。这些特殊的分区奖励刊于《区划法规》第六篇第三章。

FRESH计划应用于曼哈顿9-12社区的**商业和工业区**、布朗克斯1-7社区、布鲁克林3、4、5、8、9、16和17社区的部分地区，以及皇后区牙买加市中心区特殊目的区（the Special Downtown Jamaica District）的第12社区。

若要获得此项特殊分区规范的资格，申请人需要提供以下证明并获得城市规划委员会主席的授权：商店满足该计划的最小尺寸和设计标准；杂货店经营者已同意经营该商店；店铺应无限期用作杂货店。例如，食品杂货摊位的面积必须至少有6 000平方英尺，新鲜农产品摊位的面积至少有500平方英尺。

设有FRESH店铺的开发项目，每设置1平方英尺的FRESH店铺面积，均可额外增加1平方尺的建筑面积，最多可达20 000平方尺。经委员会**授权**，也可增加最大建筑高度，来容纳增加的建筑面积。在通常需要取得城市规划委员会特殊许可证才能建设大型食品杂货店的M1区，可依规建设最大面积30 000平方英尺的FRESH店铺。此外，一些分区对FRESH食品商店的停车要求较低。

露天咖啡馆

长久以来，**露天咖啡馆**一直是纽约市独具魅力的街道景观。1979年《区划法规》首次对露天咖啡厅的设计和位置标准做出了特别规范，以减少人行道的拥堵。相关规范条例刊于该法规第一篇第四章。

露天咖啡馆共三种类型：封闭式露天咖啡馆、开放式露天咖啡馆和小型露天咖啡馆。**封闭式露天咖啡馆**需要符合某些特定的设计标准，被包围在人行道上的一个封闭结构中（ZR 14-10）。**开放式露天咖啡馆**是对外敞开的，除了雨伞或可伸缩的遮阳篷，还有一些可移动的桌子、椅子或栏杆（ZR 14-20）。**小型露天咖啡馆**是开放式露天咖啡馆，距建筑红线4英尺到6英寸以内，咖啡馆空间和人行道之间没有障碍物，只有一排桌椅（ZR 14-30）。

一般来说，所有商业区（C3区除外）、工业区（除少数例外）、R10H区和某些特殊目的区都允许开设露天咖啡馆。某些情况下，在狭窄的人行道或行人较多的街道上则禁止开设。在这三种类型中，允许设置小型露天咖啡馆的街道最多，而可设置封闭式露天咖啡馆的街道则最少。若想得知不同类型的咖啡馆允许设置在哪里，可在《区划法规》中查看或通过网站ZoLA申请界面查看相关信息。露天咖啡馆规范由纽约市消费者事务部管理。

狭窄建筑

特殊高度规范限制了城市中、高密度地区狭窄建筑的大小。狭窄建筑规范于1983年实施，由于当时很多根据**天空暴露面**规范修建的建筑物，其高度达到了相邻低层建筑的四到五倍，因此有必要有相应的规范加以限制。狭窄建筑规范已经扩展应用到类似的**肌理区**。

宽度在45英尺及以下的建筑物，其高度以毗邻街道的宽度或100英尺（以较小者为准）为限。特殊高度规范（ZR 23-692）适用于某些中、高密度区（R7-2区、R7D区、R7X区、R8区、R9区和R10区）以及C1区、C2区和其他具有相同**对应住宅区**的肌理商业区，也适用于所有其他分区内的优质住房建筑。

私有公共空间（POPS）

在公共开放空间有限的高密度商业区，修建和维护供公共用途的空间可以获得建筑面积奖励，这类空间通常称为**私有公共空间**（Privately Owned Public Spaces或POPS）。受到曼哈顿中城西格拉姆大楼前的标志性广场的启发，此规范制定于1961年版《区划法规》。不过自那以后，适用性和设计标准都发生了显著的变化。如今，建设两种类型的空间（**公共广场**和骑楼）可以获得额外的商业或社区设施**建筑面积**奖励。

公共广场是类似公园的户外空间，给繁忙的城市街道提供暂歇及休憩的场所（ZR 37-70）。

广场有尺寸要求以及座椅、照明、种植区和售货亭等相关设计标准规范。城市规划委员会主席须确认广场符合这些标准。广场必须随时向公众开放。但出于运营或安全原因并获得城市规划委员会**批准**时，广场也可能会在夜间关闭。骑楼是沿街道或向开放空间挑出的覆盖空间，其中建筑物的入口、首层零售或大厅从街道向后退界，保留了额外的步行空间（ZR 37-80）。它们有尺寸限制要求，且必须随时向公众开放。

这两种容积率奖励都适用于高密度、**非肌理商业区**，如：C4-6区、C4-7区和C5大部分地区和C6区。奖励的建筑面积根据建筑物总面积的大小而定，最多可达分区所容许的最大容积率的20%。例如：在C6-6区（最大容积率基数为15.0），广场能增加最多为3.0容积率的建筑面积，总容积率则为18.0。在C1区和C2区与R9区或R10区的**对应住宅区**，如：C1-9区，建设社区设施也可获得建筑面积奖励。

POPS

曼哈顿云杉街8号（8 Spruce St）新建POPS

曼哈顿水街55号（55 Water St）更新POPS

填充式住宅

布鲁克林温莎公园（Windor Terrace）R4区填充式住宅

布鲁克林肯辛顿（Kensington）R5区填充式住宅

填充式住宅

在无字母或数字后缀的R4区和R5区，填充式住宅有着特殊的可选体量规范。这些规范于1973年设立，旨在鼓励在小地块上修建与周围社区规模相当的双户或三户住宅。这些规范适用于地块面积小于1.5英亩，且所在街区的半数以上面积为已建成地块。然而，为了阻止拆除现有房屋，这些规范不适用于重建单户/双户独栋或半独栋房屋的地块，但联排住宅或多户住宅，以及用于商业或工业用途开发的街区除外。填充式住宅规范刊于《区划法规》**主要建成区**定义中（ZR 12-10）。

如果地块符合适用标准，则允许增加区域的最大地块覆盖率和最大**容积率**，前院也可更深，并且在R5区还可修改建筑可建造范围。此外在R4区和R5区，还有特殊的密度控制规范，使得填充式住宅在户数上可略少于标准住房。另外，填充式住宅的附属停车要求较低。

地铁站周边

为改善附近地铁站环境，城市中某些高密度商业区有着特殊的区划规范。这些规范从1982年的**市中心特殊区域**开始施行，1984年扩展至商业容积率为10.0或更高的其他分区，其中包括对地铁楼梯附近地块的要求，并为改善车站的措施提供了建筑面积**奖励**。

当地块上的开发项目总面积在5 000平方英尺以上，且位于地铁楼梯入口附近时，法规要求将地铁入口从人行道移至该地块（ZR 37-40），这有利于腾出更多人行道的空间，改善纽约市交通最繁忙地区的人流拥挤状况。入口的位置、设计和运行时间都有规范。

如果地铁站附近的新开发项目进行了重大的地铁环境提升改造，还可通过城市规划委员会特殊许可证获得最多20%的建筑面积奖励（ZR 74-634）。这一奖励给曼哈顿中城和下城的地铁站带来了显著的改善，例如修建新入口，加强车站之间的联系，扩大夹层和站台等。而这些改善也有助于市中心地区容纳更大的城市密度。

大型开发项目

大型地块可申请特别分区规范，从而修改某些分区规范，使整个地块的规划更加合理。这些地块被称为**大型开发项目**，它们可以跨越单一的、大型的分区地块，也可以跨越由街道相连或分隔、但规划成一个单元的多个地块。为了使这类开发项目及其毗邻地区达到更好的规划目的，城市规划委员会可修订基本的分区规范，提升地块的灵活性。为此，城市规划委员会可允许该地块或单元在范围内转移地块的**建筑面积**、**住宅单元**、**地块覆盖率**及**开放空间**等规划方案，而无须顾及分区地块线或社区界，也可能允许**用途**、**体量**和停车配置等规划方案有所突破。这一概念来源于1961年版《区划法规》，目前主要有三种大型开发项目。

大型住宅开发项目必须完全位于住宅区或C1区、C2区、C3区或C4-1区。地块面积必须至少有三英亩、且至少有500个住宅单元，或者1.5英亩、至少有三栋建筑（ ZR 78-00 ）。大型住宅开发项目旨在使一套合适的规范适用于多栋建筑的开发项目，这些开发项目主要为住宅建筑，但也可能包含便利购物店和社区设施，比如最近的布鲁克林的海军绿地（ Navy Green ）项目。

大型社区设施开发项目必须完全位于住宅区或C1区、C2区、C3区或C4-1区（ ZR 79-00 ）。该类项目必须主要用于**社区设施用途**，但也可以包括许可的住宅和商业用途。地块最小面积为3英亩，可包括现有建筑，但前提是这些建筑包含在该开发项目中。位于布朗克斯的埃尔伯特爱因斯坦医学院就是一个大型的社区设施开发项目。

大型综合开发项目必须至少部分位于中、高密度商业或工业区内（ ZR 74-74 ），可包括基础分区所允许的所有混合用途。地块最小面积为1.5英亩，可包括现有建筑，但前提是这些建筑包含在该开发项目中。这类大型开发项目始于1989年，目前已非常普遍。比如最近的下东区苏厄德公园（ Seward Park ）和埃塞克斯十字（ Essex Crossing ）建筑，以及上西区的水线广场（ Waterline Square ）。

城市规划委员会应首先就相关豁免申请提供调查结果，比如确认体量和开放空间的重新分配，是服务于该地块和社区周围的更好的规划，然后颁布**特殊许可证**或**授权书**（根据具体分区、预期用途组合及开发或扩建的规模而定），批准该大型开发项目，最后这些规范才能适用于该开发项目。

大型开发项目

河滨中心（ Riverside Center ）——曼哈顿上西区在建多幢大型综合开发项目

库伯联盟学院（ Cooper Union ）——曼哈顿东村大型社区设施开发项目

洪灾区

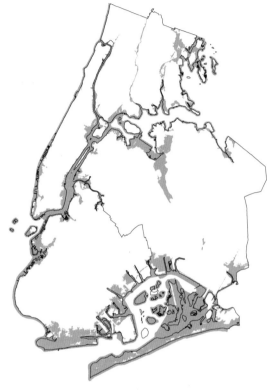

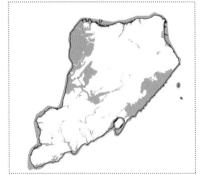

当前洪灾区范围

洪涝灾害

2012年10月的飓风"桑迪"让人们意识到纽约市很大一部分沿海地区面临着洪灾风险。2013年10月，为了使洪灾区[联邦紧急事务管理署（FEMA）指定的区域]内现有和新修建筑遵守**《建筑规范》**的防洪建筑规范，在《区划法规》中增加了适用于洪灾区的特殊分区条款。这些分区规范刊于《区划法规》第六篇第四章中。为了加快"桑迪"受灾社区的灾后重建，2015年7月又新增6项相关条例。这些规范非强制性，但大多数情况下，建筑物都应符合防洪建筑标准。

这些特殊分区条例旨在管控建筑的标高及建筑系统的位置均位于**洪水水位线**（联邦紧急事务管理署认定的更容易受到洪水的影响的平面），以及《建筑规范》要求的任何额外高度之上。根据规范，建筑高度可从洪水水位开始测量，而不是从适用的地面高程测量（ZR 64-13）。在洪水水位中等至较高的地区，可增加建筑高度，确保遭受洪水影响时，有足够的空间可以利用。如果是湿区防洪型建筑①，这个空间可以用来停车、储存和出入；如果是干区防洪型建筑②，则允许用作非住宅用途。为避免架空建筑和空白墙面的表面受损，建筑物还应遵循专门的设计标准（ZR 64-60）。例如对于单户和双户家庭，这类要求还包括门廊和种植床等要素。此外，首层空间以及通往首层

以上的入口通道、楼梯和坡道不计入建筑面积内，以此来鼓励增加建筑出入口。为了让地面商业空间更活跃，干区防洪空间也不计入建筑面积内。

规范给予建筑物更大的设计弹性空间，从而允许建筑在不完全符合防洪建筑标准的情况下，足以容纳足够的韧性措施。例如允许将机械系统（通常位于地下或在地面上）重新安置到建筑物的屋顶上，并允许将防洪板作为庭院和开放空间中的允许障碍物。

还有一些特殊规范允许重建包括**不相符用途**的建筑物（如：住宅区的餐馆）和**不相符建筑物**（如：在实施高度限制之前修建的高层建筑物）。此外，为确保建筑物对低尺度社区环境保持敏感的同时还能够按照弹性标准建造，允许在低密度地区的小块土地上，以特殊的建筑可建造范围作为体量管控规范。

---

① 让洪水进入建筑。
② 将洪水阻挡在建筑之外。

《洪灾区规范》修订

为提高建筑物防灾能力,洪灾区内的建筑物有多种分区规范。

1. 建筑高度可以从洪水水位开始测量,或者在某些情况下,从更高的参考平面开始测量。

2. 机械设备可以作为允许的构筑物,装置在洪水水位之上。

3. 湿区防洪空间可以不计入建筑面积之内。

4. 要求减少架空型建筑空白墙的设计措施。

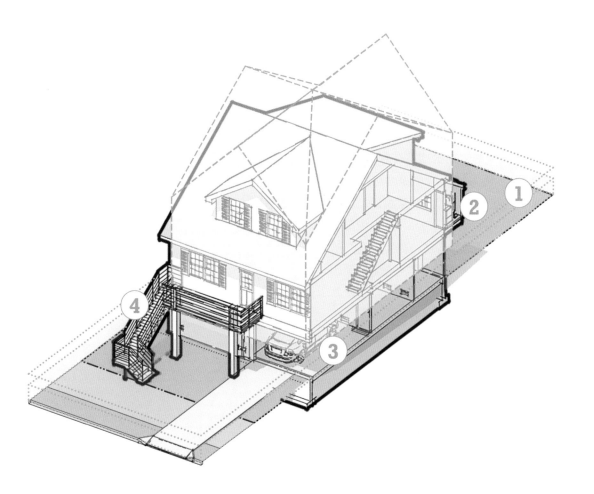

皇后区汉密尔顿海滩(Hamilton Beach)新建单户防洪房屋

布鲁克林海门(Seagate)社区新建多户防洪房屋

滨水区

1993年《区划法规》设立了城市滨水区的特殊分区条例，为公众创造最可达、最宜人的滨水空间。这些特殊条例修改了基本的《区划法规》，明确了须创造公共活动的区域，并对滨水街区的新开发项目提出了其他特殊要求。滨水街区是指靠近或沿着滨水岸线，或滨水码头、防水台和浮式结构物的街区。相关条例刊于《区划法规》第六篇第二章中。

用途规范

特殊法规修改了必须靠近水岸的设施（Water-Dependent），和改善公众对滨水空间使用及游憩的设施（Waterfront-Enhancing）的基本规范。例如，娱乐、观光栈道，或渡轮船只的船坞等用途被添加进用途组合，可以用于与其他用途相兼容的滨水区。新码头或栈道的活动仅限于游憩或滨水设施用途。

体量规范

根据具体的所在地区，所有住宅和商业开发项目都需要沿整个分区地块的水岸线修建一个30到40英尺宽的滨水庭院。此外，特殊的体量规范适用于不同类型的滨水区。在**非肌理**中高密度的地区，滨水区街区允许修建更高的建筑，但为了保持滨水区的开放性，这些建筑要受到尺寸和位置要求的限制。在低密度住宅区和中、高密度**肌理区**，除了那些小幅修改以适应滨水区位置的规范

外，滨水区开发项目通常与内陆开发项目遵循相同的体量规范。此外，视线通廊须保持可从内陆街道到海岸线的视线一览无余，且须与现有街道网格相对应，或者在大型地块中以400到600英尺为间隔距离。视线通廊无须向公众开放，可以包含停车位和树木等元素。

公共通道要求

根据长久以来公众有权进入滨水区的法律原则，所有中高密度住宅、商业和社区设施开发项目需要提供和维护与内陆地区相连的水岸公共开放空间。正在开发中的码头、栈道和浮式结构物也需要提供公共开放的通道。根据所在分区，滨水地块必须提供至少15%或20%的**滨水公共开放区域**，使滨水岸边的开放空间为公众所用。这些区域包括三种不同的类型：**岸边公共步道、内陆连接通道和补充公共通道区域**。每种类型都有开放空间的位置、最小尺寸、比例和所需的设计元素等规范。岸边公共步道为公众提供了一个沿着水岸散步和坐憩的地方。内陆连接通道每隔一定距离（最多600英尺）将水岸公共走道与内陆街道、公园或其他公共场所连接起来。最后，当其他部分的总面积未达到最小面积要求时，需要补充公共通道区域。这一额外的开放空间需有一些设计元素，例如种植区、座位、桌子、遮阴区、自行车车架和垃圾桶。某些滨水设施用途，如轮渡码头，需简化及减少公共通道。

滨水区公共通道规划

作为特殊区域规划的一部分，滨水区公共通道规划（Waterfront Access Plans）根据特定条件规范了滨水区公共区域的位置、尺寸和设计等规范。其具体应用例如，为确保业主之间的和谐关系，在涉及多个地块的滨水地区，根据本规范划定公共通道的位置。在布朗克斯区的哈莱姆河滨水区、皇后区的北猎人角（Northern Hunters Point）、法拉盛中心（Downtown Flushing）和纽敦溪（Newtown Creek）滨水区以及布鲁克林区的格林波恩特—威廉斯堡（Greenpoint-Williamsburg）滨水区都采用了滨水区公共通道规划。

审查程序

城市规划委员会（CPC）主席必须认证滨水区地块的拟议开发项目符合公共通道和视线廊道的规范要求。在认证和颁发施工执照前，必须与纽约市公园与娱乐管理局签订长期维护和运营协议，并记录在案。经城市规划委员会授权，可修改滨水公共区域的数量和位置，或这些区域的设计要求（ZR 62-822）。

滨水区和公共通道

大部分在滨水分区地块的开发项目,均须符合多种院落及公共通道规范。

1. 商业和住宅开发项目需沿整个水岸线修建一个滨水庭院。

2. 大多数用途须沿水岸线提供水岸公共步道,并需遵循各种设计要求。

3. 内陆连接通道需按照一定的距离提供从内陆地区到水岸线的物理通道。视线通廊通常与这些区域契合,提供视线通道,但不要求对公众开放。

4. 当其他部分的总面积未达到最小面积要求时,需要补充公共通道区域。

5. 正在开发中的码头、栈道和浮式结构物也需要提供公共通道。

布鲁克林,格林波恩特-威廉斯堡(Greenpoint-Williamsburg)

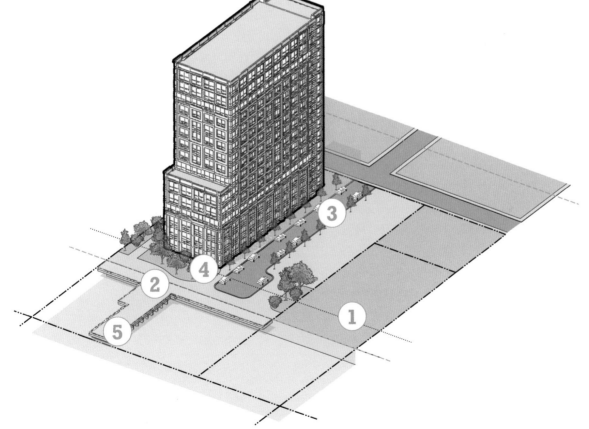

布鲁克林,红钩(Red Hook)

167

历史街区和地标建筑

布鲁克林，丹波（Dumbo）历史街区

曼哈顿地标建筑——纽约中央车站

历史街区和地标建筑

地标保护委员会（LPC）有权管辖纽约历史街区内的单个地标和建筑，一些特殊的分区规范也有助于保护这些地标和建筑。

地标保护委员会将具有特殊建筑形式或历史意义的建筑物指定为单独的地标，或区域指定为历史街区。迄今为止，该委员会已指定了35 000多处地标建筑。其中大部分位于城市139个历史街区中，但也有1 300多个独立的地标。这些历史建筑的业主或租客，在进行影响地标外观的工作前必须先获得该委员会的批准。

在历史街区，对前院、行道树和街墙的要求更为灵活，地标保护委员会可决定最符合该类街区情况的相关规范。在设立肌理区之前，该委员会已在指定为历史街区的地区，设立了一系列特殊**高度限制分区**。这类分区依然标示在区划地图上，分布在上东区（Upper East Side）、格雷梅西公园（Gramercy Park）、布鲁克林高地（Brooklyn Heights）和科布尔山（Cobble Hill）的历史街区里。在这些地区，建筑物高度不得超过各个地区所容许的最高高度，即50至100英尺（ZR 23-69）。

由于历史性地标建筑难以充分实现其分区地块上的规划建筑面积，因此可凭城市规划委员会特殊许可证，将其未建建筑面积转移到其他地块（ZR 74-79）。建筑面积可转移到相邻的、对街或同一交叉路口的地块上。除非是在没有特定限制的高密度商业区，否则转移地块不能将开发场地的建筑面积增加到20%以上。这些购买了开发权的地块，需遵守经修改的分区条例，比如高度

和退界控制。获得特殊许可证需提供一份保护独立地标建筑的维护计划。历史街区或低密度居住区不可适用开发权转让规范。

在历史街区或具有独立地标的分区地块，单独的特殊许可证可修改其用途和体量规范（容积率除外）（ZR 74-711）。许可证要求地标保护委员会出具**适宜性证书**，证明修建方案所要求的修改内容与主体建筑和谐相关，并有助于达到保护的目的，同时已为有关建筑制定了维护计划。此外，历史街区空置地块的业主可申请特别许可证，修改体量和某些用途要求（ZR 74-712）。此许可证要求地标保护委员会确定新开发项目与历史街区之间建立了和谐的关系。

机场周边

为确保纽约机场周边建筑物不影响航空导航,部分法规对机场周边实施了特殊的高度限制。这些法规来源于1961年版《区划法规》。原弗洛伊德·班尼特菲尔德(Floyd Bennett Field)国际机场、拉瓜迪亚(LaGuardia)国际机场和约翰·肯尼迪(JFK)国际机场2英里范围内的建筑高度限制在150英尺以内。约5英里范围内沿机场跑道方向的区域将受到单独的高度控制。可在《区划法规》第六篇第一章,以及城市规划局网站的飞行障碍区域地图中,查看这些限制规范的精确位置和测量方法。美国联邦航空管理局也对机场周边的建筑高度进行了限制。

第七章 特殊目的区

　　城市的一些特殊地区在基本分区规范的基础上又进行了修改，用以实施这些地区的规划。这些**特殊目的区**通常有两种类型。常见的类型是处理单个地区内的相关规划问题，这些地区的范围基于其目标和需求，有的是几个街区，也有的面积更大。第二种类型则针对一类规划问题而非单个地理地区，通常分布在城市中有类似需求的多个区域。

　　这些特殊目的区可在区划文本和**区划地图**上找到。这些区域在区划地图上以灰色阴影加特定字母名称显示（例如：海洋公园大道特殊目的区是"OP"）。特殊目的区的规范刊于《区划法规》第八至十四篇，每个地区都有相关规范。

　　一般来说，当一个区域范围内的普适性规划条件需要被修改时，就会设立特殊目的区。这种情况经常因以下规划目标发生：

- 保留特定特色——包括用途、建筑形式或自然条件，比如：自然特殊区（Special Nature Areas Districts）的生态系统、公园改善特殊区（Special Park Improvement District）的第五大道和公园大道的历史风貌。
- 允许更广泛的各类混合用途，如：长岛市混合用途特殊区（Special Long Island City Mixed Use District）。
- 支持中央商务区的复兴工作，无论是区域级中心还是区级中心，如中城特殊区（Special Midtown District）及牙买加中心特殊区（Special Downtown Jamaica District）。
- 通过对新街道、公共空间或建筑形式的特殊要求，对未充分利用的区域实施全面的再开发战略，如威利斯角特殊区（Special Willets Point District）。

　　为了实现以上一个或多个目标，特殊目的区修改或者替换该区域基本分区规范中的用途、体量、停车和街景法规。首个特殊目的区设立于1967年，目前这类分区已有50多个。早期的一些特殊目的区已经从《区划法规》中移除，这是因为它们的目的已经实现，或者最初的目的已经过时。自最初设立以来，有些特殊目的区为了实现新的或不同的规划目标已经进行了重大修改，而另一些区域则扩大了规模，用来规范具有类似需求的毗邻地区。随着时间的推移，特殊目的区越来越复杂，以实施或补充相对更广泛的规划目标。比如：为了配合高线公园而设立的曼哈顿的西切尔西区（West Chelsea District）；在布鲁克林市中心地区设置特殊目的区，从而为地区的混合用途增长提供规划框架；以及皇后区南猎人角（Southern Hunters Point）开发的全新社区。

　　本章后续内容对每个特殊目的区作了概述，首先是适用于城市所有地区的特殊目的区，然后是各个行政区的特殊目的区。附表总结了各个特殊目的区的用途、体量、停车及街景法规的具体修改范畴。

全市特殊目的区

沿海风险（Coastal Risk）特殊区（ZR 137-00）

沿海风险特殊区（CR）最初设立于2017年，主要针对目前面临特大洪水风险、未来可能面临更大风险的沿海地区。该类特殊目的区对这些高度脆弱地区的新开发项目作出适当限制，同时在某些情况下，保护敏感的自然区域，可确保新开发项目符合开放空间和基础设施规划。三个沿海风险区目前分布在皇后区的布罗德通道（Broad Channel）和汉密尔顿海滩（Hamilton Beach），以及斯塔顿岛的格雷厄姆（Graham）和奥克伍德海滩（Oakwood Beach）的部分地区。

商业改善（Enhanced Commercial）特殊区（ZR 132-00）

商业改善特殊区（EC）最初设立于2011年，旨在活化街道活动，同时确保在已建或在建的商业廊道上保持首层的零售特色。为了满足每个廊道的特殊需求，特殊目的区有一系列用途、透明度、街墙和停车要求，而这些要求可根据所在分区的需求进行不同的组合应用。商业改善区分布在布鲁克林的主要街道上，如第四大道，以及曼哈顿上西区的主要街道上。

商业限制（Limited Commercial）特殊区（ZR 83-00）

商业限制特殊区（LC）设立于1969年，旨在保留历史街区商业地带的特色，该分区只允许有与历史街区相协调的商业用途，并要求用途必须位于完全封闭的建筑物内。该特殊目的区只分布在曼哈顿的格林尼治村（Greenwich Village）。

混合用途特殊区（ZR 123-00）

混合用途特殊区（MX）设立于1997年，目的是通过允许建设多样用途的扩建和新开发项目，以彰显混合住宅和工业社区的多元特点，同时，也为创造新的混合用途区提供可能性。目前，混合用途特殊区分布在除斯塔顿岛外的所有行政区。比如：布朗克斯的莫里斯港口（Port Morris）（MX-1）；布鲁克林的格林波恩特—威廉斯堡（Greenpoint-Willamsburg）（MX-8）；皇后区的北猎人角（Northern Hunters Point）滨水区（MX-9）；以及曼哈顿的哈莱姆区（MX-15）。更多信息，参见第五章工业区。

自然（Natural Area）特殊区（ZR 105-00）

自然特殊区（NA）设立于1974年，旨在指导具有独特自然特征的地区的新开发项目和场地改造，这些自然特征包括森林、成年树木、岩石、不规范巨石、陡坡、小溪以及各种植物和水生环境。纽约有四种自然特殊区：斯塔顿岛中部的滩涂湿地和蜿蜒的丘陵地带（NA-1）；布朗克斯里佛岱尔山脊

特殊目的区	用 途		体 量					停 车	街 景					
	用途位置（在建筑物内）	许可用途	容积率	奖励和转让	包容性	院落/覆盖率	高度和退界	停车/装卸货泊位数量	首层用途，玻璃窗	街墙	停车/装卸货泊位	指示牌	其他街景	场地规划/公共空间
137 沿海风险特殊区		●	●											
132 商业改善特殊区									●		●			
83 商业限制特殊区		●							●			●		
123 混合用途特殊区	●	●	●		●	●	●	●	●			●		●
105 自然特殊区						●								●
103 规划社区保护特殊区			●				●		●					
102 景观特殊区						●								

（Riverdale Ridge）的部分地区（NA-2）；斯塔顿岛海岸面积较小的两个区域（NA-3）；以及皇后区托腾堡（Fort Totten）的两个小区域（NA-4）。

规划社区保护（Planned Community）特殊区（ZR 103-00）

规划社区保护特殊区（PC）设立于1974年，目的是保护某些在大片土地上规划和开发的社区的独特性。该类特殊区目前分布在皇后区的阳光花园（Sunnyside Gardens）和新鲜草原（Fresh Meadows）社区，以及布朗克斯的帕克切斯特（Parkchester）和曼哈顿的哈莱姆河住宅区（Harlem River Houses）。

景观视线（Scenic View）特殊区（ZR 102-00）

景观特殊区（SV）设立于1974年，目的是防止某些公园、海滨公园或已规划的公共场所的优秀景观受到阻碍。到目前为止，唯一的区域是布鲁克林高地（Brooklyn Heights）步行街以西的区域，该区保护着曼哈顿下城天际线、总督岛、自由女神像和布鲁克林大桥的全景。

全市特殊目的区分布

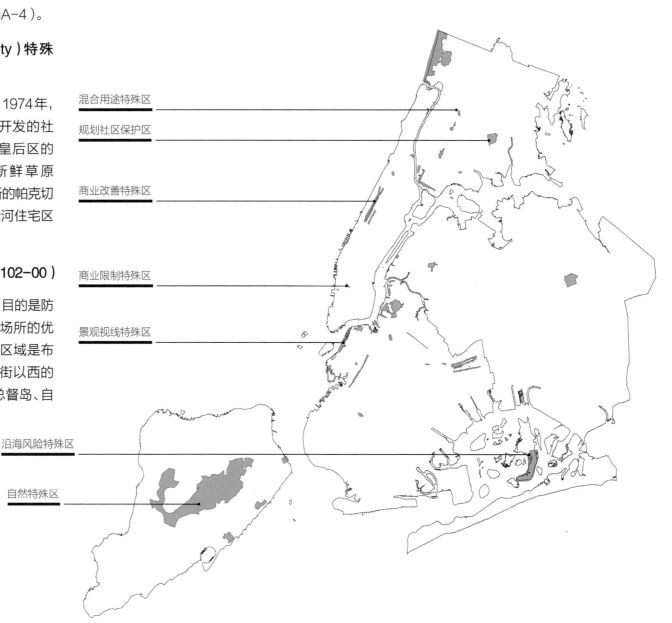

混合用途特殊区

规划社区保护区

商业改善特殊区

商业限制特殊区

景观视线特殊区

沿海风险特殊区

自然特殊区

布朗克斯特殊目的区

城市岛（City Island）特殊区（ZR 112-00）

城市岛特殊区（CD）设立于1976年，包括长岛海峡的所有城市岛屿，旨在保持该区航海文化遗产、商业用途和低层住宅特色之间的平衡，提升地区"乡村"一般的品质。

大广场（Grand Concourse）保护区（ZR 122-00）

大广场保护区（C）设立于1989年，从东151街一直延伸到莫肖卢公园大道（Mosholu Parkway），几乎贯穿了整个林荫大道。该区旨在保护这条宽阔大道两侧的公寓楼的独特结构和规模。该区包括住宅保护区，以及位于主要商业交会处附近的、与该区住宅特色相协调的商业区。

哈莱姆河滨水（Harlem River Waterfront）特殊区（ZR 87-00）

哈莱姆河滨水特殊区（HRW）设立于2009年，以沿第145街桥以北的水边向南延伸约一英里的区域为主，旨在将这一未充分利用的地区重新开发为一个充满活力、用途多样、收入结构多元、滨水通道可达的社区。

猎人角（Hunts Point）特殊区（ZR 108-00）

猎人角特殊区（HP）设立于2008年，毗邻纽约的主要食品批发配送中心——猎人角，其目的是支持不断扩大的食品行业部门，并在猎人角居民区和毗邻的重工业区之间建立一个集工业和商业用途于一体的多功能区。

杰罗姆走廊（Jerome Corridor）特殊区（ZR 141-00）

杰罗姆走廊特殊区（J）设立于2018年，是综合社区规划的一部分，该计划旨在促进布朗克斯西南处，杰罗姆大道两英里路段上住宅、商业和社区设施的混合用途的建设。该特殊区法规旨在应对在杰罗姆大道高架铁路线附近进行建设的困难，以提高居民区之间的可步行性，同时促进不规范地块的开发。该特殊区域的大部分地区位于强制性包容住宅区内。

特殊目的区	用途		体量					停车	街景					
	用途位置（在建筑物内）	许可用途	容积率	奖励和转让	包容性	院落/覆盖率	高度和退界	停车/装卸货泊位数量	首层用途，玻璃窗	街墙	停车/装卸货泊位	指示牌	其他街景	场地规划/公共空间
112 城市岛特殊区		●	●					●	●					●
122 大广场保护区		●	●				●	●	●	●		●	●	
87 哈莱姆河滨水特殊区	●	●	●		●				●	●				●
108 猎人角特殊区		●						●					●	
141 杰罗姆走廊特殊区	●	●	●		●	●	●		●	●	●	●	●	●

城市岛特殊区

大广场保护区

自然特殊区

大广场保护区

城市岛特殊区

杰罗姆走廊特殊区

规划社区保护区

混合用途特殊区

猎人角特殊区

哈莱姆海滨特殊区

混合用途特殊区

全市

特定行政区

布鲁克林特殊目的区

湾脊（Bay Ridge）特殊区（ZR 114-00）

湾脊特殊区（BR）设立于1978年,旨在保持社区现有的规模和特色,该区位于布鲁克林西南部,包括整个湾脊社区。2005年,在规划为肌理区和低密度分区的同时,对该特殊目的区进行了重大修改。

科尼岛（Coney Island）特殊区（ZR 131-00）

科尼岛特殊区（CI）设立于2009年,包括娱乐区域及其周围街区,是重建科尼岛作为全年综合性娱乐场所全面、长期计划的一部分。娱乐区域是该特殊目的区的核心,有特殊规范鼓励在周边地区修建新的住房并提供邻里便利设施。

科尼岛混合用途（Coney Island Mixed Use）特殊区（ZR 106-00）

科尼岛混合用途特殊区（CO）设立于1974年,位于海王星大道和（Neptune Avenue）科尼岛小溪（Coney Island Creek）之间,主要通过允许对现有住宅和轻工业用途的投资,来实现该混合用途区的平衡发展。

布鲁克林市中心（Downtown Brooklyn）特殊区（ZR 101-00）

布鲁克林市中心特殊区（DB）设立于2001年,涵盖了布鲁克林区最大的经济、市政和零售中心,旨在支持中央商务区的多用途开发,同时也作为周边较低规模的社区的一个过渡区。该特殊目的区包括两个小分区,分布在该区两条主要街道上。大西洋大道沿线的特殊法规保留了街道的规模、特征和建筑特色,而富尔顿购物中心沿线的法规主要是为了创造一个有吸引力的购物环境。

海洋公园大道（Ocean Parkway）特殊区（ZR 113-00）

海洋公园大道特殊区（OP）设立于1977年,包括展望公园（Prospect Park）和布莱顿海滩（Brighton Beach）之间的海洋公园大道,以及大道两侧东西方向的一组街区。这条大道及其周边社区最近被划定为风景名胜,该区是为了提高这条宽阔的景观大道的品质而设。法规旨在保持周围地区的现有规模和特征,并要求公园大道沿线的建筑物前方保留大面积的退界和景观美化。

羊头湾码头（Sheepshead Bay）特殊区（ZR 94-00）

羊头湾码头特殊区（SB）设立于1973年,包括羊头湾码头和贝尔特公园大道（Belt Parkway）之间的大部分地区,旨在鼓励该混合用途社区的特定开发项目,以加强和保护该区滨水商业和娱乐场所的特点。

特殊目的区	用途位置（在建筑物内）	许可用途	容积率	奖励和转让	包容性	院落/覆盖率	高度和退界	停车/装卸货泊位数量	首层用途,玻璃窗	街墙	停车位/装卸货泊位	指示牌	其他街景	场地规划/公共空间
114 湾脊特殊区			●				●							
131 科尼岛特殊区	●	●	●	●	●	●	●	●	●	●	●	●	●	●
106 科尼岛混合用途特殊区	●	●	●		●									
101 布鲁克林市中心特殊区			●	●	●		●	●			●			
113 海洋公园大道特殊区		●	●				●							
94 羊头湾码头特殊区		●	●	●			●				●			●

湾脊特殊区

布鲁克林市中心特殊区

海洋公园大道特殊区

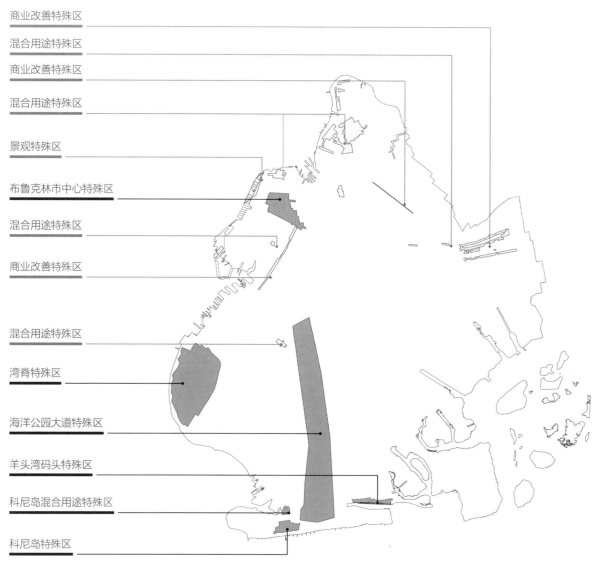

商业改善特殊区

混合用途特殊区

商业改善特殊区

混合用途特殊区

景观特殊区

布鲁克林市中心特殊区

混合用途特殊区

商业改善特殊区

混合用途特殊区

湾脊特殊区

海洋公园大道特殊区

羊头湾码头特殊区

科尼岛混合用途特殊区

科尼岛特殊区

全市

特定行政区

177

曼哈顿特殊目的区

125街特殊区（ZR 97-00）

125街特殊区（125）作为城市倡议的一部分设立于2008年，包括百老汇大道和第二大道之间的125街两侧，旨在将哈莱姆的"主街"提升为主要的艺术娱乐目的地以及区域商业区。

炮台公园城（Battery Park City）特殊区（ZR 84-00）

炮台公园城特殊区（BPC）设立于1973年，于1981年进行了大幅修改，包括哈得孙河和曼哈顿下城之间的整个新社区，以规范住宅和商业开发，以及公共空间的总体规划。

克林顿（Clinton）特殊区（ZR 96-00）

克林顿特殊区（CL）设立于1974年，主要位于西41街与西59街之间的第八大道西侧地区，旨在保护与市中心接壤的社区的居住特征，以容纳不同收入阶层的人群，并确保该地区不会受到当时正在进行的中央商务区扩建的不利影响。该区在外围地带划定指定区域，设定特殊规范，为本区较低规模的街道和周边的高密度环境之间创造过渡区。

东哈莱姆走廊（East Harlem Corridors）特殊区（ZR 138-00）

东哈莱姆走廊特殊区（EHC）设立于2017年。旨在东哈莱姆建立一个充满活力、混合用途、容纳不同收入阶层人群的社区。特殊区域规范只适用于该区主要街道和横跨市区的街道，也包括特定地区对非住宅用途的最低要求、独特的高度、退界控制、首层空间要求，以提高可步行性。该特殊区域的大部分地区也位于强制性包容住宅区内。

服装中心（Garment Center）特殊区（ZR 121-00）

服装中心特殊区（GC）设立于1987年，以西35街、西40街、百老汇和第九大道为边界，旨在延续区内指定保护区里的服装生产、批发和展示空间。2005年，对第八大道以西地区的规范进行了更新，允许有住宅等更广泛的用途，以实现这些街区的混合用途。

总督岛（Governors Island）特殊区（ZR 134-00）

总督岛特殊区（GI）设立于2013年，涵盖这个位于上纽约湾的岛屿的北部地区，旨在支持总督岛历史区内，旧军事基地里历史建筑的再利用和再开发，并进一步实现总督岛成为一个拥有混合用途，以及全年性教育、文化、娱乐活动的景观公园的愿景。

哈得孙河公园（Hudson River Park）特殊区（ZR 89-00）

哈得孙河特别公园区（HRP）设立于2016

特殊目的区	用途		体量					停车	街景					
	用途位置（在建筑物内）	许可用途	容积率	奖励和转让	包容性	院落/覆盖率	高度和退界	停车/装卸货泊位数量	首层用途，玻璃窗	街墙	停车/装卸货泊位	指示牌	其他街景	场地规划/公共空间
97 125街特殊区	●	●	●	●	●		●	●	●	●	●	●		
34 炮台公园城特殊区	●		●		●		●		●	●	●			●
96 克林顿特殊区	●	●	●	●	●		●	●	●					
138 东哈莱姆走廊特殊区	●	●	●		●		●	●	●					
121 服装中心特殊区	●	●	●		●		●		●					
134 总督岛特殊区			●	●			●	●				●		
89 哈得孙河公园特殊区		●	●											
88 哈得孙广场特殊区		●	●		●		●		●					

年，包括西街/9A号公路沿线和哈得孙河公园周边地区。该区的设立是为了允许公园内地块的建筑面积转移到内陆地块，以促进**住宅和商业混合用途**的再开发。建筑面积转移所产生的资金将用于哈得孙河公园内设施的维修和更新。

哈得孙广场（Hudson Square）特殊区（ZR 88-00）

哈得孙广场特殊区（HSQ）设立于2012年，包括运河街、第六大道、西休斯敦街和格林尼治街周边的大部分地区，旨在维持商业和轻工业空间供应的同时，通过开发和扩大**住宅、商业和社区设施用途**，来支持混合用途街区和商业中心的发展。

哈得孙调车场（Hudson Yards）特殊区（ZR 93-00）

哈得孙调车场特殊区（HY）设立于2005年，主要包括西30街和西41街之间的第八大道以西的区域，旨在以改良性资本支出的方式，扩建地铁和修建新公共公园，为大规模商业、住宅开发和公共开放空间提供新机遇，同时保持周边住宅小区

的规模，以将中城商务区进一步向西扩展。

林肯广场（Lincoln Square）特殊区（ZR 82-00）

林肯广场特殊区（L），设立于1969年，包括艺术综合体及其对面的街区，旨在保护和增强林肯中心周边地区作为国际表演艺术中心的地位。

小意大利（Little Italy）特殊区（ZR 109-00）

小意大利特殊区（LI）设立于1977年，大部分位于布利克（Bleeker）街、运河（Canal）街和拉斐特（Lafayette）街与包厘（Bowery）街之间，旨在鼓励住宅修复和新开发项目与现有建筑的规模保持一致，不鼓励拆除该区标志性建筑，从而保护和提升该区的历史和商业特色。

曼哈顿下城（Lower Manhattan）特殊区（ZR 91-00）

曼哈顿下城特别区（LM）设立于1998年，包括莫雷（Murray）大街以南地区、市政厅公园和布鲁克林大桥入口（不包括炮台公园城），旨在支持这个纽约市最古老的中央商务区，也是一个

不断发展的住宅社区的持续复兴。相关法规鼓励该区用途的动态混合，同时保护其独特的天际线和历史街区模式。该特殊区分为三个小分区。南街海港（South Street Seaport）次分区保护18世纪和19世纪商业建筑的规模和特色。历史和商业核心次分区确保新的开发项目与现有建筑兼容。水街（Water Street）次分区增设于2016年，旨在改善该街道现有的**私有开放空间**。

麦迪逊大道保护（Madison Avenue Preservation）特殊区（ZR 99-00）

麦迪逊大道特殊保护区（MP）设立于1973年，包括东61街和东96街之间麦迪逊大道沿街部分，旨在保护该大道上的零售和住宅特色，包括其著名的专卖店，同时为周边街道上的低层建筑提供一个过渡区。

曼哈顿维尔（Manhattanville）混合用途特殊区（ZR 104-00）

曼哈顿维尔混合用途特殊区（MMU）设立于2007年，包括西125街和西135街之间的百老汇

特殊目的区	用途		体量					停车	街景						
	用途位置（建筑物形式）	许可用途	容积率	奖励和转让	包容性	院落/覆盖率	高度和退界	停车/装卸货泊位数量	首层用途，玻璃窗	街墙	停车/装卸货泊位	指示牌	其他街景	场地规划/公共空间
93　哈得孙调车场特殊区	●		●	●	●		●	●	●	●	●	●	●	●
82　林肯广场特殊区	●		●	●	●		●		●	●	●	●	●	●
109　小意大利特殊区		●	●	●	●	●	●		●	●	●	●	●	●
91　曼哈顿下城特殊区	●		●	●	●	●	●	●	●	●	●	●	●	●
99　麦迪逊大道保护特殊区		●	●						●	●	●	●	●	
104　曼哈顿维尔混合用途特殊区	●		●				●		●	●		●		●

及哈得孙河的大部分区域，旨在实施哥伦比亚大学新校区的规划。该规划主要包含先进教育研究设施和广泛的小规模开发项目，以及周边地区的商业和住宅开发项目。

中城（Midtown）特殊区（ZR 81-00）

中城特殊区（MiD）设立于1982年，包括整个中城中央商务区，旨在指导该商业区的长远发展，改善工作和生活环境。该特殊区的由五个次分区组成。例如：剧院次分区旨在保护剧院众多的区域，确保时报广场周边地区保持活力；中城东部次分区于2017年制定了特殊法规，鼓励开发新商务办公场所，保护地标建筑，改善人行环境和交通网络。

公园改善（Park Improvement）特殊区（ZR 92-00）

公园改善特殊区（PI）设立于1973年，旨在确保新开发项目的规模和特征与现有建筑保持一致，从而保护东59街至东111街的第五大道和公园大道两侧的居住特征和建筑质量。

罗斯福岛南部（Southern Roosevelt Island）特殊区（ZR 133-00）

罗斯福岛南部特殊区（SR）设立于2013年，包括郭德华皇后区大桥（Ed Kock Queensboro Bridge）以南的部分岛屿，旨在实施康奈尔大学纽约应用科学和工程校区的混合用途总体规划，其中包括新的公共开放空间。

公交土地利用（Transit Land Use）特殊区（ZR 95-00）

公交土地利用特殊区（TA）设立于1973年，位于查塔姆广场（Chatham Square）和125街车站之间的第二大道上，旨在配合当时第二大道地铁线的建设，要求规划中的地铁站旁的新开发项目为车站入口和其他设施预留一定空间。

翠贝卡（Tribeca）混合用途特殊区（ZR 111-00）

翠贝卡混合用途特殊区（TMU）最初设立于1976年，于1995年和2010年修编，旨在指导运河街、百老汇以西和莫雷大街以北三角地带内62个混合用途街区的开发项目。该法规鼓励除住宅外的多种用途，还允许多种规模与该区现有建筑相一致的轻工业和商业用途。

联合广场（Union Square）特殊区（ZR 118-00）

联合广场特殊区（US）设立于1985年，包括面向联合广场公园的街区，旨在鼓励混合用途开发，并确保新开发项目与现有建筑和公园协调一致，从而支持该区的更新发展。

联合国总部发展（United Nations Development）特殊区（ZR 85-00）

联合国总部发展特殊区（U）设立于1970年，位于第一大道和东44街交叉处，旨在实施联合国总部毗邻地区的（主要由联合国广场建筑组成）总体规划。

特殊目的区	用途		体量					停车	街景					
	用途位置（在建筑物内）	许可用途	容积率	奖励和转让	包容性	院落/覆盖率	高度和退界	停车/装卸货泊位数量	首层用途，玻璃窗	街墙	停车/装卸货泊位	指示牌	其他街景	场地规划/公共空间
81　中城特殊区		●	●	●				●	●	●	●	●	●	
92　公园改善特殊区			●				●	●						
133　罗斯福岛南部特殊区	●	●	●			●	●							●
95　公交土地利用特殊区							●		●				●	
111　翠贝卡混合用途特殊区		●	●		●	●			●					
118　联合广场特殊区			●				●							
85　联合国总部发展特殊区	●	●	●	●			●							
98　西切尔西特殊区	●	●	●	●			●	●					●	

西切尔西（West Chelsea）特殊区（ZR 98-00）

西切尔西特殊区（WCh）设立于2005年，以西14街、西30街、十大道和十一大道为边界，有高线公园贯穿其中。该区的规划法规以高线公园及沿线地区为重点，旨在建设一个有活力的混合用途地区。该区法规允许高线公园开发权转让，为改善公园提供资金；同时制定特殊体量规范，保证建筑的采光、通风，以及看向高线公园的景观视廊。

翠贝卡

西切尔西

全市

特定行政区

曼哈顿维尔混合用途特殊区

125街特殊区

商业改善特殊区

林肯广场特殊区

克林顿特殊区

中城特殊区

哈得孙调车场特殊区

服装中心特殊区

西切尔西

商业特殊限制区

哈得孙广场特殊区

小意大利特殊区

炮台公园城特殊区

曼哈顿下城特殊区

总督岛特殊区

规划社区特殊保护区

混合用途特殊区

东哈莱姆特殊区

公园改善特殊区

麦迪逊大道保护特殊区

公交土地利用特殊区

罗斯福岛南部特殊区

联合国总部发展特殊区

联合广场特殊区

哈得孙河公园特殊区

翠贝卡特殊区

皇后区特殊目的区

大学点（College Point）特殊区（ZR 126-00）

大学点特殊区（CP）设立于2009年，包括大学点企业园，主要是在确保对邻近居民区影响最小的同时，为该区提供有吸引力、运作良好的营商环境。

法洛克卫中心（Downtown Far Rockway）特殊区（ZR 136-00）

法洛克卫中心特殊区（DFR）设立于2017年，这一特殊区通过在公共交通附近和主要廊道沿线的空置和未充分利用的场地上促进大规模的混合用途开发，实现该区的复兴。

牙买加中心（Downtown Jamaica）特殊区（ZR 115-00）

牙买加中心特殊区（DJ）设立于2007年。该区横跨牙买加中心、多模式的交通枢纽和周边社区，旨在将中心商业区改造成一个具有混合用途、客运交通优先的社区，扩大该区主要街道沿线的住房和经济机遇，保护邻近的低密度社区。

东山墅（Forest Hills）特殊区（ZR 86-00）

东山墅特殊区（FH）设立于2009年，以皇后大道（Queens Boulevard）、艾斯坎大道（Ascam Avenue）、长岛铁路和黄石大道（Yellowstone Boulevard）为界。该区旨在支持奥斯汀街（Austin Street）周边的商业中心的建设，包括激活服务森林山社区及周边居民的商店和餐馆。

长岛市（Long Island City）混合用途特殊区（ZR 117-00）

长岛市混合用途特殊区（LIC）设立于2001年，包括以杰克逊大道（Jackson Avenue）、科特广场（Court Square）和北方大道（Northern Boulevard）为中心的大片区域。该区旨在支持其长期以来存在的住宅、商业、工业和文化用途的持续增长。该区分为四个次分区。科特广场和皇后广场（Queens Plaza）分区由37个街区组成，允许中等至高密度开发项目。荷兰河（Dutch Kills）和猎人角（Hunters Point）次分区有相似的规模和密度，都允许包括工业和住宅等广泛用途。

猎人角南部（Southern Hunters Point）特殊区（ZR 125-00）

猎人角南部特殊区（SHP）设立于2008年，区内的新城溪（Newtown Creek）流入东河（East River），是滨水区转型为高密度混合用途发展区的总体规划的一部分。该区具有住宅、零售、社区设施混合用途，并包括公园和滨水开放空间。

威利斯角（Willets Point）特殊区（ZR 124-00）

威利斯角特殊区（WP）位于花旗棒球场东部，设立于2008年，以协助该区的总体重建战略，旨在将占地61英亩的场地改造成一个富有活力、用途多样的社区，以及区域性的零售和娱乐场所。

特殊目的区	用途		体量					停车	街景					
	用途位置（在建筑物内）	许可用途	容积率	奖励和转让	包容性	院落/覆盖率	高度和退界	停车/装卸货泊位数量	首层用途，玻璃窗	街墙	停车/装卸货泊位	指示牌	其他街景	场地规划/公共空间
126 大学点特殊区		●	●				●	●				●	●	
136 法洛克卫中心特殊区	●	●			●		●	●	●		●		●	●
115 牙买加中心特殊区	●	●	●		●	●	●	●	●	●	●	●	●	●
86 东山墅特殊区	●				●			●	●			●		
117 长岛市混合用途特殊区	●	●	●		●	●		●	●		●	●	●	●
125 猎人角南部特殊区			●		●		●	●						
124 威利斯角特殊区	●	●					●	●		●	●	●	●	●

长岛市

牙买加中心

猎人角南部

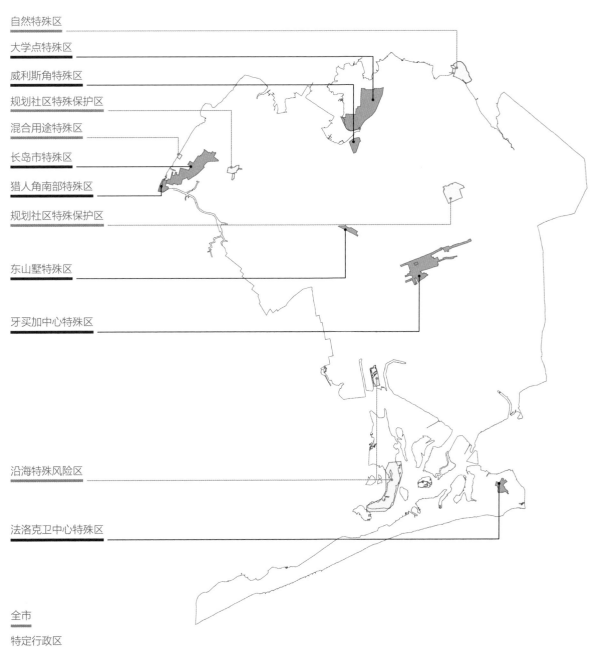

自然特殊区

大学点特殊区

威利斯角特殊区

规划社区特殊保护区

混合用途特殊区

长岛市特殊区

猎人角南部特殊区

规划社区特殊保护区

东山墅特殊区

牙买加中心特殊区

沿海特殊风险区

法洛克卫中心特殊区

全市

特定行政区

斯塔顿岛特殊目的区

山坡地保护（Hillsides Preservation）特殊区（ZR 119-00）

山坡地保护特殊保护区（HS）设立于1987年，旨在减少蜿蜒山脊沿线的侵蚀、山体滑坡和过量雨水径流等灾害。该区面积约为 1 900 英亩，位于斯塔顿岛东北部，以其地形和陡坡为界。

南里士满开发（South Richmond Development）特殊区（ZR 107-00）

南里士满开发特殊区（SRD）位于斯塔顿岛南部，设立于1975年，这一年是继最近韦拉札诺海峡大桥通桥之后的一个快速发展时期。该区旨在管理这一 12 000 英亩土地的开发，避免破坏其自然和娱乐资源，包括其未开发土地和历史城镇中心。

圣佐治（St. George）特殊区（ZR 128-00）

圣佐治特殊区（SG）设立于2008年，包括毗邻的斯塔顿岛渡轮码头的混合用途社区。该区旨在增强斯塔顿岛市政中心的功能。这里是岛上最主要的交通枢纽，是行人友好型商业和居住区，商业繁荣，是斯塔顿岛最古老的社区之一。

斯泰普尔顿滨水（Stapleton Waterfront）特殊区（ZR 116-00）

斯泰普尔顿滨水特殊区（SW）设立于2006年，是前美国海军基地开发计划的一部分。该特殊目的区旨在建立一个适于步行的、混合用途的地区，包括一个12英亩的滨海广场，以及通向斯泰普尔顿镇中心和周围社区的零售商铺和步行连接通道。

特殊目的区	用途		容积率	体量				停车	街景					
	用途位置（在建筑物内）	许可用途	容积率	奖励和转让	包容性	院落/覆盖率	高度和退界	停车/装卸货泊位数量	首层用途，玻璃窗	街墙	停车/装卸货泊位	指示牌	其他街景	场地规划/公共空间
119　山坡地保护特殊区						●	●							●
107　南里士满开发特殊区		●	●			●	●	●			●			●
128　圣佐治特殊区	●		●			●	●	●	●	●	●		●	●
116　斯泰普尔顿滨水特殊区		●	●		●			●	●	●	●	●		●

山坡地保护特殊区

斯泰普尔顿滨水特殊区

圣佐治特殊区

斯泰普尔顿滨水特殊区

山坡地保护特殊区

自然特殊区

自然特殊区

沿海风险特殊区

沿海风险特殊区

南里士满开发特殊区

全市

特定行政区

185

第八章 《区划法规》修订办法

城市的大多数开发项目都是**依规**进行的，但仍有一些自由裁量行为需经**城市规划委员会**（CPC）或**准则与申诉委员会**（BSA）的审查和批准，在某些情况下，还需要经过市政府的审查和批准。

市规划委员会或准则与申诉委员会的**自由裁量行为**大多是《区划法规》授权的、与区划有关的修改事项。之所以称为"自由裁量"，是因为他们需要作出判断，与之相对的是"依法强制"行动，即对是否遵守法律法规等客观条件作出验证。自由裁量行为可适用于单个小型建筑，也可适用于影响全市范围内建筑的区划文本修订。适用于个人财产的一些自由裁量行动包括：由城市规划委员会或准则与申诉委员会颁发的**特殊许可证**、城市规划委员会的**授权书**以及准则与申诉委员会颁发的**变更许可**。有关详细信息，请参阅第一章的"其他《区划法规》基本信息"部分。

除《区划法规》授权的自由裁量行为外，许多土地用途的决策亦须接受公共审查。城市出售或收储地块，或者更改土地用途等情况，大多都要接受公共审查。比如城市寻求新增公共设施（如卫生车库、消防车库和图书馆）的用地时，就需要接受公众审查。修改标明了公园、街道和某些地役权的位置和等级的**城市地图**，也要接受公共审查。

政府机构常常是城市地图修改的申请者。

虽然自由裁量行动的规模和范围各有不同，但所有这些行动均须接受某种形式的公众审查，以确保公众能够发表意见。所有这些行动也都要接受环境审查，这就要求决策者说明和考量这些行为可能对环境产生的不利影响。

根据项目的实际情况，自由裁量行为的审查者，需要既能考虑就地情况，又能兼有整个城市的视野。例如，在城市规划委员会批准之前，自由裁量行为需要公开征求公众意见，且通常需要接受**社区委员会**、区长、城市规划委员会和市政府的正式审查。

大多数自由裁量行为都要经过正式的公共审查程序，并最终得到城市规划委员会的批准后，市政府才予以采纳。这一过程，即**统一土地利用审查程序**（ULURP），规范了公众参与和政府决策的时序和具体要求。目前的ULURP程序于1989年确立，刊于《城市宪章》中。本章第一部分的基本内容，即是关于哪些事项需要启动该正式程序，以及它的各个步骤。

然而还有一些自由裁量行为，例如区划文本修订、城市规划委员会的授权和准则与申诉委员会的特殊许可证和变更许可等，则需遵循不同的程序，这些程序将在本章末加以描述。

统一土地利用审查程序（ULURP）

ULURP开始之前

在正式的公共审查程序开始之前，通常需要进行大量的研究、分析和讨论，以确定需要采纳提案的类型，并准备土地利用和环境审查申请。此外，申请者还应常与社区进行接触，以便社区居民能够理解或帮助制定提案。

初步接触

虽然公共审查程序为公众向决策者提供意见制定了正式程序，但仍鼓励申请人在执行这一程序之前接触相关社区和当选官员。例如：业主希望分区修编以允许更高密度的开发，或获得特许证，可以允许某一依法不允许的特定用途，通常应先与当地社区委员会和委员会成员了解潜在的问题，并思考在拟订建议时如何解决这些问题。

当城市规划局（DCP）自己希望分区修编时，部门将与当选官员沟通，并举行公共信息会议、研习会或其他类型的外联会议，以征求早期意见并帮助形成提议。城市规划局也会在其网页的规划/研究栏目分享资料，让市民了解更多详情，并参与其中。

城市规划局已设立了一个正式的程序，提供了可下载文档，以帮助申请人整理并完成其土地利用申请，并接受必要的环境审查。

环境审查

自由裁量行为须遵守城市环境质量审查（CEQR）程序。根据州和当地法律，城市环境质量审查负责预测该行为可能会给环境带来的不利影响，评估其严重性，并提出消除或减轻任何重大影响的措施。被称为二类自由量裁行为的小型申请项目不受这些审查要求的约束，例如：单户或双户住宅的项目。

根据城市环境质量审查的要求，接受审查的环境问题有很多，例如：潜在的交通、噪声和阴影分析，对排水系统或学校等公共设施的影响等。城市环境质量审查还需要评估行为对周边地区的社会经济状况和社区风貌造成的影响。环境分析还需比较两种情况：其一，自由裁量行为经过批准后，可能发生的情况（"获批行为预期影响"）；其二，自由量裁行为未经批准，可能发生的情况（"未获批行为预期影响"）。这样做是为了将评估的重点放在申请项目本身所产生的影响上，而非其他趋势、因素或项目的成果上。

需要接受ULURP程序的项目

城市地图修改	重大让步
地图细分或测图	非市属公共设施提升
区划地图修编	房屋及城区更新计划
城市规划委员会（CPC）	垃圾填埋场
特殊许可证	不动产处置
可撤销同意及其他特许权	不动产收购
提案申请（RFPs）	选址

城市规划局	社区委员会
无指定时间表（预认证） 无公众听证会 认证申请	60天 强制性公众听证会 建议（不具约束力）
参与社区研究和环境审查 给予申请人提议反馈 接收申请和相关文件	通知和代表公众 由区长（BP）指定的成员和当地市政府（CC）成员组成 可放弃申请特许权提案及租约的权利

城市规划委员会在公共审查程序期间进行投票批准、修改或不予批准申请时，须考虑任何可能对环境产生的影响。因此，在正式的公众审查程序开始之前，必须完成环境分析。

申请人，无论是公共机构还是私人个体，均须负责拟备环境分析报告。城市环境质量审查（CEQR）技术手册提供了数据来源和使用方法指南，可在市长环境协调办公室的网站上查阅。该手册为城市机构、申请人和公众在执行和参与城市环境质量审查时提供辅助参考。

城市环境质量审查流程需要一个推进或批准自由裁量行为的"领导机构"，负责协调环境审查并确定其潜在的环境影响的重要性。大部分自由裁量土地利用行为，包括那些受统一土地利用审查程序（ULURP）约束的行为，由城市规划委员会以及城市规划局负责牵头。

该程序的第一步是完成环境评估报告（EAS）。环境评估报告初步分析了拟议的分区规划变更可能对环境造成的影响。该报告提供充分分析，帮助领导机构判断分区规划变更是否对环境产生不利影响。

根据环境评估报告中的信息，和手册中的使用指南，领导机构将通过分析，判断是否对环境产生不利影响。如若无影响，那么该机构将发布"否定声明"。这标志着城市环境质量审查程序完成，公共审查开始。

如若存在重大环境影响，但私人申请者在该阶段同意将对于这些环境影响采取限制性措施，则领导机构可发布包括附加条件的否定声明。在所有其他情况下，若发现一项或多项潜在重大环境影响，则领导机构发布"肯定声明"，要求土地利用申请在开始公共审查程序之前完成环境影响报告草案（DEIS）。

如果要求提供环境影响报告草案，领导机构须首先发布草案的**内容框架**，详细说明**环境影响报告（EIS）**中要讨论的主题、使用的分析方法以及减少或消除重大影响的可替代方案。通常情况下必须召开项目的第一次正式公开听证会，征求公众对草案内容框架的意见。领导机构须向所有相关或感兴趣的机构、社区委员会、倡议组织和当选官员发一份通知，说明会议的时间和地点，并发布在机构的网站上。会议上将就分析范围和变更内容进行意见征集，以确保对潜在影响进行适当和全面的评估。书面意见可在公开听证会召开后10天内提交。

在根据收到的公众意见更新内容框架后，领导机构需将最终框架进行正式发布。草案和最终内容框架都在机构网站上进行发布。

区长和区委员会	城市规划委员会	市政府	市长
30天 选择性公众听证会 建议（不具约束力）	60天 强制性公众听证会 投票	50天 强制性公众听证会 投票	5天 无公众听证会 选择性投票
负责收集社区意见 区长向城市规划委员会提交建议书，也可放弃该项权利	城市规划委员会成员由市长、各区长和公共议政员任命 对申请进行批准、修改或否决 若城市规划委员会对申请否决，则为最终审议决定（除了少数例外情况）	对申请进行批准、要求修改或否决 将所有修改提议递交给城市规划委员会，进行额外15天的审查	审查申请 可否决市政府的决定 市政府可凭三分之二的多数投票推翻市长的否决

环境影响报告旨在帮助公众和决策者了解该行为对环境造成的预期影响，并在必要时，最大限度地避免或减轻这类影响。虽然环境影响报告的确切内容和格式取决于项目类型及其影响，但它必须包括项目介绍、技术分析、减轻措施内容，以及同样可满足项目目标、但可减少或消除环境影响的替代方案的评估。环境影响报告草案必须在公众审查程序开始之前完成。该报告以草案形式发布，以便公众对分析和调查结果发表评论。对于城市规划委员会需进行决策的大多数行为，都需要举行公开听证会，包括城市规划委员会所举办的公开听证会。环境影响报告必须在城市规划委员会就该提案进行表决之前完成。环境影响报告可在领导机构的网站上查阅。

若环境审查表明某个地块的开发可能会受到噪音、废气排放或有害物质污染的不利影响，那么可以在该地块贴上一个特殊的分区标签，即：E标签。这一标签要求在新建建筑或改变土地用途之前解决这些问题。在《区划法规》（ ZR 11-15 ）中可以找到E标签规范，被贴上这类标签的地块在附录C中以单独的 "E" 号列出，同时也列出相关的ULURP号、CEQR号以及地块和地块编号。也可以通过ZoLa网络申请，在单个地块上找到相应标签。环境整治办公室负责E标签相关要求（例如：噪音标签，可能需要安装隔音窗）的管理。更多信息，可在该办公室的网站上查询。

滨水区复兴项目

位于指定海岸区的滨水区复兴项目也必须由城市规划局或另一牵头机构负责审查，其目的是评估拟议活动或项目是否符合滨水区复兴项目10项政策。也可在城市规划局网站上的申请人门户网页查询更多相关信息。

准备申请

根据ULURP程序要求，每一项自由裁量行为都需要向城市规划局提交一份正式申请，清楚说明该提议内容以及由此产生的任何潜在开发项目，通常还需提交分区变更范围和类型的图纸，以及修改后的区划文本草案。城市规划局网站上的申请人门户网页提供了不同类型申请所需材料的可下载表格和指南信息，以及所需费用（政府机构和当地非营利组织免收此费用）。

每个单独的土地利用行为都有一个具体的申请号（ULURP号），从财政年度开始，以六位数开头，然后是注明该申请提交顺序的数字。例如：160035是2016财年提交的第35份申请。这些数字后紧跟一个三个字母的名称。前两个字母表示申请类型。例如："ZM"表示区划地图变更，"ZR"表示区划文本修编。最后一个字母则表示该申请在市区或全市的适用性。所以，ZMK表示适用于布鲁克林区的区划地图修编。

城市规划局的土地利用审查专家技术小组负责审查每份申请的完整性和技术准确性。城市规划局确定申请完整无误后（城市环境质量审查领导机构确定必要的环境审查已经完成），即刻进入正式的公共审查程序。

ULURP 期间

项目完成ULURP程序所需时间约为7个月。在此期间，可根据公众、社区委员会或当选官员的意见修改提案。该程序的各个步骤如下所述：

认证

城市规划局负责证明该申请已完成，并准备开始ULURP程序。该步骤通常在城市规划委员会的公开审查会议上正式进行，一般在星期一举行，每月两次。会议上，城市规划局工作人员将简要说明申请情况，并回答委员们的提问。认证申请在9天内送交至相关社区委员会、区长和市政府。如果一个项目跨越多个社区，则需将复印件发送给所有相关社区委员会以及所属区委员会。由城市规划局主持的项目，申请资料将公布在该部门网站上。

社区委员会

社区委员会须在接收认证申请后60天内举行公开听证会，并向委员会提交书面建议，决定批准或拒绝申请。

虽然社区委员会的行为属于提议性质，但其建议已成为政府机构备案材料的一部分，并在程序的后续阶段予以充分考虑。社区委员会的建议通常包括该委员会认为可以完善该申请的一些条件或建议修改的内容。

社区委员会可以放弃对申请采取提议的权利，然后进入下一阶段的审查。

区长和区委员会

在收到社区委员会建议的30天内,或在其审查期结束时,区长可以举行公开听证会,同时向城市规划委员会提交书面意见,表明批准或拒绝申请。这些意见可以包括对申请的评论和建议。与社区委员会相同,区长的建议也属于提议性质,也会在随后的审查阶段加以考虑。若申请涉及多个社区的地块,区委员会也可以在区长审查期间内审查,并向城市规划委员会提交意见。若区长未在规范申请期限内提出意见,该申请将转到城市规划委员会。

"(A)"申请

在公共审查程序的早期阶段,可提交一些意见或建议,要求对原始申请进行重大修改。这可以通过(A)**申请**来解决。城市规划委员会必须同时举行经过认证的原始申请和(A)申请的听证会,因此(A)申请提交的截止日期取决于城市规划委员会安排的公开听证会日期,以给委员会充足的时间来发布听证会公告。

城市规划委员会

区长审查期结束后,城市规划委员会必须举行听证会,在60天内对申请进行批准、修改或否决。

城市规划委员会听证会通常在周三举行,每月两次。听证会为公共机构、社区团体和市民个人提供了讨论平台,供大家对申请表达支持或反对意见。听证会记录在政府机构的备案材料中。根据《城市宪章》,城市规划委员会负责收集整理所有资料,包括当地和邻近社区的观点、更广泛的意见和全市范围的需求。日程表将会发布于城市规划局网站上,列出每次听证会的地点、开始时间和听证项目,以及城市规划委员会公开会议的年度日程。任何想发言的人都可注册报名,每人的发言时间有限,发言后委员们可以提问。听证会上的发言人或无法出席的人也可提交书面意见;有关详细信息可在城市规划局网站上找到。

听证会后,城市规划委员会将参考社区委员会、区长(以及相关的区委员会)的建议及在听证会上的证词,考虑是否对申请进行批准、修改后批准或否决。任何修改都必须在最初提议的行动或(A)申请的"范围内"。这意味着修改必须在申请的主题范围内,可以减少申请中所提案的修改条目数量,但不能引入新的主题或增加条例的修改程度。例如:如果分区修编案提议将工业区改为R8A区,城市规划委员会不能将拟议的分区类别修改为密度更高的R10区,但可以将分区类别修改为密度更低的R6A区。这一限制是为了确保公众有足够的时间了解提案的内容和意义,并有机会向城市规划委员会表达意见。

对于需要环境影响报告的项目,必须在城市规划委员会就土地利用行为进行表决前10天发布最终环境影响报告(FEIS)。环境影响报告包括公众对环境分析的意见摘要和各机构对这些意见的答复,以及对这些意见的答复所需的任何修订或补充分析。FEIS报告的结论可使城市规划委员会在作出批准、修改或否决申请的决定时,作为辅助判断。城市规划委员会还须通过一套正式的调查结果,表明已仔细研究了影响及其减轻或替代办法。有了这些调查结果,城市环境质量审查(CEQR)程序才可正式结束。

城市规划委员会形成报告,对申请进行批准、修改或否决,至少需要得到大多数(至少七名)委员的赞成票。该报告通过时,城市规划委员会随后将通过的副本材料提交给市政府。若城市规划委员会对申请不予批准,则ULURP程序正式结束。

1938年以来,城市规划委员会的任何行动报告都可在城市规划局网站上找到。这些报告记录了本市土地利用规划及行动的历史,包括项目详情、不同审查阶段的审议摘要以及对委员会审议情况的深入分析。

市政府审查

市政府会自动审查城市规划委员会批准的ULURP行动。对于其他的申请,市政府可选择性地审核。例如:市政府必须审查区划地图修改,但是可以选择性审查城市地图修改(如有,通常被称为市政府"召集")。如果市政府决定或需要审查一项申请,那么在收到城市规划委员会的报告后,将有50天的时间举行自己的听证会,以对城市规划委员会的决定予以批准、修改后批准或否决。

若市政府在审查期间决定对一项申请进行修改,经修改后予以批准,则会把拟修改的要求反馈至城市规划委员会。城市规划委员会将根据审查标准，判断该修改提议是否超出了原申请的内容范畴。如若如此，则需作进一步审查。城市规划委员需在15天内作出决定，这段时间不算在市政府的"50天期限"内。若无需额外审查，市政府就可以通过经修改的申请。

市政府批准、修改后批准或不批准分区变更的行动需要获得市政府的多数票。此外，若市政府未在审查期间内采取任何行动，则视为同意城市规划委员会的决定。

市长审查

区划变更不需要得到市长的批准。除非市长在投票后五天内对市政府的决定进行否决，否则市政府所做出的关于批准或不批准土地利用申请的决定将被视为最终决定。市政府可凭2/3的票数，在10天内推翻市长的否决。

批准后

市政府批复后，土地利用行为立即生效。例如：如果分区修编案改变了某个地块的适用分区，在市政府投票批准了该分区修改后，其所有者可向市建筑局提交设计方案，并依据新规划条例得到批准。

其他公共审查程序

对于城市规划委员会的审议工作，城市规划局门户网站上列出了各种不同类型的申请应遵循的形式和标准。准则与申诉委员会网站列明了该委员会负责审议的相关项目信息，如下所述：

区划文本修编

当区划文本修编是包括在某个区划地图修编或走ULURP程序的项目中时，将按照ULURP程序的时间表同步进行，以便对整个项目进行全面的审查。当区划文本修编不属于上述情形时，其审查程序与上述情形类似，但在时间上会更加灵活。

区划文本修编的形式和体量多种多样，有些可能只是修改《区划法规》中的几个词，而有些可能长达数百页内容，并包括了对全市范围内各分区相关条例的修改。分区文本修编的审查程序与ULURP程序有两大不同之处。社区委员会和区长（如有必要，区委员会）的审查周期可同时进行，审查时间表由城市规划委员会在认证申请时确定。根据修编案的复杂程度，申请书送交后通常需要30～60天的审查时间。城市规划委员会的审查时间也不限于ULURP程序中规范的60天期限，而是可以用更多或更少的时间来完成其审议工作。市政府必须审查文本修编，与正式的ULURP程序时间一样，其审查时间为50天。与ULURP程序一样，《城市宪章》也规范了修改区划文本的公共审查程序。

城市规划委员会（CPC）授权

如果满足特定的目标，城市规划委员会**授权**可以在有限的范围和程度内修改分区的具体条例。**授权**不需要召开听证会，也不受ULURP程序约束。然而，在进行授权之前，城市规划委员会将以非正式的方式将申请提交给相关社区委员会征求意见。审查没有固定的时限。

准则与申诉委员会（BSA）特殊许可证

《区划法规》授权准则与申诉委员会颁发特殊许可证，以修改某些分区条例，这些条例通常在内容范围或影响上，比城市规划委员会审查的条例更加有限，或需要准则与申诉委员会特有的专业知识。与城市规划委员会特殊许可证不同，准则与申诉委员会的特殊许可证无需经过ULURP程序。但即使如此，也要接受环境审查。其申请书必须提交给当地社区委员会、市政府、区长和城市规划局。

在申请启动之前，准则与申诉委员会必须举行听证会。

准则与申诉委员会（BSA）变更许可

与准则与申诉委员会的特殊许可证一样，变更许可无需走ULURP程序，但仍需满足环境审查和公示要求，且在执行之前，准则与申诉委员会必须举行公共听证会。有关变更许可的更多信息，请参见第一章的"其他分区基础"部分。

术语表 Glossary

本术语表简要解释了整个《区划手册》中以粗体和斜体显示的规划和分区术语。如果术语表中列出的术语后跟星号（＊），则该术语在《区划法规》中有法律定义。这些术语中的大部分可以在第12-10节中找到。

25英尺规范（25-Foot Rule）

适用于被划分到两个或以上分区的现有分区地块，不同分区允许不同**用途**，或有不同**体量规范**。当该**地块**在其中某一个分区部分的宽度为25英尺或以下时，则地块更大部分所在分区的**用途**和**体量规范**，可以适用于整个地块。（见第一章：区划概论）

（A）申请 [（A）Application]

修改后的土地利用申请，有时将其称为"（A）文本"，它引入了新的议题，或相比原申请增加了变更内容。**城市规划委员会**（CPC）必须同时就原始申请和修改后的申请举行公开听证会。（见第八章：《区划法规》修订方法）

附属用途＊（Accessory Use＊）

指与主要**用途**普遍相关的**用途**。例如：停车位通常是为方便业主、雇员、住户或访客而设的，因此在大部分用途中都是附属**用途**。除非地区规范允许附属用途在其他位置上，否则两者必须位于同一分区地块上。

附属指示牌＊（Accessory Sign＊）

为了将人们的注意力吸引到同一**分区地块**上出售或提供的商业、专业、商品、服务、娱乐设施的指示牌。

广告牌＊（Advertising Sign＊）

为了将人们的注意力吸引到其他**分区地块**上出售或提供的商业、专业、商品、服务、娱乐设施的指示牌。

可负担住房基金＊（Affordable Housing Fund＊）

在某些情况下，符合**强制性包容住房**（MIH）计划的项目，可向**住房保护和发展部**支付该项基金并由其管理。该基金仅限用于可负担住房的相关支出。（见第六章：特殊区域规范）

可负担住房单元＊（Affordable Housing Unit＊）

一种**住房单元**，不同于一般的商品房，作为**包容性住房**计划的一部分，只能出租或出售给低收入家庭、和/或低收入和中等收入家庭组合。（见第六章：特殊区域规范）

可负担独立老年住宅（AIRS）＊（Affordable Independent Residence for Seniors＊）

一种低收入老年人住房。在许多地区，这类住房可获得额外的建筑面积，高度和退界规范也更加灵活。AIRS住宅可以是一栋建筑、几栋建筑或一栋建筑的一部分，要保证至少90%的**住宅单元**容纳了至少一个62岁或以上年龄的老人，所有单元都是**收入限制住房单元**，不包括商品房单元。这类住房必须提供主要面向居民的社会福利设施，如：咖啡厅、餐厅、社区活动室和工作坊。（见第三章：住宅区）

依规开发项目（As-of-right Development）

符合所有适用的《区划法规》和其他法律的**开发项目**，不需要城市规划委员会（CPC）或准则与申诉委员会（BSA）采取任何自由裁量行为。本市大部分开发项目都是依规进行的。（见第一章：区划概论）

相邻建筑物＊（Attached Building＊）

邻接两个侧地块线的建筑物，或一排邻接建筑物的一部分。

阁楼奖励（Attic Allowance）

在R2X和所有R3区和R4（R4B除外）区，若提供斜屋顶，则允许最大容积率（FAR）增加20%。在**低密度增长管理区**（LDGMA），斜屋顶的设计要求各不相同。（见第三章：住宅区，和第六章：特殊区域规范）

授权（Authorization）

城市规划委员会（CPC）的一项**自由裁量行**

为，如果某一地块符合《区划法规》中的某些特定要求，那么城市规划委员会可对该地块的一些特定要求进行修改。**授权不受统一土地利用审查程序审查，城市规划委员会也不用举行任何公开听证会**，但通常此类申请需要提交给相关社区委员会征求意见。（见第一章：区划概论）

阳台（Balcony）

一种住宅建筑构件，有一定的尺寸和可建造范围限制，可作为**允许障碍物**延伸至庭院、开放空间，并突破高度和退界的限制。

洪水位标高 *（Base Flood Elevation*）

洪水位标高是一种防洪标准，指建筑物在任意年有 1% 的概率被洪水达到或淹没的高度，由联邦紧急事务管理署负责划定并绘制于地图上。洪水位标高以下的建筑空间受《建筑规范》的限制。

裙房高度（Base Height*）

建筑物临街墙按要求**退界**前的最大允许高度。

基准面 *（Base Plane*）

测量建筑物高度时，0 米所在的水平面。在大多数低密度社区、肌理区，以及滨水区内建筑均使用基准面进行高度测量。基准面通常位于路缘石标高。在从**街道**向上或向下倾斜的场地上，或者在建筑物远离街道的大型地块上，需根据建筑接触地面的位置更加精准地调整基准面。

地下室 *（Basement*）

建筑的一个**楼层**，其地板到天花板的高度至少有一半高于**路缘石标高**或**基准面**，其余低于此高度。这就将地下室和**地窖**区别开来。地下室要计入**建筑面积**中。

生态湿地（Bioswale）

一种景观元素，旨在捕捉相邻地表区域的雨水径流。生态湿地包括倒置的倾斜侧面，可以让雨水流入，同时包含植被和覆盖物，这样可确保雨水在进入土壤之前清除污染物。某些**商业或社区设施用途**的停车场需要修建此类生态湿地。（见第四章：商业区）

街区 *（Block*）

由**街道**围合而成，或由街道及**公园、铁路、码头范围线**或机场边界为界的一块土地。

街区临街段（Blockfront）

街区的一部分，包括所有临街的**分区地块**。

准则与申诉委员会（BSA）（Board of Standards and Appeals）

包括五名由市长任命的成员的机构，负责审查和批准某些**开发和用途**的特殊**许可证**申请，以及在不规范地块形状和建设无法进行的**分区地块**上的**变更许可**。

此外，准则与申诉委员会负责听取并裁决纽约市建筑局确定的申诉。（见第一章：区划概论）

奖励（Bonus）（见"奖励性分区"）

建筑 *（Building）

具有一层或多层楼和屋顶的结构，永久固定在土地上，以开放空间或**分区地块线**为界，至少有一个主入口，拥有不依赖其他建筑的垂直交通和消防系统。

建筑规范（Building Code）

纽约市建筑法规的通用名称，与《区划法规》一起，规范着城市的建筑施工。由纽约市建筑局（DOB）负责管理管道、建筑、设备、燃气和节能等法规。

建筑可建造范围（Building Envelope）

建筑可建造范围限定了在分区地块上，建筑体量可以建造的最大范围。这个三维空间由可建高度、**退界**尺度、场地覆盖率（建筑密度）和**院落**管控共同设定。

建筑高度（Building Height）

建筑物的垂直尺寸，从**路缘石标高**或**基准面**到建筑物屋顶进行测量（不包括超过高度限制允许的建筑物，如屋顶设备用房）。

建筑部分（Building Segment）

建筑的一部分，其中每一部分包含一个或多个住宅单元,有一个单独的入口,但不位于另一建筑部分的上方或下方。例如:一排附属联排别墅中的每栋**联排别墅**都被视为建筑部分。

体量*(Bulk*)

由**地块大小、容积率、建筑密度、开放空间、庭院、高度及退界**等要素共同管控,用以确定建筑在**分区地块**上的最大尺寸及位置。

屋顶设备用房(Bulkhead)

建筑屋顶上的封闭结构,包括机械设备、水箱和从内部楼梯间进入屋顶的通道。该结构不计入**建筑面积**中,可以突破《区划法规》允许的最大高度和退界要求。

堤岸线(Bulkhead Line)

区划地图上显示的一条线,将滨水区的**分区地块**上的内陆和临海部分分开。**堤岸线**通常反映开发用地的最外层界限。(见第六章:特殊区域规范)

共享汽车*(Car Sharing Vehicle*)

由某一机构维护并拥有或租赁的车辆,供其会员短期使用,可停放在特定类型的**附属**或**公共停车场**设施中。

地窖*(Cellar*)

建筑物的一个楼层,其地板到天花板高度至少有一半要低于**路缘石标高**或**基准面**。以此将地窖和**地下室**区别开来。地窖不计入**建筑面积**中。

认证(Certification)

城市规划委员会(CPC)或其主席采取的非**自由裁量行为**,以告知**纽约市建筑局**(DOB)某项目符合《区划法规》中的具体条件。

这一词也用来表示**统一土地利用审查程序**(ULURP)的开始,即:城市规划局确认申请已经完成,可以进入公共审查程序。(见第八章:《区划法规》修订方法)

城市环境质量审查(CEQR)(City Environmental Quality Review)

根据州法律,CEQR程序识别并评估**自由裁量行为**对周围环境的预期影响。(见第八章:《区划法规》修订方法)

城市地图(City Map)

一个地图集,显示**街道、坡度、公园、码头和堤岸线、公共场所**和其他合法修建的地图要素。这是纽约市的官方地图,也是《区划法规》中**区划地图**的基础。每个区的区长办公室负责维护该区的城市地图。

城市规划委员会(CPC)(City Planning Commission)

城市规划委员会最初成立于1936年,现有13名成员,负责执行与城市有序增长和发展相关的规划工作。该委员会定期召开听证会,审查和表决与土地利用和更新有关的申请,同时考虑对环境的预期影响。由市长任命主席和其他6名成员,主席兼任城市规划局(DCP)局长;每个区长任命一名成员;市公共辩护律师团任命一名成员。城市规划局为该委员会的工作提供技术支持。

商业建筑*(Commercial Building*)

仅作**商业用途**的建筑物。

商业区*(Commercial District*)

一种分区类型,以字母C代称(比如:C1-2、C3、C4-7),允许商业用途。根据情况也允许住宅和社区服务设施用途。商业区条例见《区划法规》第三篇。(见第四章:商业区)

商业叠加区(Commercial Overlay)

住宅区内划定的C1或C2区,可容纳社区零售和社区服务(例如:杂货店、干洗店、餐馆)。这些区域以C1-1至C1-5和C2-1至C2-5表示,在区划地图以图案填充的形式标注,且与**住宅区**重叠。(见第四章:商业区)

商业用途*(Commercial Use*)

任何列于**用途组合**5至16的零售、服务或办公室用途,或者获得**特殊许可证**准许的用途。(见第四章:商业区)

社区委员会(Community Board)(见"社区")

社区(Community District, CD)

纽约市一共由59个社区组成。每个社区都有一个社区委员会作为意见代表,包括数个社区志愿者（由区长任命，其中至少一半由当地议员提名），主要向当地居民和企业提供信息，并就规划和服务问题提供建议。

社区服务设施建筑 *（Community Facility Building*）

仅作社区服务设施用途的建筑物。

社区服务设施用途 *（Community Facility Use*）

提供教育、健康、娱乐、宗教或其他服务的设施。这类设施列在**用途分组**3和4中。（见第三章：住宅区）

肌理区（Contextual District*）

一类分区的统称，规范新建**建筑**的高度和体量，沿街道线的退界以及临街面的宽度，以确保与多个街区保持同样的规模与特色。带有A、B、D或X后缀的**住宅区和商业区**为肌理区。（见第三章：住宅区）

用途改变 *（Conversion*）

将某一建筑物的**用途**改变为另一种用途，如：从商业用途转变为住宅**用途**。（见第一章：区划概论）

中庭 *（Court*）

一种非庭院，或庭院一部分的开放空间，从最低层到天空无遮蔽物，由**建筑**墙体或建筑墙体和一

条或多条地块线围合而成。（见第三章：住宅区）

街角地块 *（Corner Lot*）

毗连两条或以上**街道**交叉点的**分区地块**。完全以街道为界的分区地块也被视为街角地块。

路缘斜坡（Curb Cut）

允许车辆从一条街进入车道、车库、停车场或装卸货区的路边斜坡。

在**住宅区**，路缘斜坡有一定的宽度和间距规范，以保护路外停车空间。（见第三章：住宅区）

路缘石标高 *（Curb Level*）

分区地块前方人行道的水平面标高。通常作为测量建筑高度和退界的起始点。

密度（Density）

通常指**体量**和**用途**的集中度或强度，用来描述集中的程度。对于**住宅用途**而言，密度通常用来描述**住宅单元系数**。

独立建筑物 *（Detached Building*）

一种独立的**建筑**，其周边被**庭院**或**分区地块**内的开放空间围绕。

开发 *（Development*）

指在**分区地块**上修建新**建筑**或其他构筑物，或将现有建筑迁移到另一个分区地块，或在一块土地上建立新的开放**用途**。

开发权（Development Rights）

一般来说开发权指**分区地块**上允许的**建筑面积**。当建筑面积小于允许的最大建筑面积时，这种差异通常被称为"尚未使用的开发权"。

自由裁量行为（Discretionary Action）

需要城市规划委员会（CPC）或准则与申诉委员会（BSA）批准的行为。自由裁量行为包括《区划法规》修订、特殊许可证、**授权**和变更许可。（见第一章：区划概论）

老虎窗（Dormer）

建筑的一部分，在规范要求的**退界**区域内设置的**允许障碍物**，以增添建筑趣味和设计多样性。在低密度地区，老虎窗通常是一扇从斜屋顶伸出的窗户，可确保住宅顶层有更充足的光线和空气。在R6至R10**肌理区**，老虎窗是在**裙房高度**之上，经允许突破**退界**要求的部分。这两种老虎窗都均有一定尺寸限制。（见第三章：住宅区）

住宅单元 *（Dwelling Unit*）

指住宅**建筑**中的一个或多个房间，或建筑的居住部分。这些房间包含烹饪和卫生设施，供一人或多人居住，容纳一个普通的家庭。纽约市大多数传统公寓或房屋都是由**住宅单元**组成的。

住宅单元系数 *（Dwelling Unit Factor）

用总住宅建筑面积除以该系数，来计算和管

理建筑物中允许的最大住宅单元数量。这一系数因分区而异。（见第三章：住宅区）

"E" 标签（E-Designation）

作为**自由裁量行为**的一部分，在某**建筑物**进行修建、扩建或更改土地**用途**前，如被要求处理特定的环境问题，则在该建筑贴上的特殊分区标签。（见第六章：特殊区域规范）

扩建 *（Enlargement*）

更改现有**建筑**以增加其**建筑面积**，或将现有的开放**用途**扩展至之前**分区地块**上尚未用作该用途的那部分。（见第一章：区划概论）

环境影响报告（Environmental Impact Statement, EIS）

对需要进行**自由裁量行为**的项目所做的研究环境影响的详细报告。当该项目本身的分析不足以证明其建设不会对环境造成重大不利影响时，就需出具一份EIS报告。这项研究报告包括各类环境问题，通常包括：交通、学校、空气质量、噪声和建筑阴影。（见第八章：《区划法规》修订方法）

扩张 *（Extension*）

扩张现有**用途**至建筑物内现有的其他**建筑面积**。（见第一章：区划概论）

围墙（Fence）

在大多数情况下，围墙属于**允许障碍物**。在

住宅区，沿前地块线修建的围墙最大高度为地面标高以上4英尺，沿侧地块线或后地块线的围墙最大高度为6英尺。

闪光指示牌 *（Flashing Sign*）

一种**发光指示牌**，可改变光线或颜色，有静止的、环绕的、旋转的。

防洪建筑标高 *（Flood-resistant construction elevation，FRCE*）

对于根据《建筑规范》中防洪建筑标准建造的建筑，其建筑高度从**防洪建筑标高**开始测算。该标高根据**基本洪水位标高**以及《建筑规范》确定。

洪水区 *（Flood Zone*）

由联邦紧急事务管理署划定的，每年有1%的概率发生洪灾的城市地区。在洪水区，需遵守特殊的《建筑规范》要求，并且有特殊的《区划法规》，使得建筑可以符合建筑规范，同时降低建筑物的脆弱性。（见第六章：特殊区域规范）

建筑面积 *（Floor Area*）

建筑的各楼层总面积。不包括以下几类空间：机械设备空间、地下室空间、露天阳台、电梯或**屋顶设备用房**。在大多数分区区域内，附属**停车**空间不高于**路缘石标高**之上的23英尺。

容积率 *（Floor Area Ratio, FAR*）

控制建筑大小的主要**体量规范**。每个分区的

各个用途都有最大容积率规范。计算公式为：某分区地块上某用途允许的最大建筑面积＝该容积率×分区地块面积。（见第一章：区划概论）

FRESH食品店 *（FRESH Food Store*）

根据"发展食品零售，支持健康生活"（FRESH）计划，为服务水平低下的社区提供的、满足特定要求的杂货店，方便社区居民购买新鲜和健康的食品。FRESH食品店享有一定的**建筑面积**和财政奖励。（见第六章：特殊区域规范）

前地块线 *（Front Lot Line*）

面向街道的分区地块线。也称为**街道线**。

前院 *（Front Yard*）

沿着前地块线的全部宽度延伸的开放区域。若在**街角地块**，沿街道线全长延伸的任何庭院都被视为前院。

前院线 *（Front Yard Line*）

一条与前地块线平行的线，两者间距等于所需前院的深度。

集中停车设施 *（Group Parking Facility*）

用于停放多辆车的建筑、结构或地块。若停车位为住宅的**附属设施**，则集中停车设施需服务一个以上的**住宅单元**。

高度系数 *（Height Factor*）

高度系数等于建筑的总建筑面积除以建筑

占地面积（以平方英尺为单位），用于规范建筑面积和地块覆盖率。一般而言,对于无退界的建筑,高度系数等于其楼层数。高度系数条款仅适用于R6 至 R9 非肌理区。

高度系数建筑（Height Factor Building）

包含**住宅用途**的建筑,并且其住宅**体量**由相应**高度系数**、容积率和**开放空间率**决定,整体位于**天空暴露面**内。被开放空间环绕的高层建筑,允许更高的容积率。高度系数建筑仅允许出现在R6 到 R9 的非肌理区。（见第三章: 住宅区）

居家办公职业 *（Home Occupation*）

住宅单元居住者所从事的居家职业,允许作为住宅用途的**附属用途**。从事办公的空间一般不允许超过该住宅单元建筑面积的25% 或 500 平方英尺,以较小者为准。同时,规范不允许产生过多噪声、气味或行人交通的职业。

发光指示牌 *（Illuminated Sign*）

使用人造光或来自人造光源反射光的指示牌。

奖励性分区（Incentive Zoning）

通常指为了实现规划目标,以额外的**建筑面积**或增加其他规划灵活性,来鼓励某种用途、公共设施或公共服务的设置。在某些区域,用奖励性分区促进设置**私有公共空间**、改善邻近地铁站、保护剧院、提供FRESH食品店和保障性住房。

包容性住房计划（Inclusionary Housing Program）

为促进社区经济的多样性,去创造和保障低收入及中等收入家庭能够负担得起的住房的规划条款。包容性住房计划有三类,分别是: 自愿性住房计划、奖励性住房计划和**强制性住房**计划。

每类计划都有特定的标准和适用性。（见第六章: 特殊区域规范）

收入限制型住房单元 *（Income-Restricted Housing Unit*）

符合包容性住房计划中保障性住宅单元定义的**住宅单元**,或是对租金有长期限制,仅提供给收入位于该地区**中等收入家庭**80% 以下人群的**住宅单元**。

填充式住宅（Infill Housing）（见"**主要建成区**"）

初始退界距离 *（Initial Setback Distance*）

非肌理区中使用天空暴露面规范的建筑,其裙房上方的退界距离要求。（见第三章: 住宅区）

内院 *（Inner Court*）

由建筑墙围合而成的**庭院**,或由建筑墙和侧地块线或后地块线围合而成的**庭院**,或以建筑墙和沿侧地块线或后地块线的开放空间（宽度小于30英尺）为界线的**庭院**。（见第三章: 住宅区）

内部地块 *（Interior Lot*）

既不属于街角地块也不属于直通地块的所有

分区地块。

艺术家生活工作一体区 *（Joint Living-Work Quarters for Artists*）

在某些区域,分区规范允许非住宅建筑空间可以用作艺术家及其家庭的生活和工作空间。（见第五章: 工业区）

大型开发 *（Large-scale Development*）

通常涉及几个分区地块,将其作为同一单元进行整体规划开发。规范允许大型开发对各类分区条例进行修编,从而提升场地规划的设计灵活性。大型开发需要城市规划委员会的自由裁量行为许可。（见第六章: 特殊区域规范）

LDGMA *（见"**低密度增长管理区**"）

法规要求的窗户（Legally Required Window）

根据《建筑规范》或其他法规要求,**住宅单元**中用来提供必要的光线、空气和通风的窗户。这些窗户一般不能安装在靠近侧**地块线**或后**地块线**30英尺以内处。

高度限制区 *（Limited Height District*）

肌理区建立之前的一种分区,通常与**地标保护委员会**（LPC）所划定的历史街区相重合。高度限制区限制了**建筑**总高度,分布在上东区（Upper East Side）、葛莱美西公园（Gramercy Park）、布鲁克林高地（Brooklyn Height）和科布尔山（Cobble Hill）地区。（见第六章: 特殊区域规范）

Loft（Loft）

用于**商业**或**工业用途**，层高通常很高的**建筑**或空间，大多建于1930年以前。在某些**工业区**内，如获**城市规划委员会特殊许可证**，Loft可转为**住宅用途**。在其他地区，某些Loft已被州政府立法批准为住宅。

长期护理设施 *（Long-term Care Facility*）

为各类人群提供居住照顾服务的一类社区设施用途，包括：养老院、辅助生活设施和退休护理社区。（见第三章：住宅区）

地块（Lot）（见"纳税地块"或"分区地块"）

地块面积 *（Lot Area*）

地块面积是指**分区地块**的面积，通常以平方英尺计算。

地块覆盖率 *（Lot Coverage*）

在正投影面上，被建筑覆盖的**分区地块**部分。允许障碍物不计入地块覆盖率。

地块进深 *（Lot Depth*）

分区地块的前地块线与后地块线之间的平均水平距离。

地块线 *（Lot Line*）

分区地块的边界线，通常分为三种：**前地块线、侧地块线、后地块线**。

地块宽度 *（Lot Width*）

分区地块的侧地块线之间的平均水平距离。

低密度增长管理区 *（Lower Density Growth Management Area, LDGMA*）

《区划法规》划定的区域，在该区域内，相比其他相同分区，其开发项目必须提供更多的附属停车场、更大的庭院和更多的开放空间。低密度增长管理区分布在斯塔顿岛和布朗克斯第10社区。（见第六章：特殊区域规范）

强制性包容住房（Mandatory Inclusionary Housing, MIH）

在居住密度较高的地区，该项规范要求新增住宅中，需划定一部分，永久提供给低收入和中等收入家庭，作为可负担住房。需遵守这项规范的地区地图见附录F，保障性住房的数量和收入限制在《区划法规》中分几种情况进行了规范。（见第六章：特殊区域规范）

曼哈顿核心区 *（Manhattan Core*）

曼哈顿区的一部分，一共8个**社区**（1至8），覆盖从曼哈顿最南端直至上西区第110街和上东区第96街的部分。曼哈顿核心区适用某些特殊的停车和**体量**规范。

工业区 *（Manufacturing District*）

工业区以字母"M"表示，比如：M1-1、M2-2，指那些允许**工业用途**、大多数**商业用途**和某些社区设施用途的分区区域。工业区需要遵照一定的性能标准要求。除某些名称中带"D"的工业区或者**混合用途区**外，工业区不允许新**住宅开发**。（见第五章：工业区）

工业用途 *（Manufacturing Use*）

用途组合17或18中所列**用途**，或仅持有**特殊许可证**才允许的工业用途。

混合用途建筑 *（Mixed Building*）

商业区内，部分作**住宅用途**，部分作**社区设施**或**商业用途**的建筑物。（见第四章：商业区）

混合用途区 *（Mixed Use District*）

在城市中广泛分布的一种**特殊目的区**，基于M1**工业区**和**住宅区**规范，并允许广泛多元的**用途**。被同时划定为"M"和"R"类的分区（比如：M1-2/R6），将作为**匹配分区**，在**区划地图**上用"MX"表示。同一栋建筑内，遵守一定的限制规范，允许新的**住宅**和非**住宅用途**，被称为**混合建筑**。（见第七章：特殊目的区）

窄街道 *（Narrow Street*）

城市地图上宽度小于75英尺的**街道**。

不相符建筑 *（Non-complying or Non-compliance*）

不符合分区规范中一项或多项**体量**规定的合法现存建筑。这是因为这类建筑建于《区划法规》

颁布之前。通常，这种不相符程度不能增加。（见第一章：区划概论）

不相符用途 *（Non-conforming or Non-conformity*）

在现有分区规范下不会被批准，但合法存在的用途。多是由于该用途被确定于现行《区划法规》颁布之前。一般而言，其不相符的程度不能进一步增加。（见第一章：区划概论）

非肌理区（Non-contextual District）

除肌理区之外的分区都称为非肌理区。（见第三章：住宅区）

开放空间 *（Open Space*）

包含住宅用途的分区地块的一部分，除了特定的允许障碍物外，从最低层到天空都是无遮挡的，且对所有居民开放。开放空间包括中庭和庭院。（见第三章：住宅区）

开放空间率 *（Open Space Ratio, OSR*）

用于计算R6至R10非肌理区中，包含住宅用途的分区地块上开放空间数量的指标，以地块内建筑总面积的比例来表示。例如：某一建筑物的建筑面积为20 000平方英尺，规范要求的开放空间率为20，则开放空间面积为4 000平方英尺，其计算方法是0.20×20 000。（见第三章：住宅区）

外院 *（Outer Court*）

由建筑墙，或建筑墙和侧地块线或后地块线

围成的庭院，不包括面向前地块线、前院、后院的开放空间，也不包括其他沿侧地块线或后地块线至少30英尺宽的开放空间。（见第三章：住宅区）

重叠区（Overlay District）

与另一个分区重叠的分区，用以取代、修改或补充该分区的规范。商业重叠区和高度限制区就属于重叠区。（见第四章：商业区，第六章：特殊区域规范）

匹配分区（Paired Districts）

将M1工业区与R3至R10居住区相配对的分区（例如M1-5/R10），以允许在同一分区、街区或建筑中同时出现住宅和非住宅用途（包括商业、社区设施、轻工业用途）。匹配分区通常分布在混合用途区中。（见第七章：特殊目的区）

女儿墙（Parapet）

建筑物或其他构筑物的屋顶上垂直延伸的矮墙或防护屏障。当其高度在四英尺或以下时，这种墙体若在要求的退界范围内，则被视为在超出限高的允许障碍物。

停车位和装卸货泊位规范（Parking and Loading Regulations）

用以规范机动车、自行车停车、装卸货泊位的最小或最大路外停车空间数量的条例。《区划法规》中，每个住宅、商业和工业分区都有各自的停车位和装卸货泊位规范。但某些特殊地理区域

（如曼哈顿核心区）须遵守修改后的或特殊的停车位和装卸货泊位规范。

停车要求类别（Parking Requirement Category, PRC）

根据每种商业类型会产生的小汽车行程数而计算出的附属停车位数量要求，共被分为9类。（见第四章：商业区）

性能标准（Performance Standards）

1961年制定《区划法规》时，对用途组合17和18中列出的工业用途的噪声、振动、烟雾、气味和其他影响的最低要求或最大允许限度。（见第五章：工业区）

外围墙体（Perimeter Walls）

在密度较低的地区，包围建筑物所有建筑面积的最外层墙体。这类墙体可以从基准面上升到规范的最大高度后，再进行退界或建设规范要求的斜屋顶。（见第三章：住宅区）

允许障碍物（Permitted Obstruction）

在通常不允许有建筑物的空间内，建设的结构或物体，如庭院、开放空间、限高以上空间、退界范围、超出天空暴露面的空间。例如：在庭院或开放空间内，阳台、棚架、空调、排水沟或栅栏可作为允许障碍物。屋顶上的某些结构，如：电梯设备用房、水塔或女儿墙，即为可超过限制高度、后退区域或天空暴露面的允许障碍物。

体育文化或卫生机构 * (Physical Culture or Health Establishment, PCE*)

通过运动或按摩，为提升市民健康状况提供指导、服务或活动的设施，如健身房。大多数情况下，PCE机构需得到**准则与申诉委员会**的**特殊许可证**。其他理疗或放松服务，包括桑拿、按摩浴缸和冥想设施都是体育锻炼或按摩项目的**辅助设施**。（见第六章：特殊区域规范）

码头范围线 (Pierhead Line)

划定可建造水上构筑物区域的海域边界的最外范围线，这同时也是《区划法规》所规范的区域范围。码头范围线由联邦、州或市政府划定，并标注在**区划地图**上。（见第六章：特殊区域规范）

种植带 (Planting Strips)

R1至R5住宅区的植物种植区域，与道路的路缘石平行。行道树即种植在这个范围内。（见第三章：住宅区）

主要建成区 * (Predominantly Bulit-up Area*)

完全位于R4或R5居住区（无后缀）内的街区。该街区内可根据高容积率、低配建停车位的规范，修建**填充式住宅**。（见第六章：特殊区域规范）

主要街道界面 (Primary Street Frontage)

在邻街面完全位于商业区的街区中，面向宽街或窄街的建筑底层部分；或者距离宽街50英尺内的窄街道上的建筑底层部分。主要街道界面的**街景规范**与其他部分的规范有所不同。

私人道路 * (Private Road*)

R1至R5住宅区内，距离公共街道至少50英尺的，为五个或以上**住宅单元**提供通车路权的道路。私人道路的开发必须遵守特殊的设计规范，以确保这些道路能够正常使用。在**低密度增长管理区**，服务于三个或以上住宅单元的路即为私人道路，并受特殊设计规范的管控。（见第六章：特殊区域规范）

私有公共空间 (Private Owned Public Space, POPS)

由业主提供和维护的公共设施，通常以增加**建筑面积**作为交换条件。这些空间主要位于曼哈顿的高密度中央商务区，既可以是拱廊，也可以是**公共广场**。（见第六章：特殊区域规范）

听证会 (Public Hearing)

使公众有机会作证并对某一具体提案表示支持或关注的会议。受统一土地利用审查程序（ULURP）约束的土地利用行为和其他多数**自由裁量行为**都需要举行多次听证会。

公园 * (Public Park*)

纽约市公园和娱乐部管辖和控制下的公园、游乐场、海滩、公园大道或其他区域。公园通常不受区划决议的约束。

公共停车库 * (Public Parking Garage*)

建筑物的一部分或全部，供日常私家车停放的通用停车场。在同一分区地块上，公共停车库通常还包括**配建停车位**。

公共停车场 * (Public Parking Lot*)

用于公共停车的一片土地，作为日常使用，而不是为同一或另一分区**地块**的某种用途**配建**的。

公共广场 * (Public Plaza*)

与建筑物相邻、向公众开放的**私有公共空间**。公共广场应与人行道位于同一平面，完全露天，且配备座椅及其他公共服务设施。在某些高密度分区，提供公共广场可获得建筑面积奖励。（见第六章：特殊区域规范）

优质住房建筑 * (Quality Housing Building*)

按照**优质住房计划**，开发、续建、扩建或改建的建筑。

优质住房计划 (Quality Housing Program)

该计划强制性应用于R6至R10**住宅区**的肌理区，选择性应用于R6至R10非肌理区，旨在鼓励与现有社区风貌相一致的开发项目。其体量规范设置了高度限制，允许建筑贴街道线或靠近街道线、以高地块覆盖率建设。优质住房计划还要求提供与室内空间、休闲区和景观相关的设施。（见第三章：住宅区）

优质首层 *（Qualifying Ground Floor*）

在**优质住房建筑**中开发或扩建的首层。具备优质首层要求的建筑，第二层需在人行道标高 13 英尺或以上，在某些情况下，还需符合其他补充用途规范。一般而言，在某些**分区**，具备优质首层的建筑允许更高的最大**裙房高度**和总体高度。（见第三章：住宅区）

铁路或枢纽上空 *（Railroad or Transit Air Space*）

1962 年 9 月 27 日之前建成的，地面铁路、枢纽、或铁路**站场**正上方的空间。这些空间中的新开发项目都需要得到**城市规划委员会**的**特殊许可证**。

后地块线 *（Rear Lot Line*）

通常与**街道线**平行，包围**分区地块**，且不与街道线相交的地块线。

后院 *（Rear Yard*）

沿整条**后地块线**内退形成的庭院。**住宅区**后院的最小宽度通常为 30 英尺。**商业区**和**工业区**后院的最小宽度通常为 20 英尺。街角地块通常无须设有后院。

对应后院 *（Rear Yard Equivalent*）（见"庭院"）

直通地块上的开放空间，遵循后院规范。

重新规划（Remapping）（见分区修编、重新规划或区划地图修编）

住宅 *（Residence*）

住宅包括一个或多个**住宅单元**及其间的所有公共区域。住宅包括多种建筑类型，有单户、双户、多户住宅或公寓酒店等。单户住宅 * 是分区地块上仅包含一个住宅单元且由一个住户占用的建筑。双户住宅 * 包括两个独立的住宅单元，由两个不同的家庭使用。多户住宅至少包含三个住宅单元。住宅用于永久居住而非临时居住，可被用于租赁且租期不得少于 30 天。（见第三章：住宅区）

住宅区 *（Residence District*）

一种**分区**类型，用"R"表示，例如：R3-2、R5、R10A。仅允许作**住宅和社区设施**用途。

对应住宅区（Residential District Equivalent）

为 C1、C2、C3、C4、C5 或 C6 区划定的分区，用以制定区内住宅用途规范，通常称为"对应住宅区"。例如：C4-4 区内的住宅部分必须遵守相对应的 R7 区住宅的**体量**规范。（见第四章：商业区）

住宅用途 *（Residential Use*）

用途组合 1（独栋独户住宅）或**用途组合** 2（所有其他类型住宅）所列的**用途**。

限制性声明（Restrictive Declaration）

面向产权地块现在或未来的拥有者，对土地利用加以限制的一种合约。这些限制性条例有时

规范了特殊许可证、环境缓解措施、实施限制的附加条件。

分区修编、分区重划或区划地图修编（Rezoning or Remapping, or Zoning Map Amendment）

用于描述因私人或公共机构申请，而在**区划地图**上对某一地区进行更改的通用术语。此类修订须遵守**统一土地利用审查程序**。（见第八章：《区划法规》修订方法）

范围（Scope）

通常表示在土地利用审查程序中对申请主题加以限制的术语。申请经**城市规划委员会（CPC）**审定后，可经该委员会或市政府修改，但不得增加新的内容或增加修改范围。这可确保公众能够了解可申请变更的内容，并获得在决策者面前进行论述的机会。（见第八章：《区划法规》修订方法）

次要街道界面 *（Secondary Street Frontage*）

临街建筑物的底层部分，且非主要街道界面。

半独栋建筑 *（Semi-detached Building*）

与相邻**分区地块**上的另一座建筑物共用一面墙的建筑，其余的两边被空地或**地块线**包围。（见第三章：住宅区）

建筑退界（Setback, Building）

要求建筑物的上层比下层离地块边界线更远

的退界规范,从而**街道**和**建筑**物的下层可以获得更好的采光及空气流通。

首层退界(Setback, Initial or Ground Level)

在地平面上,确定建筑前墙和地块边界线之间深度要求的退界规范。(见第三章:住宅区)

水岸公共步道*(Shore Public Walkway*)

沿海岸线延伸的线性滨水公共开放区域。(见第六章:特殊区域规范)

水岸线(Shoreline*)

由于陆地与水面的交叉点随着潮汐的变化而移动,因此水岸线为平均高水位线处。(见第六章:特殊区域规范)

侧地块线(Side Lot Line)

除前地块线和后地块线以外的其他**地块线**。

侧边地带*(Side Lot Ribbon*)

沿分区地块的侧地块线延伸,8至10英尺宽的带状地带,通常低密度住宅区的车道就位于这里。它无须露天,且可以延伸穿过沿侧地块线的毗连住宅。在R3、R4和R5区,若分区地块宽度小于35英尺,停车位必须位于侧边地带内。(见第三章:住宅区)

侧院*(Side Yard*)

从前院沿侧地块线延伸出的庭院;或是从前

地块线延伸至后院的庭院(若无前院);又或者从前地块线延伸至**后地块线**的庭院(若无后院)。若在街角地块,任何非前院的庭院都称为侧院。

露天咖啡馆*(Sidewalk Cafe*)

位于公共人行道上的餐饮场所或其中的一部分。有三种露天咖啡馆:封闭式露天咖啡馆、开放式露天咖啡馆和小型露天咖啡馆。(见第六章:特殊区域规范)

指示牌*(Sign*)

位于、或连接在建筑物或构筑物上的文字、图片或符号。在**用途**规范中对指示牌的属性加以了限制。

天空暴露面*(Sky Exposure Plane*)

在非肌理区中,限制建筑可建造范围的平面,旨在保护街道上的光线和空气。天空暴露面是一个虚拟倾斜平面,从**地块线**上方的指定高度开始算起,按照《区划法规》中规范的垂直距离与水平距离的比例,在地块上方向内上升。

窄建筑规范(Sliver Rule)

在许多中、高密度**住宅**区中,对45英尺或以下宽度的建筑物或其扩建加以限制的一种通用术语。这类建筑物的高度一般限于与相邻**街道**的宽度相等或为100英尺(以较小者为准)。(见第六章:特殊区域规范)

特殊许可证(Special Permit)

城市规划委员会(CPC)或准则与申诉委员会(BSA)的自由裁量行为,允许在满足《区划法规》中规范的某些条件和结果的情况下修改区划条例。(见第一章:区划概论)

特殊目的区(Special Purpose District)

为实现特定规划目标而修订或取代原有分区规范的地区。特殊目的区在**区划地图**上以灰度区域表示。(见第七章:特殊目的区)

分割地块(Split Lot)

位于两个或两个以上**分区**内,并以分区界线划分的**分区地块**。在大多数情况下,地块的每个部分应分别适用每一分区的《区划法规》。1961年之前或任何分割该地块的规划编制之前存在的地块,有特殊规范。(见第一章:区划概论)

楼层*(Story*)

一层楼的楼面和天花板之间的**建筑**部分。地窖不计入楼层。

街道*(Street*)

城市地图上标示的任何道路(私人道路除外)、高速公路、林荫大道、小巷或其他道路,或者连接城市地图上标示的道路与其他道路、建筑物、构筑物的至少50英尺宽的公共用途道路。街道是指所有拥有公共通行权的空间(包括公共人行道)。

街景（Streetscape）

重点关注建筑物与人行道和周围**建筑物**关系的分区规范。

临街面（Street Frontage）

分区地块面临街道的部分。

街道线 *（Street Line*）

将**分区地块**和街道分开的前地块线。

街墙 *（Street Wall*）

建筑物上面向街道的墙面或部分墙面。

补充公共通道 *（Supplemental Public Access Area*）

在设置水岸公共步道及**内陆连接通道**的滨水地块，须额外增加公共开放区域的面积，以满足滨水**分区地块**的最小滨水公共通行区百分比要求。（见第六章：特殊区域规范）

纳税地块（Tax Lot）

为征收财产税所划分的地块，有各自编号表达其所在的行政区、**街区**和地块。一个**分区地块**内通常包含一个或多个相邻的纳税地块。

直通地块 *（Through Lot*）

连接两条街道（多为平行街道）的**分区地块**，且非**街角地块**。

塔楼（Tower）

允许超出**天空暴露面**或其他高度限制的建筑物部分。塔楼只允许在指定的高密度区域存在。塔楼规范有两种主要类型："标准塔楼"规范和"裙房上的塔楼"规范。某些**特殊目的**区还包括特殊的塔楼规范。

开发权转让（Transfer of Development Rights, TDR）

在《区划法规》所规范的有限情况下，TDR允许把未使用的**开发权**从一个**分区地块**转移至另一个**分区地块**，从而保护历史建筑、开放空间或独特的文化资源。若无法通过**分区地块合并**实现上述目的，可通过开发权转让实现。例如：对于地标性建筑，相较于**分区地块合并**，城市规划委员会的**特殊许可证**可允许转让的范围更广。（见第六章：特殊区域规范）

公交可达区 *（Transit Zone*）

对于各类保障性住房有特殊**附属停车**要求的地区。这些地区位于**曼哈顿核心地带**以外，公共交通便利，汽车拥有率较低，规范的停车位要求也更低。（见第六章：特殊区域规范）

统一土地利用审查程序（Uniform Land Use Review Procedure, ULURP）

《城市宪章》强制要求的、针对某些自由裁量行为的公众审查程序，比如：**区划地图修编**、**城市规划委员会**的特殊许可证、城市基本建设项目的选址和收储以及城市财产的处置。ULURP 为公众参与和决策制定了明确的时间框架和程序。（见第八章：《区划法规》修订）

内陆连接通道 *（Upland Connection）

在公共区域（如**街道**、人行道或公园）和水岸公共步道之间的人行道。（见第六章：特殊区域规范）

用途 *（Use*）

在**建筑**或土地上进行的、列于**用途组合** 1 至 18 或特殊**许可证**规范中的任何活动、职业、业务或经营活动。

用途组合（Use Group）

具有相同的功能特征和/或对环境或社区产生类似影响的、且通常彼此兼容的**用途**，被列于 18 组用途组合中的一组或多组。这些**用途**分为**住宅用途**（用途组合 1-2）、**社区设施用途**（用途组合 3-4）、零售及服务用途（用途组合 5-9）、区域商业中心/娱乐用途（用途组合 10-12）、滨水/娱乐用途（用途组合 13-15）、重型汽车用途（用途组合 16）及**工业用途**（用途组合 17-18）。

变更许可（Variance）

准则与申诉委员会（BSA）的一种自由裁量行为。在实施分区规范要求时，特定地块的特殊条件给业主造成实施困难和不当负担的情况下，

可最低程度免除《区划法规》的规范。(见第一章: 区划概论)

滨水区公共通道规划（ Waterfront Access Plan, WAP ）

《区划法规》根据特定滨水区的具体条件, 对滨水地块的公共通行要求制定的详细规范。(见第六章: 特殊区域规范)

滨水区 *（ Waterfront Area* ）

邻近水域至少100英尺宽的地理区域, 包括陆地上距离水岸线800英尺平行线和港口线之间的所有街区。滨水区内的街道, 适用《区划法规》第六条第二章的滨水区区划规范。(见第六章: 特殊区域规范)

滨水公共通行区 *（ Waterfront Public Access Area, WPAA* ）

滨水区的分区地块的一部分, 需要作为公共通行空间加以改善和维护, 包括: 水岸公共步道、内陆连接通道, 以及任何所需的补充公共通道区域。所有的滨水公共通行区都需要通过景观美化、树木、座椅和其他设施加以改善。(见第六章: 特殊区域规范)

滨水庭院 *（ Waterfront Yard* ）

沿着整条水岸线的滨水区中分区地块的一部分, 除了某些允许障碍物外, 从最底层直至天空都应保持开放和通畅。(见第六章: 特殊区域规范)

宽街道 *（ Wide Street* ）

城市地图上宽度为75英尺及以上的街道。适用于宽街道的大多数体量规范, 也适用于与宽街道相交的街道上、距宽街道不超100英尺范围内的建筑物。

庭院 *（ Yard* ）

规范所要求的、沿分区地块的地块线布局的开放空间。庭院中, 除允许障碍物外, 从最低层到天空必须畅通无阻。庭院规范主要是为了规范建筑物的位置和形状, 确保建筑物之间有足够的光线和空气。比如前院即为一种庭院。(见第三章: 住宅区)

贴线独栋建筑 *（ Zero Lot Line Building* ）

一种独立建筑, 紧靠分区地块的一侧地块线, 但不邻接相邻分区地块上的任何建筑。(见第三章: 住宅区)

分区（ Zoning District ）

城市中的经划定的特定区域, 在该区域内, 各种区划规范对土地用途、建筑体量、停车和街景等进行管理。分区的类型包括住宅区、商业区和工业区, 可见区划地图。

分区地块 *（ Zoning Lot* ）

一般而言, 由一个街区内的一个、两个或更多相邻的纳税地块组成的土地。例如: 在一个分区地块上的公寓楼可能包含若干公寓单元, 每个单元都作为独立的纳税地块。同样, 包含一排联排别墅的建筑可在一个分区地块内占用若干个单独的纳税地块。或者, 一个分区地块上的两个或多个独立住宅都为独立纳税地块。

分区地块是《区划法规》的基本单位, 有可能被进一步划分为两个或两个以上分区地块。同一街区内的两个或更多相邻分区地块可以合并, 但所有合并后的分区地块应符合适用规范。

分区地块合并（ Zoning Lot Merger ）

将两个及以上相邻的分区地块合并成一个新的分区地块。只要整个合并地块符合《区划法规》的所有适用条款, 未使用的开发权就可以依规转移至新地块上的任何地方。

区划地图 *（ Zoning Maps* ）

作为《区划法规》两个主要部分之一, 126份纽约市的区划地图标明了各个分区和特殊目的区的位置和边界。区划地图修编或分区修编, 须遵守统一土地利用审查程序。(见第八章:《区划法规》修订)

区划地图修编（ Zoning Maps Amendment ）（ 见 "分区修编、重新规划或区划地图修编" ）

图书在版编目（ＣＩＰ）数据

纽约市区划手册 : 2018版 / 美国纽约市城市规划局
著 ; 上海市城市规划设计研究院译. -- 上海 : 上海科
学技术出版社，2024.7
　ISBN 978-7-5478-6590-3

　Ⅰ．①纽… Ⅱ．①美… ②上… Ⅲ．①城市规划—纽
约—手册 Ⅳ．①TU984.712-62

　中国国家版本馆CIP数据核字(2024)第068569号

上海市版权局著作权合同登记号　图字：09-2024-0327号

Zoning Handbook of the City of New York (2018 Edition) used with permission of
The Department of City Planning of the City of New York. The Department of
City Planning of the City of New York shall not be responsible for any
misrepresentation or misinformation resulting from inaccuracies contained in the
translated text of the Zoning Handbook.

纽约市区划手册（2018 版）

美国纽约市城市规划局　著
上海市城市规划设计研究院　译

上海世纪出版（集团）有限公司
上海 科 学 技 术 出 版 社　出版、发行
（上海市闵行区号景路159弄A座9F-10F）
邮政编码201101　www.sstp.cn
苏州工业园区美柯乐制版印务有限责任公司印刷
开本 889×1194　1/16　印张 13.5
字数 360千字
2024年7月第1版　2024年7月第1次印刷
ISBN 978-7-5478-6590-3 / TU·348
定价：150.00元